飞机安全性与适航技术丛书

飞机座舱人机工效设计准则

孙有朝 张 夏 王 强 刘宇婕 编著

科学出版社
北 京

内 容 简 介

本书综合考虑了军用飞机、民用飞机、通用飞机的座舱人机工效设计要求，从人为因素、环境控制、内部布置等方面，系统分析了国内外人机工效相关标准规范、适航条例以及研究成果，提出了飞机座舱人机工效设计准则。本书共 5 章，分别介绍了飞机座舱人机工效相关标准，人机工效标准体系，以及人为因素、环境控制、内部布置设计准则。本书附录给出了飞机座舱人机工效相关标准简介和设计准则索引。

本书可供航空装备设计、制造、适航管理与审定人员使用，也可供其他专业技术人员参考，同时对高等院校航空、航天、民航专业领域的教师、研究生和本科生也有重要参考价值。

图书在版编目（CIP）数据

飞机座舱人机工效设计准则 / 孙有朝等编著. -- 北京 : 科学出版社, 2025.6. --（飞机安全性与适航技术丛书）. -- ISBN 978-7-03-080890-5

Ⅰ. V223

中国国家版本馆 CIP 数据核字第 2024B1W276 号

责任编辑：姚庆爽 / 责任校对：崔向琳
责任印制：师艳茹 / 封面设计：陈 敬

科学出版社 出版
北京东黄城根北街 16 号
邮政编码：100717
http://www.sciencep.com

北京中石油彩色印刷有限责任公司印刷
科学出版社发行　各地新华书店经销

*

2025 年 6 月第 一 版　开本：720×1000　1/16
2025 年 6 月第一次印刷　印张：15 1/4
字数：307 000
定价：150.00 元
（如有印装质量问题，我社负责调换）

"飞机安全性与适航技术丛书"编委会

主　编　孙有朝
副主编　顾　新　欧阳旭坡　曾海军　王　飞
编　委　揭裕文　路　遥　赵廷弟　马存宝
　　　　杨　坤　王　鹏　苏　多　徐有成
　　　　钱浩然　郝　莲　张越梅　胡广平
　　　　郭忠宝　梁　力　刘轶斐　张联禾
　　　　原　磊　胡宇群　吴红兰　王　强
　　　　李龙彪　张燕军　张永进　周亚东

"飞机安全性与适航技术丛书"序

2002年,国务院批准C909(原名:ARJ21-700)飞机项目立项。2014年12月30日,C909飞机取得我国首张喷气客机型号合格证,标志着我国首款按照国际标准自主研制的喷气支线客机通过民航局适航审定,具备了可接受的安全水平。围绕C909飞机研制与适航验证,经过12年的历程,我国初步形成了符合国际标准的适航验证与审定程序、机制和体系,具备了保障航空工业持续发展的重要能力。

2006年初,"发展大飞机"被写进《国家中长期科技发展规划纲要(2006—2020年)》和《中华人民共和国国民经济和社会发展第十一个五年规划纲要》。2007年2月,大型飞机研制重大科技专项正式立项。2011年1月,首架第4代歼击机歼-20工程验证机实现首飞。2013年1月,大型运输机运-20成功首飞,运-20的研制兼顾了大型运输机的多任务能力和适航安全性要求。2015年11月,我国首款按照最新国际适航标准研制的大型客机C919下线,2017年5月5日成功首飞,2023年5月28日开启商业运营。2020年7月26日,大型水陆两栖飞机"鲲龙"AG600成功实现海上首飞,目前正在有序推进型号合格取证工作。随着越来越多的军民用飞机投入运行,对飞机安全性与适航技术的要求也越来越高。

民用航空运输是公认事故率较低的、安全的交通运输方式,但自飞机诞生至今,导致重大伤亡的飞行事故仍然屡有发生。因此,在飞机设计过程中,飞机设计人员必须考虑飞机安全性的要求,使安全性成为民用飞机的一种基本特性。适航是确保民用飞机安全性的基本要求,是其获得商业成功、走向国际市场的法定前提和重要保证。保证飞机飞行安全的适航标准是民用航空产品必须满足的最低安全要求。"民机发展、适航先行"已成为民用航空产品研发的基本要求。美国首先将民用飞机适航性要求引入军用飞机研制过程中,从而大大提高了军用飞机的安全性水平。目前,军用飞机的适航性审查已经成为欧美国家提高军用飞机安全性水平的重要手段。

在飞机型号的研制与发展过程中,不仅需要有先进的航空工业基础,更需要有完备的安全性与适航技术体系作为支撑。在我国由航空大国迈向航空强国的道路上,无论是在工程技术领域还是在项目管理领域,都需要将适航作为基本的规范指南。

为了加快我国航空器安全性与适航体系的建设,推动其在飞机型号研制中的全面实施，同时促进安全性与适航紧缺人才的培养，在国家自然科学基金项目、国防基础科研计划项目、国家科技重大专项、国防技术基础科研项目、民航局科技计划项目等的资助下，南京航空航天大学可靠性与适航技术研究中心编写了"飞机安全性与适航技术丛书"。

"飞机安全性与适航技术丛书"从我国飞机型号研制的需求出发，在认真研究国内外飞机安全性与适航技术最新进展的基础上，充分结合了我国飞机型号研制与适航管理的经验。"飞机安全性与适航技术丛书"内容涵盖了飞机复杂系统安全性、可靠性、适航技术、人为因素等多个方面，主要论述基本概念、理论模型、技术方法与实践经验，具有系统性、实用性和前瞻性，有助于读者全面、系统地了解飞机安全性与适航技术体系。

"飞机安全性与适航技术丛书"是一套理论研究与工程应用并重的丛书，不仅可以为广大飞机设计和项目管理人员提供指导和参考，也可作为飞机设计相关专业本科生、研究生的教学参考书。我们相信，"飞机安全性与适航技术丛书"的出版，能够对我国飞机安全性、适航验证与审定等领域的技术发展起到积极的作用。

前　言

　　人机工效是研究如何将关于人类能力与限度的知识应用于系统或装备的研制中，以最低的成本和最少的人力、技能、培训要求，保障系统有效性、高效性和安全性的一门应用学科。人机工效设计的目标是，在使用、维修、控制、保障系统或装备时，保证其设计性能、工作任务、应用环境，与人员的感觉、知觉、心理、物理特性相协调。

　　人机工效学从不同的学科、不同的领域发源，又面向更广泛领域的研究和应用，其发源学科和地域的不同，导致了学科名称的多样并存，西方主要有Ergonomics、Human Engineering 等，我国则有"人机工程学""人类工效学""人类工程学""人体工学"等多种表述，本书统一采用人机工效来表述。

　　飞机座舱是飞行员与飞机进行信息交互的主要场所，飞行员在执行任务时易受环境、机械、体能等各方面因素的影响。随着机载系统复杂性与集成度的提高，这些因素直接影响着飞行员的认知特性、作业舒适性及任务效能。良好的座舱人机工效是飞行员高效完成任务、充分发挥飞机性能的重要保证。飞机座舱的设计必须综合考虑飞行员的生理和心理因素，规划协调各机载系统/设备在座舱内的布局，以保证飞行员迅速、准确地获取各种反映飞机及其系统状态的视觉、听觉和触觉信号，从而做出正确的操纵控制决策，顺利完成预定任务。

　　与国外航空发达国家相比，目前国内飞机座舱人机工效设计标准体系还不够完善。针对人机工效相关因素对飞行员的影响，研究飞机座舱人机工效标准和标准体系，建立飞机座舱人机工效设计准则，已成为我国飞机型号研制过程中亟须解决的问题。标准是由公认的机构制定和批准的规范性文件，它规定了活动或活动结果的规则、导则或特殊要求，供共同和反复使用，以实现在预定领域内最佳秩序。本书中，"标准"指由国际标准化组织、美国国防部、美国联邦航空管理局、欧洲航空安全局、中国民用航空局等权威机构颁布的被公众和组织等普遍接受和实施的相关技术规范，这些标准/规范是本书的主要依据。本书中，"准则"指最终制定的为满足飞机座舱人机工效设计要求所遵循的原理、原则和规则，可为飞机座舱人机工效设计提供技术支持。为了表达的简洁和格式的统一，本书中各标准/规范编号中的连接符号统一使用英文连字符"-"，名称省去书名号。

　　本书第1、2章对国内外先进人机工效技术标准动态进行跟踪，从制定背景、主要内容、适用范围和有效性等方面，对美国军用标准、联合军种规范指南、国际自动机工程师学会标准、运输类飞机适航标准、国际标准化组织标准、国家军用标准、航空行业标准、国家标准等进行详细分析,将我国人机工效标准体系与国外人机工效标准体系进行对比分析,给出飞机座舱人机工效标准体系结构。第3～5章基于飞机座舱人机工效标准体系研究,以飞行员为中心,结合飞机座舱功能特征,通过多层次对比分析,结合国内外相关研究进展,从飞机座舱人为因素、环境控制、内部布置等方面,综合考虑军用飞机、民用飞机、通用飞机人机工效设计要求,给出飞机座舱人机工效设计准则。为便于阅读,本书提供部分彩图的电子版文件,读者可自行扫描前言二维码查阅。

全书由南京航空航天大学孙有朝教授负责统稿,参加编写的还有张夏、王强、刘宇婕,以及研究生徐滔、吴仇颀、潘玲玲等。感谢国家自然科学基金项目(U2033202、52172387、U1333119)、国防基础科研计划项目、国家科技重大专项、国防技术基础科研项目、民航局科技计划项目等对课题组给予的资助。在撰写过程中,参阅了国内外同行专家、学者的大量文献,在此一并致以诚挚的感谢。

由于作者水平有限,书中难免存在不妥之处,敬请广大读者批评指正。

2024 年 12 月

部分彩图二维码

目 录

"飞机安全性与适航技术丛书"序
前言
第1章 飞机座舱人机工效相关标准 ·· 1
  1.1 美国军用标准 ·· 1
  1.2 联合军种规范指南 ··· 7
  1.3 国际自动机工程师学会标准 ··· 10
  1.4 运输类飞机适航标准 ·· 15
  1.5 国际标准化组织标准 ·· 19
  1.6 国家军用标准 ·· 20
  1.7 航空行业标准 ·· 42
  1.8 国家标准 ··· 49
  1.9 本章小结 ··· 51
第2章 飞机座舱人机工效标准体系 ·· 52
  2.1 术语与规范 ··· 53
  2.2 人体数据 ··· 55
  2.3 座舱物理环境 ·· 57
  2.4 空间布局与设计原则 ·· 64
  2.5 操纵和控制 ··· 65
  2.6 显示信息和显示方式 ·· 67
  2.7 防差错因素 ··· 70
  2.8 工作负荷及最小工作机组 ··· 72
  2.9 本章小结 ··· 74
第3章 飞机座舱人为因素设计准则 ·· 75
  3.1 以飞行员为中心的设计准则 ··· 75
      3.1.1 飞行员作为个体操作员 ··· 76
      3.1.2 飞行员作为团队成员 ·· 78
      3.1.3 飞行员作为决策者 ··· 80
      3.1.4 飞行员作为座舱占用者 ··· 81
  3.2 工作负荷及最小机组设计准则 ··· 82

3.2.1　工作负荷 ··· 82
　　3.2.2　最小机组 ··· 84
3.3　本章小结 ·· 85
第 4 章　飞机座舱环境控制设计准则 ·· 86
4.1　座舱空气环境 ·· 86
　　4.1.1　座舱压力 ··· 86
　　4.1.2　座舱通风 ··· 91
　　4.1.3　座舱温度 ··· 95
4.2　座舱声环境 ··· 99
　　4.2.1　相关标准 ··· 99
　　4.2.2　国内外研究成果 ·· 100
　　4.2.3　标准对比分析 ··· 101
　　4.2.4　设计准则 ··· 102
4.3　座舱光环境 ··· 103
　　4.3.1　照明 ·· 103
　　4.3.2　颜色 ·· 110
4.4　座舱装饰 ·· 117
　　4.4.1　相关标准 ··· 117
　　4.4.2　典型歼击机对比分析 ··· 117
　　4.4.3　设计准则 ··· 119
4.5　座舱动力环境 ·· 119
　　4.5.1　相关标准 ··· 119
　　4.5.2　国内外研究成果 ·· 121
　　4.5.3　标准对比分析 ··· 122
　　4.5.4　设计准则 ··· 123
4.6　电磁环境 ·· 123
　　4.6.1　相关标准 ··· 123
　　4.6.2　设计要求分析 ··· 124
4.7　本章小结 ·· 125
第 5 章　飞机座舱内部布置设计准则 ·· 126
5.1　座舱空间尺寸 ·· 126
　　5.1.1　总则相关标准 ··· 126
　　5.1.2　外视野 ·· 127
　　5.1.3　座位几何尺寸 ··· 133
　　5.1.4　弹射通道几何尺寸 ··· 134

	5.1.5	人体尺寸数据选用	135
	5.1.6	手臂可达区	137
5.2	座舱设备设施		140
	5.2.1	总则	141
	5.2.2	操纵机构	142
	5.2.3	操纵台	148
	5.2.4	仪表板	154
5.3	座舱信息及显示		161
	5.3.1	信息显示量/格式	161
	5.3.2	信息字符显示	164
	5.3.3	信息显示亮度/对比度	166
	5.3.4	信息显示色度	167
	5.3.5	信息显示响应时间	168
	5.3.6	信息显示菜单	169
	5.3.7	指针刻度/形状	171
	5.3.8	警告/警示信息	173
	5.3.9	显示界面编码	174
5.4	本章小结		180
参考文献			181
附录 A	飞机座舱人机工效相关标准简介		183
附录 B	飞机座舱人机工效设计准则索引		228

第 1 章　飞机座舱人机工效相关标准

本书所参考的国内外相关标准包括美国军用标准(Military Standards，MIL)、联合军种规范指南(Joint Service Specification Guide，JSSG)、国际自动机工程师学会(Society of Automotive Engineers International，SAE)、运输类飞机适航标准、国际标准化组织(International Organization for Standardization，ISO)标准、国家军用标准(GJB)、航空行业标准(HB)、国家标准(GB)。本章通过对各类标准、规范及相关研究进展的详细分析和综合研究，为飞机座舱人机工效标准体系的构建及设计准则的制定奠定基础准备。

1.1　美国军用标准

美国军用标准(MIL)是美国国防部(United States Department of Defense，DoD)为保障武器的研究、设计、试验、采购、制造、维护和供应管理而制定的完整统一的标准化文件，这些文件分别由国防部所有的军事部门(包括陆、海、空和后勤部)和非军事部门(包括联邦政府制定的联邦规范，工业协会、团体制定的工业界规范，以及北大西洋公约组织地区标准)共同制定。

美国军用标准化是世界先进军用标准化的代表，即使是强调基于性能的标准，也将一些与人机工效设计相关的要求作为补充，以避免人为差错的发生，确保安全并实现性能的高效化。实际上，人机工效标准也是"性能"标准，因为通过设计准则能使用户安全、有效、高效地操作和维护系统，同时标准中的大多数准则也基于人员的绩效，这就是人机工效标准化的核心所在。

DoD 成立了人机工效技术咨询组，并根据技术发展领域，组建了包括标准化、控制与显示、人机工效/人机系统整合的管理与应用、用户-计算机交互、人为因素测试评价、人体建模与仿真等在内的 12 个子咨询组。当前，DoD 的人机工效技术咨询组将维持与提高人员绩效、更新人员绩效数据库及分析工具、系统模型中融入人员绩效、人机工效纳入国防部政策及标准中等作为其四大亟待突破的领域。

与飞机座舱人机工效有关的 MIL 简介见附录 A 表 A-1。本节从制定背景、主要内容、适用范围和有效性等方面对部分重要标准作详细分析。

1. MIL-E-87145 Military Specification Environmental Control, Airborne

(1980年制定，1996年取消)
1) 制定背景

20世纪80年代，航空技术突飞猛进，环境控制系统(environmental control system, ECS)是任何先进飞机不可缺少的组成部分，飞机ECS先进与否是评价飞机整体性能的一项重要指标。当时飞机ECS的发展情况如下。

(1) 飞机电子设备的发展对ECS提出了更高的要求。

① 电子设备发热量迅速增加。

② 电子设备散热热流密度不断增加。

③ 当电子设备直接用冷却空气散热时，为保证电子设备工作的可靠性，对冷却空气的温度、湿度及清洁度有更加严格的要求。

④ 考虑到电子设备吊舱的工作特点，电子设备冷却系统的工作最好与飞机ECS的工作保持相对独立性。

(2) 飞机ECS的多参数综合控制。

20世纪80年代之前的ECS大多是单参数独立控制，由于先进电子技术的广泛应用，80年代后国外已实现多参数的综合控制。即根据外部条件和舱内载荷情况，将系统诸参数控制在最佳组合状态，使整个系统的工作效率最高，消耗能源最少，而且可以满足在整个飞行包线范围内的动态响应、控制精度和流量分辨率要求。

(3) 当时国外飞机ECS的主要发展途径。

① 提高现有空气循环系统(通常是开式高压除水升压式空气循环系统)的制冷能力。

② 发展新型制冷附件，如采用高效、高转速、高寿命、小尺寸的空气动压轴承涡轮冷却器，燃油-空气热交换器等。

③ 减少系统的飞机性能代偿损失。

④ 发展新型制冷系统，提高工作可靠性，如开发闭式空气或蒸气循环制冷系统。

⑤ 提高电子设备(如雷达等)的散热效率。

⑥ 合理地制定有关技术规范和标准。

2) 主要内容

该规范由美国空军于1980年发布，由正文和附录两部分构成。正文部分的各项要求均以填空的形式出现，无具体指标要求。附录部分提供了标准正文中各项要求的编制依据和建议值。附录包括四部分：附录A 飞机环境控制的基本原理、指南、经验教训和验证要求，附录B 呼吸环境界限和生理极限，附录C 热生理参数、舒适性标准和工作效能降低的估算，附录 D ECS 分析和报告。正文部分的内容如下。

(1) 说明规范的适用范围，列出参考文件。

(2) 对座舱内环境提出相关要求，包括 ECS 的应用、性能、设计与结构的要求。性能包括增压、空气调节、环境保护、发动机引气、环境条件、相互关系特性、噪声、可靠性、可维修性和附件特性的要求。设计与结构包括材料、结构完整性、故障概念、地面试验设备、地面接头和地面维护的要求。

(3) 质量保证规定，规范指出应该从设计分析、实验室试验、地面试验和飞行试验等四个方面来验证 ECS 的能力是否满足以上各条的要求。

3) 适用范围

MIL-E-87145 中包含的要求和验证适用于为空军飞机研制的环境控制设备。

4) 有效性分析

MIL-E-87145 已于 1996 年取消，但其中大部分内容仍可作适当参考。

2. MIL-STD-1472H Human Engineering

1) 制定背景[1]

基于对 MIL-H-46855 Human Engineering Program Process and Procedures 二十年的实践，以及实际需求和技术的发展，DoD 在 1989 年 3 月发布了 MIL-STD-1472D。之后，经过七年应用，在"大、全面"修订指导思想的影响下，1996 年，MIL-STD-1472E 发布。三年后，即 1999 年 8 月，MIL-STD-1472F 发布。与 1996 年的 MIL-STD-1472E 相比，MIL-STD-1472F 主要添加了 MIL-HDBK-759C Handbook for Human Engineering Design Guidelines 的内容。为了适应 21 世纪新时代技术发展的特征，DoD 对 MIL-STD-1472F 作了很大程度的修订，于 2012 年 1 月发布 MIL-STD-1472G。MIL-STD-1472G 是一次重大修订，修改了标准的组织结构，将类似的材料分组在文件的同一部分。DoD 在 2020 年 9 月发布了 MIL-STD-1472H，大部分组织结构与 MIL-STD-1472G 一致，但在 MIL-STD-1472H 中增加了多模态交互、网络安全、手持设备、舰桥设计等章节。

2) 主要内容

MIL-STD-1472H 规定了军事系统、子系统、装备和设施的人机工效通用设计准则，其目的是提出应用在系统、设备、设施设计中的人机工效标准与原理。新的人机工效设计标准包括适用范围、参考文件、术语、一般要求、详细要求、注释和索引。

(1) 给出了标准的主题内容、适用范围、引用文件以及一些术语的定义。

(2) 给出了军事装备和设施的一般要求。MIL-STD-1472H 给出了 20 个方面的一般要求，包括循环/回收/环保或生物基的材料、设计目标、标准化、现成的设备、人机工效学设计、失效模式、设计简化、交互作用、安全性、坚固性、化学/生物/放射性核和高强度爆炸的耐受性、电磁脉冲防护、自动化、颜色的功能化使用、机组人员的系统设计、系统集成、秘密行动、技术文档、飞机紧急逃生系统、人类表现。

(3) 给出了对军事装备和设施的详细要求。MIL-STD-1472H 给出了 20 个方面的详细要求。包括控制、可视化显示、语音和音频系统、标签和标记、环境、地面车辆、警告/危害和安全、人体测量性调节、可维护性设计、工作空间和工作站设计、物理环境设计、虚拟环境/远程处理系统/自动化系统/远程监控和操控、单兵-机组服役/地面和空中武器系统/光学系统、船舶与工业结构阀门、可居住性、网络安全、信息系统、舰桥设计、手持式与可穿戴式便携式电子设备(portable electronic device，PED)、人力与处理。

(4) 为了更好地理解和使用标准，提供了 4 个方面注解，包括预期用途、采购要求、关键词列表(人体测量学、控制、网络安全、可维护性设计、环境、地面车辆、可居住性、手持式设备、人为因素、人类表现、人机系统集成、信息系统、标签与标记、光学、物理环境、安全性、舰桥设计、冲击、小型设备、语音与音频系统、人力与处理、阀门、振动、虚拟环境、视觉显示器、警告与危害、武器、工作站设计)以及与旧版本的区别。

3) 交互相关内容

(1) 信息系统。用户可以通过计算机应用程序或操作系统的渲染元素与软件进行交互。交互风格包括视觉、听觉和运动(手势、触觉、盲文和语音)等。交互方式包括向计算机发出命令的方式和向用户提供信息的方式。

(2) 关键信息。在设计 PED 显示器时，关键信息应在不超过两个关键动作(例如滚动和敲击)中可访问。

(3) 命令快捷方式。应为频繁使用的 PED 命令和交互(如重复任务)提供快捷方式，如热键、语音激活或按键组合。

(4) 应用控制。PED 应用程序的设计应考虑速度和恢复。例如，应用程序应该快速加载，并以最小的工作量停止、启动、恢复或更改。

(5) 屏幕自动旋转。PED 应用程序的设计应支持用户可选择的屏幕自动旋转，以适应信息呈现和有效的数据输入。

4) 适用范围

MIL-STD-1472H 是通用标准，适用于军事系统、子系统、设备和设施的开发和应用，保证系统任务的成功。应用该标准时，合同双方可以根据具体的任务需求合理地删除有关条款并标注在合同中。座舱声环境、座舱信息及显示都可以参照该标准。

5) 有效性分析

MIL-STD-1472H 是美国顶级的军事人机工效设计标准，包含了较为全面的军事设备人机工效设计要求，其 5.2 条规定了视觉显示器的要求，内容较丰富，对海、陆、空各军兵种都适用。由于其通用性强，对于机载条件下显示器特殊的人机工效要求没有描述，因此对于因显示介质不同而带来的一系列人机工效问题要加以规定。

3. MIL-STD-1787B Aircraft Display Symbology

1) 制定背景

美国是较早关注飞机显示器及其字符标准的国家，20 世纪 70 年代制定了 MIL-D-81641 Display, Head-up, General Specification for 和军用标准 MIL-STD-884 Electronically or Optically Generated Displays for Aircraft Control and Combat Cue Information。以上两个标准在后续技术发展中逐渐形成了固定翼飞机和直升机的两种不同标准，分别是美军 1981 年发布的 MIL-STD-1295 Human Factors Engineering Design Criteria for Helicopter Cockpit Electro-Optical Display Symbology 和 1984 年发布的 MIL-STD-1787 MIL-STD-1787 Aircraft Display Symbology。其中，MIL-STD-1295 在 1984 年被修订为 MIL-STD-1295A，并于 1996 年被取消。MIL-STD-1787 在 1987 年被修订为 MIL-STD-1787A，在 1996 年被修订为 MIL-STD-1787B，在 2001 年被修订为 MIL-STD-1787C，在 2018 年被修订为 MIL-STD-1787D。

2) 主要内容

MIL-STD-1787B 在 MIL-STD-1787 的基础上修订而成。MIL-STD-1787B 的正文结构与 MIL-STD-1787 相同，分为 6 章：范围、引用文件、定义和缩略语、要求、检验及注意事项，最后是附录部分。核心是第 4 章要求。

MIL-STD-1787B 描述了电/光显示器用字符、字符格式和信息内容，用于向飞机机组成员提供起飞、导航、地形跟踪/地形回避、武器投放和着陆等信息。该标准描述了字符的几何形状、字体、建议尺寸和结构编排，规定了主飞行基准的字符要求，以及字符移动和飞机系统状态之间的一些基本关系。该标准未描述电子作战显示字符，这些内容通常是保密的。该标准也未描述影响清晰度的参量，如分辨率、亮度、均匀度、对比度、闪烁、噪声、最小线位移、颜色以及类似参量。该标准描述的这些字符适用于军用飞机上使用的显示器。这些内容与 MIL-STD-1787 是相同的，MIL-STD-1787B 是美国在 1996 年修订后发布实施的标准，相比于执行了 12 年的 MIL-STD-1787 进行了较大的改进。MIL-STD-1787B 的主要修订内容包括：增加了飞行基准的布局、飞行符号、飞行位置表示符等；修改了一些飞机参数指示、运动符号和表示方式；简化了多功能显示器、水平状态显示器和垂直状态显示器的显示画面等。

3) 与MIL-STD-1787的对比分析

MIL-STD-1787B作为修订的版本对比前一版在内容上有明显改进,保留了原来MIL-STD-1787中的32种显示字符,修改了8种字符,增加了36种字符,删除了36种字符。

一是保留了32种字符,这些字符全是任务字符或是与任务有直接关系的字符,其中任务字符有:空/空截获目标、测距瞄准环、辅助瞄准光环、天线方位和俯仰标记、信标字符、炸弹下落线、退出攻击符和航炮十字线等;与任务直接相关的字符有:空/空瞄准圆、空/地瞄准标记、点阵法字体、光栅法字体和笔画法字体等。

二是修改了8种字符,这些修改主要是基于飞机目前的设计状态而进行的。例如,对于飞机俯仰基准符,将原字符左右各加宽了4mrad;对于航炮十字线,将原标准的虚横线变为实横线,方便飞行员读取;对于典型的水平状态显示器,将原圆形界面改为矩形界面,而且界面内的显示格式也有所改变;对于平视显示器巡航模式,原标准给出的是方框示意图,新标准给出的则是实际显示图,并包括显示内容和位置安排。

三是增加了36种字符,主要有4大类。第1类是飞行基准的布局,对"主飞行基准"和"单显主飞行基准"等进行了定义,在标准字符之外专门规定了飞行基准的布局。第2类是飞机基准字符,包括爬升/俯冲标记、冲击爬升/俯冲标记、速度螺旋和飞机俯仰基准符等,这类基准字符的增加,提高了飞机信息参考点的稳定性。第3类是刻度字符,包括空速刻度、空速刻度盘、指令速度指示符、高度刻度和高度刻度盘等,这类基准字符的增加,提高了飞机显示信息的准确性。第4类是导航字符,包括航道偏移显示符、飞行控制器操纵条、航向指示、航向指向符和参考机翼等,这些字符为飞行员提供了可以返回到指定航线的位置和驾驶信息。

四是删除了36种字符,有53个具体字符,其中18个字符在MIL-STD-1787B里用新的字符代替,其余删除的全是"联合战术信息分布系统"字符。这是根据新技术需求进行的更改。

根据MIL适用范围和有效性分析,在MIL中对以下4项标准注意参考使用,分别是MIL-L-18276C Adm1、MIL-STD-203F、MIL-STD-850B notice1 和 MIL-HDBK-759C。其中,MIL-STD-203F已被新标准所取代,实用性不如最新标准,而MIL-L-18276C Adm1和MIL-STD-850B notice1已取消。MIL-HDBK是对MIL-STD-1472D内容的补充,而MIL-STD-1472G中已经补充完整,所以这4项标准可作适当参考。

另外,根据对MIL内容的分析,从人机工效学学科分类,飞机座舱人机工效相关美国军用标准(简称美军标)包含人机工效顶层设计原则、人体测量数据、空间布局、信息显示、控制装置和物理环境等方面的要求，其中物理环境又可分为热环境和光环境两类标准。

标准应用方面，涉及人机工效原则和设计要求两个方面。可以将飞机座舱人机工效设计相关的 MIL 进行分类，如图 1.1 所示。

```
美国军用标准
├─ 人机工效设计原则 ── MIL-STD-1472H Human Engineering
├─ 工作空间布局 ── MIL-STD-203G Aircrew Station Controls and Displays: Location, Arrangement, and Actuation of, for Fixed Wing Aircraft
├─ 物理环境
│   ├─ 热环境 ── MIL-E-18927E Militrary Specification Environmental Control Systrms, Aircraft, General Requiremens for
│   └─ 光环境 ── MIL-STD-3009 Lighting, Aircraft, Night Vision Imaging System (NVIS) Compatible
├─ 信息和显示 ── MIL-STD-1787B Aircraft Display Symbology
└─ 控制装置
    ├─ MIL-C-81774A Adm1 Military Specification Control Panel, Aircraft, General Requirements for
    └─ MIL-C-81774A Military Specification Control Panel, Aircraft, General Requirements for

[人机工效原则 / 设计要求]
```

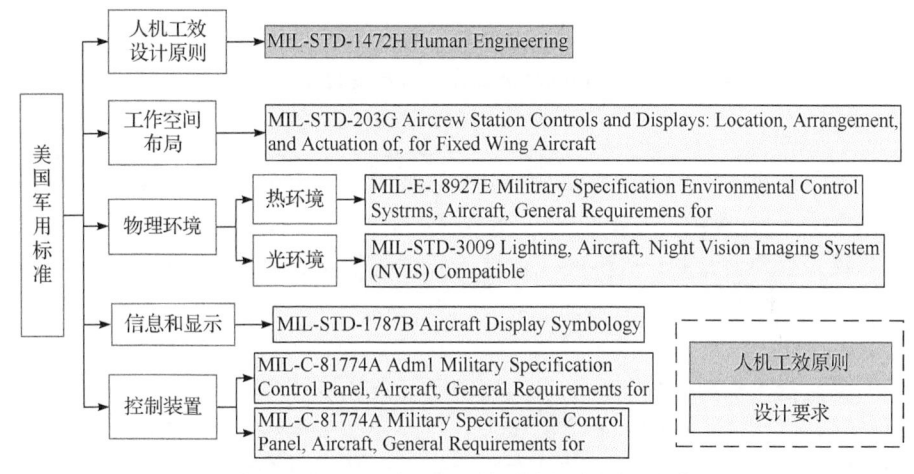

图 1.1　飞机座舱人机工效设计相关 MIL 分类

根据对 MIL 的综合分析，最终确定以上 7 项标准作为飞机座舱人机工效设计准则的主要参考标准。

1.2　联合军种规范指南

联合军种规范指南(JSSG)系列规范是在美国防务政策调整、防务预算费用大幅缩减、军方的采办政策逐渐转向商业采办以降低采办成本，维持防务专用的核心能力的背景下出现的。

JSSG 系列规范分为三个层次，包含十余份指南文件，各份文件之间不是相互独立的，而是自上而下逐层细化的。虽然每份文件在内容上均各有侧重，但在文件形式和结构编排上却基本相同，每份文件均由两部分组成。第一部分是为制定型号规范而编制的带有空格的模板，包括前言、范围(内容、使用、结构等方面的要求)、引用文件(概述、政府文件及先后顺序)、要求(各系统的结构、特性和性能要求)、验证(定义、特性、设计、验证要求)、包装、说明(用途、采办要求、替代资料、定义、缩略词、主题词表等)。第二部分实际上是一本手册，其中的条款均与第一部分的条款相对应，并包含理由(填写内容的理由和必要性)、指南(选用条件或限制条件)和经验(填写的经验数据及选取原则)等三方面内容(以下不再重复)。

JSSG 系列标准通过简化规范编制过程增强型号研制灵活性。因此，其作为指导系统规范和研制规范等顶层规范编制的依据，对于形成层次合理、配套齐全的型号专用规范体系，同时提高规范编制效率，保证规范编制质量具有切实的指导意义。

1. JSSG-2010-5 Crew Systems Aircraft Lighting Handbook

1) 制定背景

美国国家运输安全委员会(National Transportation Safety Board，NTSB)的事故数据库显示，1988年1月1日～1998年12月31日，有130起飞行事故与日光造成的眩光有关。可见，更多的飞行事故发生在晴朗的白天，而不是早晨或者黄昏，因为这个时候的日光更为强烈。

2) 主要内容

主要包括飞机照明的目的、机内照明的要求和机外照明子系统。机内照明要求包括漏光、亮度、色度、照明装置等；机外照明子系统包括防撞灯、位置灯、空中加油灯、着陆和滑行灯、编队灯、机身灯、检查灯和外部应急灯。

3) 适用范围

照明系统手册提供了对研制要求的指导及内外照明设备的验证，包含了与Ⅰ型、Ⅱ型和 A 类、B 类 NVIS 兼容的机内照明的特殊要求。民用飞机和军用飞机均可以参照该标准。

2. JSSG-2010-7 Crew Systems Crash Protection Handbook

1) 制定背景

经济全球化使得航空事业快速发展，而对于航空事业而言，除了需要满足飞机的基本飞行性能以外，考虑最多的还是飞机的经济性和安全性，因此开展飞机抗坠毁特性研究非常必要。飞机结构耐撞性指的是飞机在承受一次严重的、但可生存的事故时，机体及内部结构对乘员的保护能力，其中航空座椅/约束系统在对乘员保护方面起到尤为关键的作用[2]。

在直升机抗坠毁设计方面，美国从 20 世纪 60 年代初就开始由陆军进行系统的研究工作，包括变形分析、全尺寸坠落试验，以及坠毁防护系统的设计/研制等方面的内容。1965 年美国陆军将研究过程中的系列报告提升为第 1 版 TR67-22《坠毁生存设计指南》(以下简称《指南》)，《指南》发布后，美国继续开展相关的研究工作，在后续研究工作的基础上，该《指南》先后修订、扩充了 4 次。20 世纪七八十年代后，直升机的抗坠毁研究工作除由军方开展外，政府及企业也参与其中，包括民用航空医学研究院等单位参与到相应的研究工作中。在《指南》第 3 版及相关研究工作的基础上，美国于 1974 年 1 月颁布了抗坠毁方面的 MIL-STD-1290 Light Fixed and Rotary-Wing Aircraft Crash Resistance。该标准颁布以前，抗坠毁的工作主要致力于分系统及部件各自的抗坠毁能力，只有在该标准中才正式提出了用系统设计方法研制航空器坠毁防护系统。1988 年 12 月，MIL-STD-1290 修订为 MIL-STD-1290A。在 MIL-STD-1290 等标准的基础上，1998 年 10 月美国颁布了联合规范指南 JSSG-2010-7[3]。

JSSG-2010-7 代替：MIL-STD-1776、MIL-STD-1290、MIL-STD-1807、MIL-S-58095、MIL-S-85510、MIL-S-81771。

2) 主要内容

包括飞机坠撞防护范围、乘员危险坠撞下的耐受极限和系统功能三个方面的要求。其中系统功能又包括坠机告警、碰撞损伤防护、加速度损伤防护、坠机后的损伤防护、应急离机系统、坠机数据记录、飞机集成和系统接口的要求。

3) 适用范围

JSSG-2010-7 为座椅、约束系统和乘员工作站位、乘客/士兵站位设计中乘员的坠撞防护提供了研制要求及验证方面的指导。民用飞机和军用飞机均可以参照该标准。

3. JSSG-2010-10 Crew Systems Oxygen Systems Handbook

1) 制定背景[4]

1984 年 11 月，基于分子筛制氧成功的实验计划和 AV-8B 的成功，美国海军批准了为所有批量生产的 AV-8B 飞机生产分子筛机上制氧系统。1988 年，对 F-14A 战斗机进行分子筛机上制氧系统研制实验。海军研制了 EA-6B 电子对抗机和 S-3A 反潜机的氧气浓缩器，这两种飞机都是 4 名空勤人员，要求氧气浓缩器能够满足 4 人要求。1990 年开始对 A-6 攻击机改装。V-22 倾斜旋翼机：该机有 4 名乘员，它的系统又有新的特点，即把分子筛机上制氧系统和为提供充填油箱用的氮气的制氮系统结合起来，称为机上制氧氮系统。可以说，机载分子筛制氧技术是第 3 代和第 4 代战斗机供氧救生性能的重要标志。美国于 1994 年在 B-1B 飞机上实验评价了分子筛的产氧性能和呼吸性能。并于 1995 年制定了 F-22 飞机救生系统的研究与发展计划，将机载分子筛制氧技术应用到第 4 代战斗机。

JSSG-2010-10 代替：AFGS-87226、MIL-STD-1776。

2) 主要内容

主要包括氧气系统特征、性能要求、氧气系统设计的注意事项及综合需求。性能要求主要从系统特性、结构特性、工作特性、电气特性、环境条件、可运输性和功能性子系统特性这 7 个方面来分析空勤人员氧气系统、其他氧气子系统和乘客氧气系统的性能。氧气系统设计应考虑的要求主要包括结构完整性、可达性、维护性、生存性、安全性、可靠性、国际标准、污染等。

附录部分：附录 A 生理学手册，附录 B 军用飞行器氧气系统的设计和安装惯例。

3) 适用范围

JSSG-2010-10 为飞机氧气系统及其组件的研制和验证提供指导。民用飞机和军用飞机均可以参照该标准。

4. JSSG-2010-12 Crew Systems Deployable Aerodynamic Decelerator (DAD) Systems Handbook

1) 主要内容

包括可展式气动力减速器(DAD)系统的接口和工作性能两个方面的指南。接口包括前置体特征、安装接口和操作接口，工作性能包括可靠性、动态运行和稳态运行。

2) 适用范围

JSSG-2010-12 提供了可展式气动力减速器系统及其子系统的研制和验证指南。以往这些要求严格应用于降落伞系统中，但术语 DAD 已被用来包括所有柔性或刚性的可展式空气动力减速器。

经分析，最终确定 JSSG-2010-5、JSSG-2010-7、JSSG-2010-10 和 JSSG-2010-12 都可以作为飞机座舱人机工效设计准则的参考标准。

1.3　国际自动机工程师学会标准

国际自动机工程师学会(SAE)于 1905 年在美国成立，迄今已有一百多年的历史。在 SAE 的技术标准局中设有航空航天理事会，负责制定航空航天类标准。航空航天理事会成员包括 DoD、美国联邦航空管理局(Federal Aviation Administration，FAA)、欧洲航空安全局(European Aviation Safety Agency，EASA)、波音、空客、庞巴迪、安博威、通用、洛克希德·马丁、普惠、罗罗以及中国航空综合技术研究所等国际权威机构和公司。

截至 2024 年底，SAE 会员覆盖 138 个国家，拥有超过 12.8 万名工程师、技术专家和学者，业务领域包括航空航天、商用汽车等。SAE 航空航天下设的技术委员会、分技术委员会和工作组超过 20 个，累计发布了 9000 多项航空航天标准，其中航空航天材料规范(Aerospace Material Specifications，AMS)占 36%，航空航天标准(Aerospace Standards，AS)占 49%，航空航天推荐方案(Aerospace Recommended Practice，ARP)占 9%，航空航天信息报告(Aerospace Information Report，AIR)占 6%。

SAE 承担了大量的美军标转化任务，约有 1500 项美军标被转化为 SAE 标准。同时，也有一定数量的 SAE 航空航天标准被列入美国国防部《国防部规格和标准索引》(Department of Defense Index of Specifications and Standards，DODISS)，并被 FAA 和 EASA 采用，或被 ISO/TC 20 认可。

与飞机座舱人机工效有关的 SAE 标准简介见附录 A 表 A-2。

本节从制定背景、主要内容、适用范围和有效性等方面对部分重要标准作详细分析，为标准体系研究和准则的提出提供研究基础。

1. SAE-ARP-1270B Aircraft Cabin Pressurization Criteria

1) 制定背景[5, 6]

第二次世界大战期间，第一个座舱压力控制器产生，并被安装在波音 B-29 战略轰炸机之上。在座舱压力控制系统(cabin pressure control system，CPCS)方面，美国一向处于领先地位。自 20 世纪 50 年代末至今，美国客机座舱压力调节系统技术的发展主要着眼于座舱压力调节装置的更新换代。20 世纪 60 年代初，波音飞机公司生产的波音 707 客机上的座舱压力调节器是气动式的。到了 20 世纪 70 年代初，波音飞机公司生产的波音 707 客机都采用了加雷特航空制造公司的电子气动式座舱压力调节装置。继加雷特公司电子气动式座舱压力调节器问世之后，联合技术公司下属的汉密尔顿标准分公司，为波音飞机公司的大型客机波音 747 研制了电子电动式座舱压力调节装置。随后，越来越多的飞机采用电子电动式座舱压力调节装置。这样，座舱压力控制系统得到了广泛应用，1976 年，SAE 制定了 SAE-ARP-1270 飞机座舱压力标准，经过多次修订，于 2010 年形成 SAE-ARP-1270B。

2) 主要内容

结合其他 SAE 参考文件，SAE-ARP-1270B 为飞机座舱增压控制系统的开发、认证和分析提供了全面指南，具体内容如下。

(1) 给出了适用范围和所引用的文献。

(2) 给出了座舱压力控制系统的设计思想。包括座舱压力控制系统的发展背景、类型、安全性、生理设计、舒适性、机组人员工作量、飞机操作对座舱压力的影响、可靠性和维修性等。其中安全性主要考虑正负释压、安全限制、水上迫降、座舱高度限制、座舱压力场和隔离阀的安全。

(3) 给出了座舱压力控制系统的设计要求。包括民用规范、军用规范、民用飞机性能要求、控制、显示、维修功能、与其他系统接口和误差分析。

其中，民用飞机性能要求包括压力等级、压力变化率、动态性能要求、正负释压、地面要求。维修功能要求包括进行机内测试、故障隔离报告、重组和配置控制。所有外部的输入和输出都依赖于 CPCS 的设计，所以对 CPCS 的输入和输出都有相应的要求。

(4) 有关设备的设计要求。包括一般设计要求、阀门、座舱压力控制器和座舱压力控制面板的设计要求。一般设计要求主要包括对静压系统、电器、软件和复杂电子设备合格测试要求。阀门是对泄漏阀(大小、设计和安装)、座舱高度限制、安全阀(大小和设计)、负压释放阀排放阀的要求。

(5) 要求对 CPCS 作系统分析和测试。测试包括对多个外流阀安装的测试、比例溢流阀测试和仿真测试。

(6) 给出了座舱压力对人的生理影响。座舱压力对人类的呼吸系统和耳朵都有严重的影响。座舱压力会让人耳朵感到不舒适，标准中主要提到座舱压力瞬变和持续压力变化对耳朵的影响。

(7) 最后是关于修订的说明。

3) 适用范围

SAE-ARP-1270B 从飞机座舱压力控制系统的安全、舒适、自动化和技术设计方面为航空工业提供指导方针，是座舱压力控制系统设计的基本标准，适用于通用飞机、商业飞机和军用飞机。座舱压力制度、压力变化率、正负释压设计可参照 SAE-ARP-1270B。

4) 有效性分析

SAE-ARP-1270B 是 2010 年根据 SAE-ARP-1270A 修订而成，与当前的设计实践、服务经验以及 SAE 手册的风格相适应，所以座舱压力控制系统的设计可以参照 SAE-ARP-1270B 的相关要求。

2. SAE-AS-8034C Minimum Performance Standard for Airborne Multipurpose Electronic Displays

1) 制定背景

随着航空技术的发展，机载航空电子设备日益增多和复杂，作为人机接口的座舱显示仪表正在全面实现电子化和综合化。以往座舱中繁多的仪器仪表现在大多被几个多功能显示器所替代，通过使用字符、图形把复杂的战术状况、飞机信息以图表显示，飞行员能快速获取信息，从而更加有效地管理和操纵整个系统。在飞机性能得到显著提高的同时，对座舱显示器也提出了更高的要求，这促使显示器不仅在操作简单、实时显示等基础方面继续发展，同时也要求机载显示器向着信息量大、集成度高、尺寸大、清晰度高、耗能低等方向发展。

2) 主要内容

SAE-AS-8034C 给出了机载多功能电子显示器在标准条件和环境条件下的最低性能要求。

(1) 给出了适用范围和参考文献。

(2) 一般准则包括材料、工艺、组件的兼容性、可交换性、控制的可访问性、自测能力、测试的效果、故障与失效显示、多模式显示、标识、信息显示(包括分辨率、危急信息、刻度指示、明确性和亮度)、防止灰尘和水分、机械故障保护系统、消防、补充加热与制冷、触摸屏信息显示(包括禁用触摸屏)、触摸屏输入(包括触摸屏界面)等要求。

(3) 标准条件下最低性能标准包括设备性能和机械操作、视野特征(视角、字符对齐、位置精确度、空间位置稳定性等)、一般光比色特性、阴极射线管(cathode ray tube，CRT)显示器、液晶显示器(liquid crystal display，LCD)、作业时间、一般情况下触摸屏显示操作注意事项、特定情况下触摸屏显示操作注意事项的要求。一般光比色特性包括外界照明亮度、显示器亮度、亮度与颜色识别、颜色选择(包括颜色均匀度)等方面要求。

(4) 环境条件下最低性能标准、测试程序要求、术语解释及附录。

3) 适用范围

SAE-AS-8034C 中的要求与建议对以下显示器适用。

主飞行和导航显示器(包括垂直情况、水平情况以及移动地图显示)、具有报警功能的系统显示器(包括发动机仪表、飞机系统信息/控制、飞行员和飞行机组人员报警及文件等的显示器)、控制显示器(包括通信、导航和系统控制显示器)、信息显示器(包括仅用于态势感知的导航显示器、附加数据显示器和维修显示器)。信息亮度和对比度可以参考 SAE-AS-8034C。

4) 有效性分析

SAE-AS-8034C 是 SAE 于 2018 年颁布的标准，增加了触摸屏电子显示器的最低性能标准内容。

根据对 SAE 标准内容的分析，从人机工效学学科分类，飞机座舱人机工效相关 SAE 标准包含人机工效顶层设计原则、人体测量数据、空间布局、信息显示、控制装置和物理环境等方面的要求。物理环境又可分为热环境和座舱压力两类标准。

标准应用方面，涉及术语/数据标准、设计要求、人机工效原则和数据测量规范等方面。可以将飞机座舱人机工效设计相关的 SAE 标准进行分类，如图 1.2 所示。

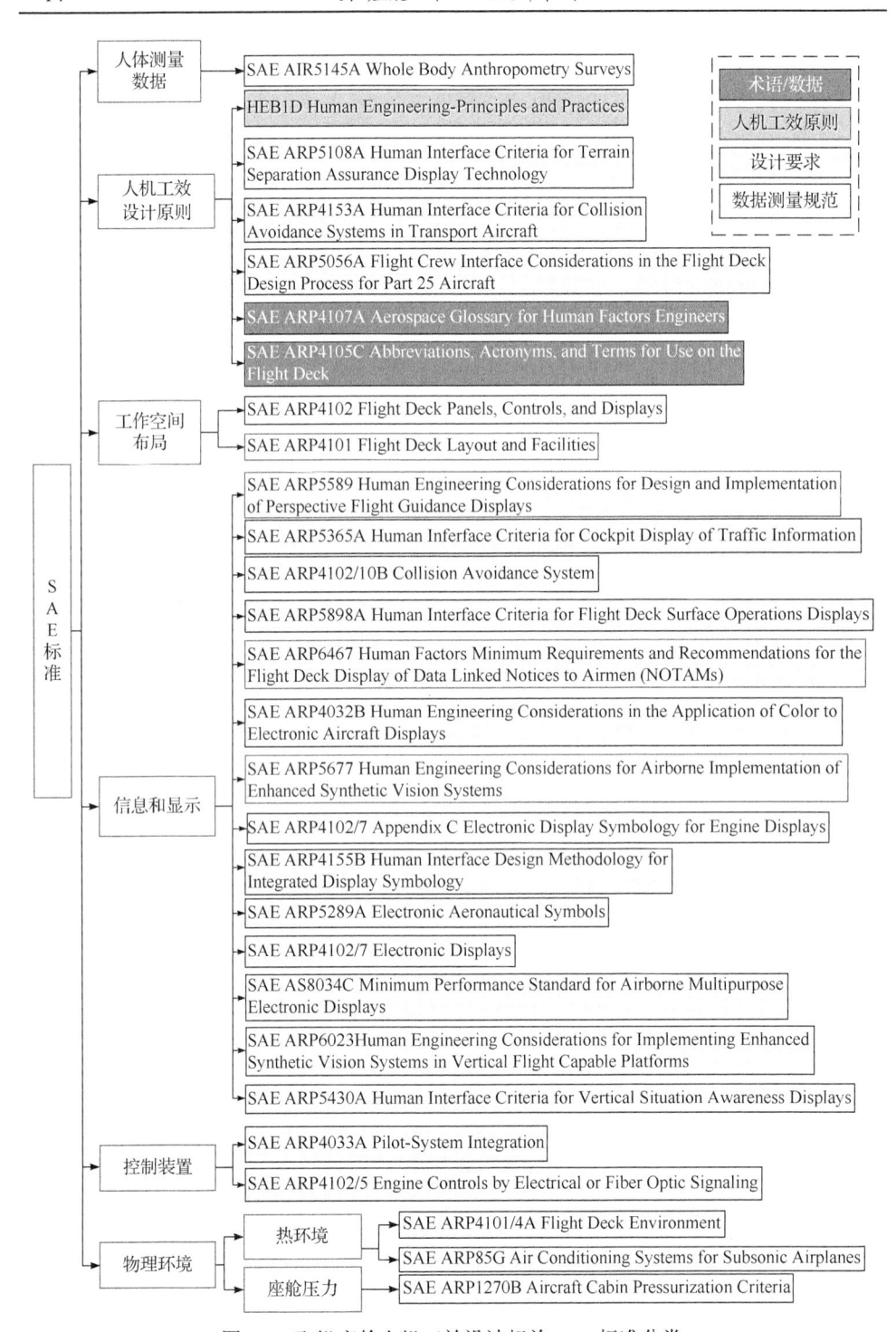

```
SAE标准
├── 人体测量数据
│   └── SAE AIR5145A Whole Body Anthropometry Surveys
├── 人机工效设计原则
│   ├── HEB1D Human Engineering-Principles and Practices
│   ├── SAE ARP5108A Human Interface Criteria for Terrain Separation Assurance Display Technology
│   ├── SAE ARP4153A Human Interface Criteria for Collision Avoidance Systems in Transport Aircraft
│   ├── SAE ARP5056A Flight Crew Interface Considerations in the Flight Deck Design Process for Part 25 Aircraft
│   ├── SAE ARP4107A Aerospace Glossary for Human Factors Engineers
│   └── SAE ARP4105C Abbreviations, Acronyms, and Terms for Use on the Flight Deck
├── 工作空间布局
│   ├── SAE ARP4102 Flight Deck Panels, Controls, and Displays
│   └── SAE ARP4101 Flight Deck Layout and Facilities
├── 信息和显示
│   ├── SAE ARP5589 Human Engineering Considerations for Design and Implementation of Perspective Flight Guidance Displays
│   ├── SAE ARP5365A Human Inferface Criteria for Cockpit Display of Traffic Information
│   ├── SAE ARP4102/10B Collision Avoidance System
│   ├── SAE ARP5898A Human Interface Criteria for Flight Deck Surface Operations Displays
│   ├── SAE ARP6467 Human Factors Minimum Requirements and Recommendations for the Flight Deck Display of Data Linked Notices to Airmen (NOTAMs)
│   ├── SAE ARP4032B Human Engineering Considerations in the Application of Color to Electronic Aircraft Displays
│   ├── SAE ARP5677 Human Engineering Considerations for Airborne Implementation of Enhanced Synthetic Vision Systems
│   ├── SAE ARP4102/7 Appendix C Electronic Display Symbology for Engine Displays
│   ├── SAE ARP4155B Human Interface Design Methodology for Integrated Display Symbology
│   ├── SAE ARP5289A Electronic Aeronautical Symbols
│   ├── SAE ARP4102/7 Electronic Displays
│   ├── SAE AS8034C Minimum Performance Standard for Airborne Multipurpose Electronic Displays
│   ├── SAE ARP6023 Human Engineering Considerations for Implementing Enhanced Synthetic Vision Systems in Vertical Flight Capable Platforms
│   └── SAE ARP5430A Human Interface Criteria for Vertical Situation Awareness Displays
├── 控制装置
│   ├── SAE ARP4033A Pilot-System Integration
│   └── SAE ARP4102/5 Engine Controls by Electrical or Fiber Optic Signaling
└── 物理环境
    ├── 热环境
    │   ├── SAE ARP4101/4A Flight Deck Environment
    │   └── SAE ARP85G Air Conditioning Systems for Subsonic Airplanes
    └── 座舱压力
        └── SAE ARP1270B Aircraft Cabin Pressurization Criteria
```

图例：术语/数据、人机工效原则、设计要求、数据测量规范

图 1.2 飞机座舱人机工效设计相关 SAE 标准分类

根据对 SAE 标准的综合分析，SAE-AIR-5145A Whole Body Anthropometry Surveys 和 HEB1D Human Engineering-Principles and Practices 在准则制定中可作辅助参考，SAE-ARP-1270B Aircraft Cabin Pressurization Criteria 等 28 项标准作为飞机座舱人机工效设计准则的主要参考标准。

1.4 运输类飞机适航标准

在世界民用航空的发展过程中，为确保民用航空活动的安全，保障公众的合法权益，在民用飞机的设计研制过程中，政府制定了一系列的适航规章，对民用飞机的制造人进行监督。民用飞机的制造人必须向民用航空管理部门表明飞机满足相应的适航标准，才能允许进入市场。

为提升航空安全性，FAA 和 EASA 根据飞机座舱设计有某些能力以及特性的需要，已经发布了一系列的规章要求。与人机工效有关的 FAA 标准简介见附录 A 表 A-3。

俄罗斯运输类飞机适航标准 AΠ-25-9 驾驶舱布局(对带综合屏显设备要求的描述)，给出了驾驶舱工位、驾驶舱标识、操纵机构、屏幕显示器控制杆、机组人员工位上仪器和信号器安装位置、屏幕显示器、备用显示器、光信号板、应急照明装置等设计要求。

20 世纪 80 年代初，中国民用航空局在借鉴航空发达国家的《运输类飞机适航标准》，特别是在 FAR-25 的基础上制定了 CCAR-25。1985 年 12 月 31 日，CCAR-25 正式发布，目前有效适用的版本于 2016 年 3 月 17 日发布，规章中条款第 25.1523 条和附录 D 的标准与 FAR-25 保持一致[7]。

适用于我国正在研制的大型客机的适航标准是 CCAR-25-R4，同时为进入世界市场，它还要满足国际上主要的适航标准，如 FAA 制定的《运输类飞机适航标准》(FAR-25)，欧洲航空安全局制定的《大型运输类飞机审定规范》(CS-25)。对于条款 25.1523，即最小飞行机组条款要求，美国、欧洲、中国的运输类飞机适航标准完全一样，但这并不意味着最小飞行机组的适航符合性验证比较容易。相反，最小飞行机组的确定是一个多学科综合、复杂的适航验证问题，国外民用航空强国在这方面已经进行了大量的研究，国内在这方面还处于起步阶段，仍然是适航取证的难点之一，需要投入科研力量进行专门研究。

运输类飞机的适航标准中很多内容都可军民通用或经转换军机可用。军机可借鉴参考的适航标准及条款包括 CCAR-25.1523、CCAR-25 附录 D；CS-25.1302、CS-25.1523，与之对应的 AMC-25.1302、AMC-25.1523；CS-25 附录 D，FAR-25.1523、FAR-25 附录 D，以及之前 FAA 标准中与之对应的 AC-25.1302-1 和

AC-25.1523-1。

本节从制定背景、主要内容、适用范围和有效性等方面对部分重要标准作详细分析，为标准体系研究和准则的提出提供研究基础。

1. Human Factors Design Guide (HFDG)

1) 制定背景

FAA Order 9550.8 Human Factors Policy 中提到：凡是与系统采集和系统运行有关的 FAA 活动都将系统地考虑人为因素的影响，FAA 希望通过考虑人机关系来提高系统性能。

FAA 在制定该指南之前使用的是其他人为因素设计标准，为了避免在 FAA 环境中使用其他标准，FAA 制定了该指南，最初的版本是由联邦航空管理局技术中心人为因素实验室颁发的一个草案标准，1996 版是将初步草案标准结合专家意见修订而成。

2) 主要内容

指南涵盖了广泛的人为因素问题，包括自动化、维护、人机界面、工作设计、文件编制、系统安全、个人安全、环境和人体测量学内容，也包含丰富的人机界面指南，具体内容如下。

(1) 前言、内容目录和图表目录，对 HFDG 的介绍(包括制定该指南的目的、预期目标、适用范围和格式)，列出互补文献，包括政府文献和非政府文献，然后是相关定义的解释。

(2) 一般设计要求：系统和设备的设计原则、人的工作效率、系统间的交互关系。

(3) 维修自动化：总体目标和原则、以人为本的自动化、过程控制经验、指令、控制和交流、系统工程、人的界面、监视功能、遥控维修控制、维护管理信息、附加技术和维修信息注意事项。

(4) 维修装备的设计：总则，操作装备的设计(包括装备的重量、尺寸、形状，手可触区域的规定，人体站立、休息和调整空间的规定，远程操作设计、起重机、升降机的使用设计)，设备的包装、安排和安装，通道孔、遮蔽装置、防护装置的尺寸、形状、位置、固定和标签，设备容器的尺寸、底座、扣件、联动装置和标签，扣件(螺母、螺栓、螺丝)、联接器、线路和电缆，内部构件的包装、布局和安装，调整装置，故障检测和隔离，保险丝和断路器，测试点和服务点，测试设备及工具的相关要求。

(5) 人-设备接口界面：显示控制集成器、视觉显示器、音频显示器、控制装置(包括手脚操作)、标签和标记、残疾人的适应性等要求。

(6) 人-计算机接口：用户-计算机交互、基本的屏幕设计与操作、窗口、数据输入、数据显示、用户指南、数据通信、输入设备、残疾人的适应性。

(7) 工作空间设计：包括工作场所布局、通道设计、固定工作点、标准控制台设计、视觉显示终端、残疾人的适应性。

(8) 用户文件：主要是帮助使用者能够快速有效地完成工作。包括写入用户文件、布局和版式、文件组成、特定的用户文档内容和残疾人的适应性等要求。

(9) 系统安全：一般设计实践、物理安全与访问控制、身份认证、审计、信息和数据保护、文档的安全保障措施、安全培训等。

(10) 个人安全：工作空间安全、相关设备的安全、电击危险、物理性危险、气液危害、毒气危害、辐射危害、特殊化学物质的保护、温度危害、消防、噪声危害、爆炸危害、辐射能源危害、激光危害、安全标签和标语。

(11) 环境：通风设备、温度、湿度、照明、噪声。

(12) 人体测量学和生物力学：人体测量学的可变性因素、人体测量学和生物力学数据、活动范围、人的优势和处理能力、舒适性设计。

(13) 附录部分：附录 A 制定 HFDG 的参考文献，附录 B 参考信息的源文献，附录 C 按钮的标准动作，附录 D 为维修人员所写程序说明中所用到的动词解释。

3) 适用范围

该指南适用于新的、修改的或更新的联邦航空管理局设施、系统和设备的管理、操作和维护。涉及 FAA 开发过程的所有阶段，从任务需求确定阶段到部署和生产阶段。HFDG 提供的信息可以用于商用现货(commercial-off-the-shelf, COTS)或非开发项目(non-developmental items, NDI)设备的评估和选择。同样，也适用于联邦航空管理局的先进研究计划。

4) 有效性分析

此版 HFDG 仍然主要集中在 FAA 的地面系统和地面设备，如气道设施的维修管理，虽然良好的人为因素实践和原则适用于所有的 FAA 系统，但是该指南在空中交通控制操作、飞机维护、飞机或机载设备认证、航空人员的 FAA 法规认证等方面没有针对性的特殊考虑。所以未来的版本应该针对国家空管系统的开发和运营进行修订。

2002 年 FAA 对 1996 版中第五章 Maintenance automation 的相关内容进行了修订。修订版对第五章进行了更新和补充，不仅有原来的维修自动化，还增加了信息自动化、自适应自动化和控制自动化等内容。

2. AC-25-11B Electronic Flight Displays

1) 制定背景

由于电子显示器替代了传统的电器元器件，初版 AC-25-11 为电子显示器系统的 CRT 适用性提供指导。初版标准的指引性对 CRT 显示器来说很适用，但是为了适应新技术发展的需要，AC-25-11 也需要更新以提供更多指导。AC-25-11B 在 AC-25-11 的基础上增加了附录 F(平视显示器)和附录 G(天气显示屏)，并更新了相关规章和文件的引用。

为保障航空安全，FAA 和 EASA 根据飞机座舱设计某些能力以及特性的需要，已经发布了一系列的规章要求。与显示器系统相关的标准有很多，AC-25-11B 为这些规范/标准提供全面指导。

2) 主要内容

AC-25-11B 包括电子显示器的概况、电子显示器硬件、电子显示系统的安全性、电子显示信息要素和特点、电子显示信息元素的布置、电子显示系统控制设备、电子显示系统的适应性、持续适航性和维修性等内容。

(1) 介绍了 AC-25-11B 的目的、适用范围、术语的定义和制定的背景。

(2) 电子显示器硬件包括视觉显示器(显示器尺寸、分辨率、线宽、亮度、对比度、色度、灰度、显示响应、屏幕刷新率、显示缺陷、反光、飞机座舱可视范围)、安装指导和电源总线要求。

(3) 电子显示系统的安全性包括故障情况的确认、显示器故障的影响、故障排除、故障及其影响分类、系统安全指导和系统安全评估准则。

(4) 显示信息组成和特征：与设计思想的一致性、显示信息的组成、标签、符号、示数、颜色编码、动态信息元素、共享信息和报警显示。

(5) 电子显示信息元素的布置包括显示信息的类型和位置分配、显示器信息的管理、显示器的配置和重构的方法。

(6) 电子显示系统控制设备包括多功能控制、光标(指针)控制设备、光标(指针)控制显示器。

(7) 持续适航性和维修性包括维修度的设计和显示器特性的维护两个方面。

(8) 附录：附录 A 主飞行信息显示(包括姿态、特殊情况下信息显示的持续性、空速和高度、低/高速预警提示、垂直速度、飞行路径向量或符号)，附录 B 发动机信息显示，附录 C 定义，附录 D 首字母缩写词，附录 E 相关规范及文献，附录 F 平视显示器(head up display，HUD)，附录 G 气象显示器。

3) 适用范围

AC-25-11B 适用于飞机和航空电子设备，特别针对运输类飞机，军用飞机也可作适当参考。信息显示色度、信息显示菜单、指针刻度/形状、字符编码和颜色编码可以参考 AC-25-11B。

4) 有效性分析

AC-25-11B 是 FAA 于 2014 年颁布执行的文件，与 AC-25-11A 相比增加了附录 F 和附录 G，具有很强的实用性和参考价值。

根据对 FAA 标准内容的分析，从人机工效学学科分类，飞机座舱人机工效相关 FAA 标准包含人机工效顶层设计原则、信息显示、控制装置和物理环境等方面的要求；标准应用涉及设计要求和人机工效原则等方面。可以将飞机座舱人机工效设计相关的 FAA 标准进行分类，如图 1.3 所示。

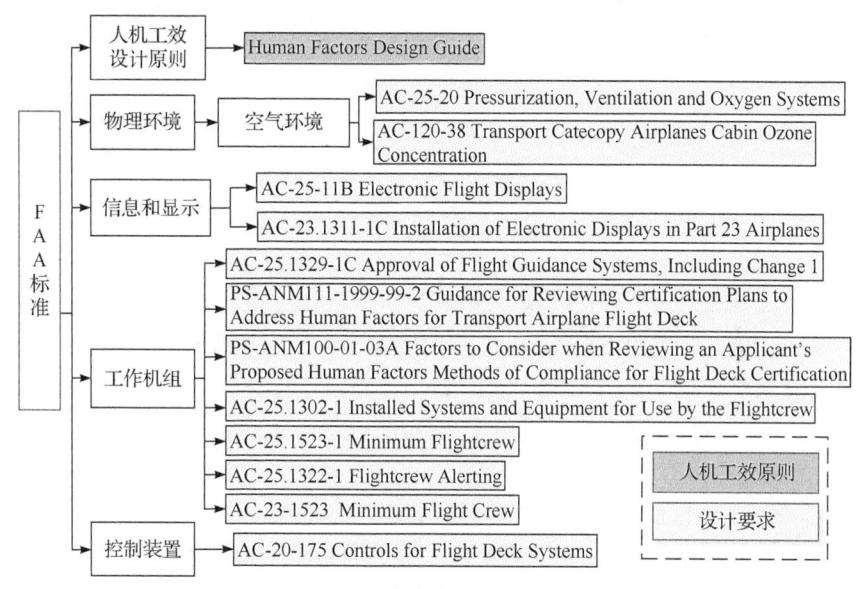

```
                    ┌─ 人机工效设计原则 ── Human Factors Design Guide
                    │
                    ├─ 物理环境 ── 空气环境 ┬─ AC-25-20 Pressurization, Ventilation and Oxygen Systems
                    │                      └─ AC-120-38 Transport Catecopy Airplanes Cabin Ozone Concentration
                    │
                    ├─ 信息和显示 ┬─ AC-25-11B Electronic Flight Displays
                    │            └─ AC-23.1311-1C Installation of Electronic Displays in Part 23 Airplanes
FAA标准 ─┤
                    │            ┌─ AC-25.1329-1C Approval of Flight Guidance Systems, Including Change 1
                    │            ├─ PS-ANM111-1999-99-2 Guidance for Reviewing Certification Plans to Address Human Factors for Transport Airplane Flight Deck
                    ├─ 工作机组 ─┤─ PS-ANM100-01-03A Factors to Consider when Reviewing an Applicant's Proposed Human Factors Methods of Compliance for Flight Deck Certification
                    │            ├─ AC-25.1302-1 Installed Systems and Equipment for Use by the Flightcrew
                    │            ├─ AC-25.1523-1 Minimum Flightcrew
                    │            ├─ AC-25.1322-1 Flightcrew Alerting
                    │            └─ AC-23-1523 Minimum Flight Crew
                    │
                    └─ 控制装置 ── AC-20-175 Controls for Flight Deck Systems

                                                    ┌─ 人机工效原则
                                                    └─ 设计要求
```

图 1.3 人机工效设计相关 FAA 标准分类

根据对 FAA 标准的综合分析，最终确定以上 13 项标准作为飞机座舱人机工效设计准则的主要参考标准。

1.5 国际标准化组织标准

国际标准化组(ISO)是一个全球性的非政府组织，是国际标准化领域中一个十分重要的组织。ISO 负责目前绝大部分领域(包括军工、石油、船舶等垄断行业)的标准化活动。ISO 的宗旨是"在世界上促进标准化及其相关活动的发展，以便于商品和服务的国际交换，在智力、科学、技术和经济领域开展合作"。

标准的内容涉及广泛，从基础的紧固件、轴承的原材料，到半成品和成品，其技术领域涉及信息技术、交通运输、农业、保健和环境等。每个工作机构都有自己的工作计划，该计划列出需要制定的标准项目(试验方法、术语、规格、性能要求等)。ISO 标准管理结构如图 1.4 所示。

国际标准由技术委员会(Technical Committees，TC)和分技术委员会(Sub-technical Committees，SC)经过六个阶段(申请阶段、预备阶段、委员会阶段、审查阶段、批准阶段和发布阶段)形成。

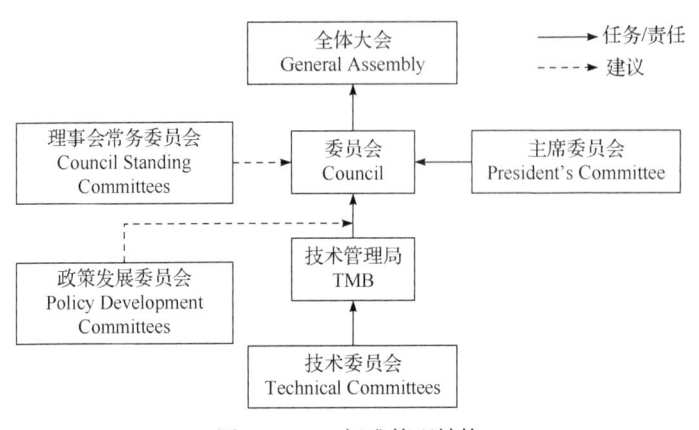

图 1.4 ISO 标准管理结构

ISO 成果包括 ISO 标准(Standard)、ISO/PAS 公开规范(Publicly Available Specifications)、ISO/TS 技术规范(Technical Specifications)、ISO/TR 技术报告(Technical Reports)、IWA 国际研讨会协议(International Workshop Agreements)和 ISO 指南(Guides)。

20 世纪 60 年代后，ISO 工作领域不断拓宽，由原材料、机械工业和工程建设等传统的标准化领域，拓宽到信息技术、交通运输、卫生安全、环境保护、人类工效学、节约能源和经营管理等方面。人类工效学标准化技术委员会 TC 159 在其专业领域内开展了卓有成效的工作，制定了大量的国际标准，截至 2024 年底共 162 项。近年标准制定的重点主要集中在 SC1 的 WG4(日常用品的可用性)以及 SC4 中的 WG5(软件工效学与人机对话)和 WG6(交互系统中以人为中心的设计过程)。

ISO/TC 159 制定的人机工效学领域标准包括一般人机工效学原理、人体测量学、生物动力学、人机交互和物理环境，提出了人的特点和表现，以及产品、系统、服务、环境和设备的说明、设计和评估方法。ISO 标准的简介见附录 A 表 A-4。

1.6 国家军用标准

国家军用标准(GJB)是规范军用设备、系统的专用标准，是保证和提高武器装备质量的依据。人机工效学国家军用标准是军事装备和系统设计中的人机工效学要求，也是提高设备和设施中人机交互效率和能力的指导性规范准则。

我国现行国家军用标准中，GJB 2873-1997 军事装备和设施的人机工程设计准则和 GJB 3207-1998 军事装备和设施的人机工程要求从顶层设计和实施程序对军事设施人机工效设计提出了要求，二者适用范围有所区别：GJB 2873-1997 是设计准则，适用于军用系统等的设计研究，而 GJB 3207-1998 适用于装备论证、研制、试验、采购、使用等寿命周期过程；GJB/Z 201-2001k 军事装备和设施的人机工程设计手册从技术层面对军事系统、子系统和设施的设计提出了要求。除以上三个综合性人机工效学军用标准，GJB 还涉及飞行员人体数据、飞机座舱布局、飞行信息及显示和座舱环境控制等方面。与飞机座舱人机工效相关的国家军用标准的简介见附录 A 表 A-5。

本节从制定背景、主要内容、适用范围和有效性等方面对部分重要标准作详细分析，为标准体系研究和准则的提出提供研究基础。

1. GJB 2873-1997 军事装备和设施的人机工程设计准则

1) 制定背景

1980 年 4 月，国家标准局成立了全国人类工效学标准化技术委员会，统一规划、研究和审议全国有关人机工效学基础标准的制定。1984 年，国防科学技术工业委员会(以下简称国防科工委)成立了国家军用人-机-环境系统工程标准化技术委员会。这两个技术委员会的建立，有力地推动了我国人机工效学研究的发展。1989 年又成立了中国人类工效学学会，在 1995 年 9 月创刊学会会刊《人类工效学》季刊。

20 世纪 90 年代，随着军事技术的发展，现代武器装备越来越先进、复杂和精密，因此对操纵、使用和维修人员的要求也越来越高。航空方面，高新科学技术的迅猛发展及在航空领域的大量应用，使得航空装备的自动化水平日益提高，但这并不表明人的因素对航空装备的影响力在不断削弱，相反在加大，先进的航空装备对使用人员和维修人员提出了更高的要求。据有关部门对民航系统历次安全隐患、事故征候及安全事故进行分析统计表明，因机器原因导致的比例在逐年降低，而由人为差错导致的比例在逐年大幅度上升[8]。在军用武器装备的设计中，军事作战人员、武器装备和战场环境组成了一个特殊的人-机-环境系统，战场环境的严酷性更迫切地需要对武器进行人机工效设计。

GJB 2873-1997 是参照美军标 MIL-STD-1472D(1989 年发布)编制的。

2) 主要内容

GJB 2873-1997 规定了军事系统、子系统、装备和设施的人机工效设计准则，具体内容如下。

(1) 给出了标准的主题内容、适用范围、引用文件以及一些术语的定义。

(2) 对军事装备和设施的一般要求包括军事装备和设施的人机工效设计目标、标准化、功能分配、故障-安全保护设计、设计简化、交互作用、安全性、坚固性、耐受性(核、生物、化学环境)、核电磁脉冲防护设计等方面的要求。

(3) 给出了对军事装备和设施的详细要求，包括军事装备和设施的控制器、显示器(视觉、听觉)、标记、人体测量、工作空间、环境、为维修人员的设计、遥控操作设备设计、小系统和设备、地面与船上的作战和维修保障装置、危险与安全、航空航天器座舱、用户-计算机界面、视觉显示终端等要求。

(4) 说明标准的预定用途。

(5) 附录给出了一个补充件和一个参考件，即附录 A 应用指南，以及附录 B 人体测量数据。

3) 适用范围

GJB 2873-1997 适用于所有军事系统、子系统、装备和设施的设计，可用于科研和教学，也适用于硬件、材料和过程的选择。

4) 有效性分析

GJB 2873-1997 是参照 MIL-STD-1472D 编制而成的，某些方面已无法满足先进军事装备和设施的发展需要。目前，相关机构正在根据 MIL-STD-1472H 对其进行修订完善。

2. GJB/Z 201-2001k 军事装备和设施的人机工程设计手册

1) 制定背景

GJB/Z 201-2001k 是以 1995 年发布的 MIL-HDBK-759C 作为参照标准，起草人在分析、消化该指南和大量文献的基础上，进行了深入的研究，并根据国情需要，对指导性技术文件的内容作了相应的调整和补充。作为 GJB 2873-1997 的配套标准，旨在为军事装备和设施研制中贯彻和实施 GJB 2873-1997 提供较为完整的人机工效设计指南，以促进我国军事装备和设施人机工效设计水平的提高。为了避免使 GJB 2873-1997 这样的军用标准过于详细、冗长或难以执行，就把大量的人机工效信息放在了设计指南里。

2) 主要内容

GJB/Z 201-2001k 为军事系统、子系统、装备和设施的设计提供人机工效设计指南和参考依据，是对 GJB 2873-1997 的补充，具体内容如下。

(1) 给出了标准的主题内容、适用范围、引用文件以及一些术语的定义。

(2) 给出了对军事装备和设施的一般要求。

(3) 给出了对军事装备和设施的详细要求，包括军事装备和设施的控制器、显示器(视觉、听觉)、标记、人体测量、工作空间、环境、为维修人员的设计、遥控操作设备设计、小系统和设备、地面与船上的作战和维修保障装置、危险与安全、航空航天器座舱、用户-计算机界面、视觉显示终端、武器系统等的要求，与

GJB 2873-1997相比增加了对武器系统的要求。另外，各部分的相关内容也都有所补充。

(4) 说明事项，包括 GJB/Z 201-2001k 的预定用途、硬件、材料或过程的选择、性别考虑、力的范围、制造公差等事项的说明。

(5) 附录包括5个参考文件：附录A 引用国际标准和国外先进标准目录，附录B 中国军人站姿人体尺寸，附录C 海军舰(艇)员人体测量数据，附录D 坦克乘员手臂操作力和脚蹬力的测量与分析，附录E 体温调节数学模型。

3) 适用范围

GJB/Z 201-2001k 适用于军事系统、子系统、装备和设施的设计，也适用于与人机工效设计有关的其他方面，具有很强的通用性，各项条款尤其是定量条款对于军事装备和设施而言只具有参考性，不宜将之作为要求加以引用。

4) 有效性分析

GJB/Z 201-2001k 所引用的某些标准在制定过程中未充分考虑人机工效方面的因素，因此在使用中应考虑这方面的局限性。

3. GJB 4856-2003 中国男性飞行员人体尺寸

1) 制定背景[9]

飞行员人体尺寸数据是设计飞机座舱和研制飞行员个人防护救生装备的最基本依据，同时，凡与中国男性飞行员人体尺寸数据有关的国家军用标准的制定与修订，均要以此数据为依据。因此，人体尺寸测量工作是实用性很强的基础性研究工作。在国内，大样本飞行员人体尺寸测量工作曾进行过三次：第一次(1958年)，共测量各种军机飞行员3342名，每人测量106项；第二次(1974~1977年)，共测量各种军机飞行员1654名，每人测量97项；第三次(2000~2001年)，共测量各种军机飞行员1739名，每人测量305项。然而由于历史原因和测量记录载体落后等因素影响，前两次的测量资料不仅查找不全，更没有详细分析记载。GJB 4856-2003是在第三次测量工作的基础上制定的，属于基础性标准。

2) 主要内容

首先给出了标准的适用范围、引用文件和术语的定义，说明测点、测量项目、测量方法、测量工具和测量条件的要求以及测量数据使用的规则。然后是混合机种、歼(强)击机、轰炸机、直升机和运输机飞行员的基础项目(141项)和推荐项目(164项)测量数据。最后是附录部分：附录A(规范性附录) 测点名称及定义，附录B(规范性附录) 测量项目名称及定义，附录C(资料性附录) 测量项目的测量方法，附录D(资料性附录) 人体测量工具和测量基准图示。

3) 适用范围

适用于与中国男性飞行员人体尺寸数据相关的混合机种、歼(强)击机、轰炸机、直升机和运输机的座舱、座椅、通道、工作台、舱室布局和飞行员个人防护救生装备等尺寸的设计。

4) 有效性分析

GJB 4856-2003 是在距今最近一次飞行员人体测量工作的基础上制定的，属于基础性标准，所以具有很强的实用性和参考价值。

4. GJB 36A-2008 飞行员人体模板设计和使用要求

1) 制定背景

基于飞行员人体模板设计的需求以及 2003 年中国男性飞行员人体尺寸的测量结果，我国对 1985 年颁布的 GJB 36-1985 飞行员人体侧面样板尺寸进行修订，用 GJB 36A-2008 代替 GJB 36-1985。

2) 主要内容

(1) 给出了 GJB 36A-2008 的适用范围、引用文件和术语的定义。

(2) 给出了飞行员人体模板的设计要求，包括基本尺寸、设计尺寸、关节角度等详细设计要求。

(3) 给出了不同身高等级的人体模板使用要求以及模板用人体基本尺寸表、三个身高等级模板设计尺寸表和人体模板关节角度的调节范围。

3) 适用范围

GJB 36A-2008 规定了飞行员人体模板设计的人体基本尺寸、设计尺寸、关节角度调节范围和使用要求。适用于飞行员人体模板设计，也适用于与飞行员人体有关的工作空间、操作位置的辅助设计及其工效学评价。

5. GJB 6896-2009 男性飞行员人体静态三维尺寸

1) 主要内容

(1) 给出了 GJB 6896-2009 的适用范围、引用文件和术语的定义。

(2) 总则，包括对测点、测量项目、测量方法、测量仪器精度、测量条件、测量数据处理和测量数据使用规则等要求。

(3) 分别给出了第 3、5、50、95、97 和 98 百分位数飞行员人体静态三维尺寸。

2) 适用范围

GJB 6896-2009 规定了男性飞行员人体静态三围尺寸，适用于飞机座舱和座椅的设计以及标准动态仿真假人的研制。飞行员个体防护救生装备的设计可参考使用。

6. GJB 807A-2008 飞机仪表板布局通用要求

1) 主要内容

(1) 给出了 GJB 807A-2008 的适用范围、引用文件和术语的定义。

(2) 包括可达性(包括操作可达性和视觉可达性)、一致性和对应关系、分组原则、防干扰、防差错、应急使用以及运动方向的一般要求。

(3) 给出了基本飞行仪表布局、动力装置仪表布局、显示器布局、备用和应急仪表布局、控制装置布局和灯光信号装置布局等详细要求。

(4) 附录给出了显示器上的信息配置要求。

2) 适用范围

GJB 807A-2008 规定了显示器、仪表、控制装置和灯光信号装置在飞机仪表板上布局和定位的通用要求，适用于军用飞机座舱仪表板布局。

7. GJB 808-1990 小型化航空仪表设计规范

1) 主要内容

(1) 给出了 GJB 808-1990 的适用范围、引用文件和术语的定义。

(2) 给出了设计小型化航空仪表的基本原则，即应综合考虑下列因素：参数的重要程度、使用的重要程度、参数组合、综合的形式和程度、使用要求、工效学要求、定性定量显示、显示方式、工作原理、结构形式和工艺方法、安装方式和安装位置、维修性和可靠性等。

(3) 给出了表壳、仪表安装方式、刻度盘、指针、指示精度、标牌、插头座、照明、景深、材料、电子元器件、限动器、阻尼、过电压保护、欠电压保护、内部布线、互换性、启动时间、维修性、可靠性和寿命、电磁兼容、环境使用条件以及包装等详细要求。

2) 适用范围

GJB 808-1990 规定了小型化航空仪表设计的基本原则和一般要求，适用于军用飞机的小型化机械式或机电式仪表，为仪表设计提供了依据。小型化的电光显示仪表也可以参照使用该规范。

8. GJB 300-1987 飞机平视显示器字符

1) 制定背景

平视显示器不仅可用于作战飞机，而且可用于民航飞机。民航飞机平视显示器在美国的研制起步于 1977 年，Sundstrand 公司负责系统和硬件设计，Douglas 公司承担字符和软件研究。1978 年经过原理模拟后，1979 年调试成功以若干画面表达一定控制规律的试验室样机，1980 年即开始这种民航飞机平视显示器的批量生产[10]。

2) 主要内容

(1) 给出了 GJB 300-1987 的适用范围、引用标准和术语的定义。

(2) 给出了信息显示、信息的基本显示格式和参考基准的一般要求。

(3) 包括字符的形状、字符的尺寸和度量、字符线宽、各种类型的字符、显示状态信息表等具体要求。

(4) 附录 A(参考件) 基本显示格式，附录 B(参考件) 数传引导指令表，附录 C(参考件) 显示状态信息表。

3) 适用范围

GJB 300-1987 适用于军用固定翼飞机电/光显示器中的平视显示器。该标准描述在起飞、导航、地形跟踪/地形回避、武器投放及着陆等状态时向空勤人员提供的平视显示器显示的字符种类、几何形状、字体、尺寸及格式。

4) 有效性分析

GJB 300-1987 的发布实施对我国飞机平视显示器和平视显示字符的发展起到了积极的推动作用。该标准中第 5.4.1 条～第 5.4.55 条所定义的字符基本上在各个飞机型号中均有所体现，其中第 5.4.9 条"升降速度"和第 5.4.19 条"迎角误差"采用各自的方案一来实现，仅第 5.4.26 条"跑道基准"在大部分型号中未使用。虽然该标准在应用中发挥了极大的作用，但随着技术的发展和应用需求的增加，仍需增加一些字符，对该标准中基本未用的字符可以删除，根据应用情况有少量字符需要改进。

9. GJB 301-1987 飞机下视显示器字符

1) 制定背景

1987 年我国编制发布了 GJB 300-1987 飞机平视显示器字符、GJB 301-1987 飞机下视显示器字符和 GJB 302-1987 飞机电/光显示器汉字和用语。由于平视显示器和下视显示器的研制是在不同的单位，各单位仅对本单位开发使用的字符比较熟悉，而编制非本单位开发使用的字符有一定的难度，因此确定将飞机显示器字符标准分为 3 项独立的标准。3 项标准于 1985 年开始编制，编制之初便搜集到了 MIL-STD-1787 Aircraft Display Symbology，并于随后完成了该标准的翻译、校对和分析工作。由于当时 MIL-STD-1787 比较先进，决定依据其进行国内显示字符标准的编制。经过对 MIL-STD-1787 的深入分析和理解，结合国内实际情况最终完成了 3 项标准的编制和发布。

2) 主要内容

(1) 给出了 GJB 301-1987 的适用范围、引用标准和术语的定义。

(2) 给出了信息的显示、信息显示格式和参考基准的一般要求。

(3) 包括字符的形状、尺寸、线宽、字的连续书写间隔以及字符的具体要求。

(4) 附录 A 战术情况信息符，附录 B 发动机参数显示，附录 C 显示格式，附录 D 显示状态信息表。

3) 适用范围

GJB 301-1987 适用于军用固定翼飞机电/光显示器中的下视显示器。该标准描述在下视显示器上显示的有关飞行、作战和监视信息所采用的各种字符及其几何形状和尺寸、字体及显示格式。

4) 有效性分析

经统计分析，GJB 301-1987 中第 5.5.2 条~第 5.5.63 条中所列符号有 60%左右在不同的飞机型号中使用，特别是飞机基准符、地平线、姿态线、俯仰角显示、外挂符号、塔康台标记等使用频繁，并在液晶显示器上一直沿用。其余的或者是平视显示器用的，或者是不用的，或者是与现用的有差异。GJB 301-1987 在编制当时是一项超前标准。该标准的编制一方面指导了显示器研制中对显示字符的应用，另一方面，由于标准的编制缺乏使用依据，也造成如下一些问题。

(1) 标准的字符不能满足下视显示器对显示字符的需要，造成各机种字符库中出现较多的非标准字符。

(2) 标准的一些字符与现实采用的字符存在一些差异，例如，该标准中第 5.5.37 条规定"塔康台标记"等就与实际采用的字符不一致。

(3) 标准中的一些字符考虑平视显示器与下视显示器共用而列入，但有些字符实际是平视显示器用的，如第 5.5.42 条"方位操纵线"、第 5.5.43 条"天线的高低角和方位"、第 5.5.49 条"空地解算标记"、第 5.5.53 条"连续计算命中线"以及第 5.5.54 条"快速射击光环"等。

此外，由于该标准在编制时主要针对的是 CRT 显示器，随着有源矩阵 LCD 的广泛使用，其中的一些字符已经不能满足要求。

10. GJB 302-1987 飞机电/光显示器汉字和用语

1) 制定背景

参考 GJB 301-1987 的制定背景。

2) 主要内容

(1) 给出了 GJB 302-1987 的适用范围和引用标准。

(2) 给出了电/光显示器汉字和用语的基本要求。

(3) 附录 A 电/光显示器基本汉字，附录 B 电/光显示器基本用语，附录 C 电/光显示器用的缩略语英汉对照表。

3) 适用范围

GJB 302-1987 规定了汉字字形、大小及用语的排列格式等内容，适用于军用固定翼飞机电/光显示器显示飞行、作战与监控信息的汉字和用语。

11. GJB 1062A-2008 军用视觉显示器人机工程设计通用要求

1) 主要内容

(1) 给出了 GJB 1062A-2008 的适用范围、引用标准和术语的定义。

(2) 包括显示器布局、与相应控制器的关系、信息显示、显示器亮度、显示器照明、标识及编码、可靠性等一般要求。

(3) 给出了阴极射线管显示器、液晶显示器、透射光指示器、刻度盘指示器、大屏幕光学投影显示器、发光二极管显示器、点阵/节段显示器、头盔显示器等具体要求。

① 阴极射线管显示器包括字符大小、观察距离、相邻表面的亮度范围、环境照明、防眩光、亮度范围、颜色、刷新频率、信息显示以及编码等具体要求；

② 液晶显示器包括字符大小、观察角度、观察距离、字符背景颜色、环境照明、报警方式等详细要求；

③ 透射光指示器包括亮度、亮度控制器、亮度对比度、灯的冗余、图例灯指示器的颜色编码、字符、可见性以及单一指示灯、导光板组件指示器等具体要求；

④ 刻度盘指示器给出了指示方式、刻度标记、数字、零位、指针等详细要求；

⑤ 大屏幕光学投影显示器给出了座位设置区、图像亮度、清晰度、梯形畸变效应等详细要求；

⑥ 发光二极管显示器包括显示分辨率、颜色分辨率、组合模块、亮度控制、颜色编码、观察角度等具体要求；

⑦ 点阵/节段显示器给出了形状、字母大小、观察角度、颜色、亮度调节器等具体要求；

⑧ 头盔显示器包括观察角度、观察距离、分辨率、亮度、观看面积、视差、亮度均匀度和字符畸变等详细要求。

2) 适用范围

GJB 1062A-2008 规定了军用视觉显示器的人机工效设计原则和通用要求，适用于军用视觉显示器的人机工效设计、评价和验收。

12. GJB 35B-2008 歼(强)击机座舱几何尺寸

1) 制定背景

基于歼击机发展的需求以及 2003 年中国男性飞行员人体尺寸的测量结果，

我国对 1993 年颁布的 GJB 35A 歼击机座舱几何尺寸进行修订，用 GJB 35B 代替 GJB 35A。

2) 主要内容

GJB 35B-2008 规定了歼(强)击机座舱几何尺寸，具体内容如下。

(1) 前言部分指出 GJB 35B-2008 较 GJB 35A-1993 的主要变化。

(2) 给出了标准的适用范围、引用文件及术语的解释与定义。

(3) 总则包括设计眼位的应用、几何尺寸的选择、外部视野、内部视野、弹射通道几何尺寸、人体尺寸数据的选用、手臂可达区及个体装备和救生装备的设计要求。

(4) 基本几何尺寸要求，GJB 35B-2008 给出了操纵机构(操纵杆、中央驾驶杆、油门杆和侧驾驶杆、脚蹬)、操纵台和仪表板(下部间隙和弹射通道、仪表板视角)、座椅和串列双座座舱(双套操作、单套操作)的几何尺寸要求。

3) 适用范围

GJB 35B-2008 适用于单座或串列双座杆式操纵歼击机、强击机、歼击轰炸机及上述飞机的教练机。座位几何尺寸、座舱视野、外视野、弹射通道几何尺寸、手臂可达区、人体尺寸数据的选用、操纵机构、操纵台和仪表板等基本几何尺寸都可参照该标准。

4) 有效性分析

GJB 35B-2008 除了座舱几何尺寸、外部视野、弹射通道尺寸之外，还考虑了中国飞行员的人体测量数据、个人装备与救生设备的影响、人体功能及操纵机构可达性等内容，而且对一些术语的定义比较准确，具有较高参考价值。

13. GJB 307A-2012 歼(强)击机座舱视野和主仪表板视区

1) 制定背景[11]

歼击机座舱视野是人机系统中组成人机界面的一个重要方面，尤其是歼击机的作战使命和它的高性能，要求座舱设计必须有良好的视野。20 世纪 80 年代，对歼击机座舱外视野各国研究得比较多，苏、美等国的军用标准均有明确的规定；而对座舱内部视野，则研究得比较少。随着当时科学技术的发展，对包含有内部视觉的综合视野的研究成为了必要，可见，对座舱内部视野的研究在 20 世纪 80 年代就引起人们的重视。

20 世纪 80 年代，随着飞机性能的提高和机载设备的增加，座舱仪表明显增多，这就出现了"争仪表板"的现象。有的仪表板不得不安装在座舱靠下的位置，很难观察和判读。尽管当时的歼击机都采用了电/光显示系统，对减少座舱仪表起到了很大作用，但没有根本改善这一状况。

2) 主要内容

GJB 307A-2012 对飞机座舱外部视野和主仪表板视区提出要求，具体内容如下。

(1) 给出了标准的适用范围、相关标准及名词术语的解释。

(2) 分别对座舱外视野和主仪表板视区提出要求。座舱外视野要求包括外视野品质和最小视角的要求；主仪表板视区主要对视距、安装方位和视区划分提出要求。

(3) 附录给出了主仪表板不同视区视觉反应时实测值的参考件。

3) 适用范围

GJB 307A-2012 规定了歼(强)击机座舱视野和主仪表板视区。适用于歼击机、强击机、歼击轰炸机及其同类型串列双座教练机等座舱的设计。

4) 有效性分析

GJB 307A-2012 引用的文件是 GJB 35B-2008 歼(强)击机座舱几何尺寸、GJB 718 单座和串列双座固定翼飞机座舱布置和 GJB 4856 中国男性飞行员人体尺寸。其中，GJB 35，我国分别在 1993 年和 2008 年对其进行了两次修订，现行的标准是 2008 年开始执行的 GJB 35B 歼(强)击机座舱几何尺寸，所以在座舱视野方面要作相应改进。

14. GJB 718-1989 单座和串列双座固定翼飞机座舱布置

1) 制定背景[12]

由于电子科学技术飞速发展，机载电子设备日益增多，人机之间信息交流量日益增长，进而迫使飞行员接收仪表仪器等信息也日益增多，飞行员的工作负荷越来越大。在与外界隔离的座舱内，飞行员获取信息主要依靠观察仪表显示器，然而作为人机接口的仪表和控制器长期以来落后于飞机总体设计的发展，再加上飞机的发展又不断提出越来越多的新要求，这就给座舱仪表板和操纵台的布局设计带来很大的困难。飞机座舱空间规划是提高飞行员工效、减轻飞行员工作负荷的重要课题。

2) 主要内容

GJB 718-1989 规定了军用固定翼单座和串列双座杆式操纵飞机的座舱布置设计要求，内容包含对座舱操纵装置、显示装置和座椅等设备的布置、位置和操作要求，具体如下。

(1) 给出了标准的适用范围、主要内容、引用标准和相关术语的解释。

(2) 一般要求包括操纵装置和显示装置的选择、位置、操纵装置的操作、显示信息、操纵手柄、开关、电门、按(旋)钮和按键、地面维护用的操纵装置和显示装置、座舱设备的布置等。

(3) 对操纵装置的要求包括飞行和地面操纵装置、动力装置的操纵装置、灭火操纵装置、电器操纵装置、航空电子操纵装置、武器控制装置、驾驶杆和油门杆上的控制装置。

(4) 仪表板布置以及其他操纵装置和设备的布置要求。

3) 适用范围

当某特定型号的飞机座舱布置设计超出该标准时，应制定该机型专用要求，并将超出标准的部分予以论证、说明，经样机审查批准。

4) 有效性分析

该标准中仪表板布置是参照 GJB 807 飞机仪表板布局而来，但在 2008 年，我国对 GJB 807 进行了修订，所以在仪表板布置方面要进行改进。

国外第四代战斗机座舱布局的特点[13]如下。

(1) 座舱布局综合化。采用大屏幕显示器替代复杂、数量众多的常规仪表，综合各种控制板，构成显示控制高度综合化的座舱。这种座舱具有良好的人机工效，节省了空间，减轻了飞行员的负担。

(2) 显示控制智能化。话音合成/识别系统实现了人机直接对话，把人的话音变换成计算机能接收的数字信息，为飞行员提供新的控制方式，一定程度上减轻了飞行员的负担。

(3) 显示器宽视场化。采用全息平视显示器(也称衍射平视显示器)技术，将折射光学准直系统改为衍射光学准直系统，总视场扩大为 30°×20°；采用了头盔显示器，包括平视显示器和头跟踪器，总视场进一步扩大为 40°×40°。宽大的视场使飞行员更适应夜间恶劣天气飞行作战，对提高整体作战效能具有重要作用。

(4) 战况显示器大型化。四代机增大了主飞行下视显示器的尺寸。

GJB 718-1989 只是就当时飞机座舱布置提出的要求，而战斗机座舱设计将更加智能化和综合化，所以在操纵装置和控制装置方面应加入新技术的考虑。

15. GJB 5441-2005k 飞机握杆操纵装置通用规范

1) 主要内容

(1) 给出了标准的适用范围、主要内容、引用标准。

(2) 给出了重量、加工质量、外观质量、材料(不相容金属、非金属材料)、设计和结构(包括总体要求、手柄设计、器件、开关机构、机械接口、螺纹、线束、标记)、操作性、性能(绝缘电阻、介质耐压性、静强度、刚度)、环境适应性(包括低温、高温、低气压、温度冲击、湿热、振动、冲击、加速度、炮振、霉菌和盐雾)、寿命、互换性、维修性、工艺等要求。

(3) 针对相关要求的质量保证规定。
(4) 交货准备和相关说明事项。

2) 适用范围

该规范规定了飞机握杆操纵装置的通用技术要求、质量保证规定及交货准备等内容，适用于飞机的驾驶杆、油门杆，直升机的总距杆、周期变距杆及各类任务手柄。

16. GJB 1124A-2007 握杆操纵中手部数据和手指功能

1) 制定背景

握杆操纵是 20 世纪 70 年代初随着机载数字计算机的应用而发展起来的一项技术，20 世纪 80 年代末已在国外先进战斗机上得到普遍采用。20 世纪 90 年代，为在我国新研制的战斗机上采用此技术，我国国防科学技术工业委员会(以下简称国防科工委)于 1989 年下达了国家军用标准《握杆操纵中手的数据和手指功能》的编制任务，并于 1991 年批准发布该标准，于 1992 年 6 月 1 日开始实施[14]。空军航空医学研究所采用模拟测试方法测量了 359 名飞行员手指按压驾驶杆、油门杆上不同按钮的操纵效果，发现握杆操纵状态下飞行员用双手拇指、食指扳动开关的可行性最好，双手五个手指按压杆上按钮的可行性也最好，结果反映在 GJB 1124 中[15]。与 GJB 1124 相比，GJB 1124A 依据《中国男性飞行员人体尺寸》，对部分项目名称及尺寸数据进行了修订，并基于歼(强)击机发展的需要，增加了侧驾驶杆的尺寸要求。

2) 主要内容

GJB 1124A-2007 规定了飞行员握杆操纵飞机时手的数据范围，并给出了手指功能，是设计飞机驾驶杆和油门杆的依据，具体内容如下。

(1) 给出了标准的适用范围、引用标准和术语的解释。
(2) 给出了手的相关数据和手指的功能。

3) 适用范围

GJB 1124A-2007 适用于军用飞机驾驶杆和油门杆的设计。

4) 有效性分析

GJB 1124A-2007 引用的文件是 GJB 35 歼击机座舱基本尺寸与 GJB 4856 中国男性飞行员人体尺寸。其中，GJB 35 歼击机座舱基本尺寸，我国分别在 1993 年和 2008 年对其进行了两次修订，现行的标准是 2008 年开始执行的 GJB 35B 歼(强)击机座舱几何尺寸，所以在有关方面要作相应改进。

17. GJB 2874-1997 电传操纵系统飞机的飞行品质

1) 制定背景[16]

1980 年 11 月，DoD 正式颁发了"军用规范——有人驾驶飞机(固定翼)飞机品质(MIL-F-8785C)"。20 世纪 70～80 年代初，航空史上出现了飞跃，主动控制(含直接力控制)技术日趋成熟，具有高增益电传飞行控制系统的新型战斗机和运输机不断研制成功并装备部队或投入航线。世界各国，尤其是美国，对飞行品质标准规范的研究依然保持十分强劲的势头。美国空军于 1987 年 3 月正式颁布 MIL-STK-1797(即"MIL Standard and Handbook—Flying Qualities of Air Vehicles")，并正式发布命令以 MIL-STK-1797 代替 MIL-F-8785C。20 世纪 80 年代初，我国学者着手开展 MIL-F-8785C 的翻译、出版和初步的分析研究工作。根据"八五"期间国家军用标准编制任务的要求，1995 年底完成了国军标——电传操纵系统飞机飞行品质规范的送审稿，1996 年完成批稿，1997 年国防科工委批准颁布为 GJB 2874。

2) 主要内容

GJB 2874-1997 共分为两部分：第一部分为正文部分，第二部分为附录部分。正文部分的各项要求均以填空的形式出现，无具体指标要求。在附录中提供了标准正文中各项要求的编制依据和建议值，对每项要求建议从以下方面详细讨论：①要求的理由；②有关 GJB 185-1986 有人驾驶飞机(固定翼)飞行品质的要求；③要求的叙述和建议值；④要求的理论基础；⑤应用指南；⑥一致性检验；⑦背景材料；⑧以往的经验。具体内容如下。

(1) 给出了标准的适用范围、引用文件及相关术语和符号的解释。

(2) 一般要求包括装载、惯性矩和惯性积、外挂物、构型、飞机正常和故障状态所允许的等级、危险飞行状态、对主观性要求的解释、对定量要求的解释和质量保证的要求。

(3) 详细要求包括对俯仰轴、垂直于飞机轨迹、纵向(速度)轴、滚转轴、偏航轴、飞机轨迹侧向轴、各轴组合及大气扰动中的飞行品质要求。

(4) 相关说明事项及附录。

3) 适用范围

适用于高增益电传飞行操纵系统的高性能飞机，用于提供适合完成任务和飞行安全的飞行品质，而不管采用何种设计措施也不管飞行控制系统如何构成。各项要求是按飞机运动的坐标轴来编制的。它包括对该轴系的全部操纵及对其他输入，如大气紊流、外挂物投放等的飞机反应，也包括对某一给定轴的其他(即次要的)操纵方法(如直接力控制和减速板等)的各种要求，也适用于飞机本体和有关分系统(包括增益系统和控制增益系统在内)的组合。

18. GJB 1193-1991 飞机环境控制系统通用规范

1) 制定背景[17]

我国从 20 世纪 80 年代初全套引进 MIL 标准，并以此为参照蓝本制定了大量航空行业标准和规范。飞机环境控制系统相关标准规范进展较为缓慢，直到 1988 年仍仅有两项附件级通用要求，而系统级和分系统级的标准规范均为空白。为了尽快扭转这一落后、被动的局面，早日建立我国自己的标准体系，从 1988 年起，我国着手有关标准和规范的制定工作。为了在有限的人力、财力条件下尽快拿出我国自己起主导作用的牵头规范，航空航天工业部首先从系统规范入手，制定了 GJB 1193。

2) 主要内容

GJB 1193-1991 规定了飞机 ECS 的技术性能、设计标准和验证要求，具体内容如下。

(1) 给出了主题内容、适用范围和所引用的文件。

(2) 对座舱内的环境提出相关要求。主要是对座舱压力调节、座舱空气调节、设备与设备舱空气调节、环境防护、飞机引气系统、环境条件、座舱噪声、可靠性、可维护性、附件特性、材料、结构完整性、地面试验设备等方面作出具体要求。

① 座舱压力调节主要包括压力制度、压力变化率、正负释压、卸压、泄漏量、增压源、仪器等方面的要求。

② 座舱空气调节主要包括飞行中及地面上的制冷和加温、空气分配、温度控制、通风、污染、排气、湿度控制、仪器等方面的要求。

③ 设备与设备舱空气调节包括温度控制、水分控制、沙尘控制、能力余度、地面工作、冷却介质分配、座舱显示、应急制冷、分系统、设备及设备舱增压等要求。

④ 环境防护包括防雾和防霜、除雨、净化、防冰等方面的要求。

⑤ 飞机引气系统从最大流量、引气源断流、分路断流、隔离和交叉断流、倒流、压力调节、温度调节、导管表面温度、检漏、释压、活门位置等方面作出要求。

⑥ 环境条件从自然环境、诱发环境两个方面作出要求。

⑦ 附件特性包括气动附件、绝热、涡轮冷却器、控制、热交换器、联接器、导管抗燃性、风扇、座舱压力调节、液体冷却回路等方面的要求。

⑧ 材料方面主要是对镁和镁合金、不锈钢、镀镉材料、氯丁橡胶、有机材料、粘合剂、胶带、密封胶等材料的要求。

⑨ 结构完整性包括验证压力、爆破压力、转动装置外壳、超速运转等方面的要求。

(3) 质量保证规定。

规范指出应该从设计分析、实验室试验、地面试验和飞行试验等四方面来验证 ECS 的能力是否满足以上各条的要求。

(4) 说明事项。

给出了飞行员周围温度、座舱平均温度、引气系统、设计环境条件和工作环境条件等 5 个术语的定义。

3) 适用范围

GJB 1193-1991 适用于军用飞机的座舱压力调节系统、座舱空气调节系统、设备和设备舱空气调节系统、环境防护(防雾、防雨和防冰)系统、飞机引气系统。

飞机座舱 ECS 包括座舱温度控制系统、座舱压力控制系统、电子设备舱降温系统和防冰除冰系统。除了压力控制以外，ECS 的主要功能是调温和除湿[18]。

4) 有效性分析

其中正负释压、卸压、泄漏量、污染物控制、制冷和加温、温度与湿度控制、表面温度、正常通风、座舱温差可直接采用该规范的要求；而压力制度、压力变化率有待改进，具体原因分析如下。

压力制度：现代科学技术的迅猛发展，使现代空中作战的模式、观点和理论发生了变化，具有高空、超高空作战性能的飞行器已普遍出现。若适应"下降救生"到"继续飞行"的战略战术转变，保证战斗机具有座舱减压后仍能在高空飞行的能力，保证战时空中优势，座舱压力环境须满足更高要求，故基于减压病评定指标和迅速减压评定指标，提出余压 44.4kPa 座舱压力控制方案结合战斗机飞行剖面，对座舱压力调节系统进行动态仿真，对比不同余压值对飞行过程座舱压力环境的影响。结果表明，余压 44.4kPa 座舱压力控制方案满足战略战术转变要求，能够保证战时空中优势[19]。座舱高度应从不超过 8000m 改为不超过 7625m。

压力变化率：只要中耳压差(即鼓膜内外压力差)最大不超过 19.9 kPa，尽管座舱压力增长率短时间超出 GJB 1193 的要求(0.67 kPa/s)，也应视为可行的；另外，除非情况特殊，通常不建议飞机连续作长时间(超过 30s)大速度(垂直速度超过 200m/s)的俯冲动作，否则出现压耳的可能性很大。从人体生理状况讲，人对座舱压力增长率相对比较敏感，并且飞机的座舱压力下降率在正常情况下基本都能满足要求，很少有因座舱压力下降率超标引起飞行员不舒适的情况[20]。

19. GJB 565A-2009 歼(强)击机座舱噪声限值

1) 制定背景[21]

GJB 565A-2009 于 2009 年 12 月 22 日发布，2010 年 4 月 1 日开始实施。该标准是在 GJB 565-1998 歼(强)击机座舱噪声限值的基础上加以修改制定的。GJB 565-1998 依据的是 1988 年以前测量的歼击机的噪声数据，飞行保护头盔声衰减值的规定是根据当时头盔隔声技术而定的，已过 20 年之久。随着我军高性能歼(强)击机陆续服役，GJB 565-1998 的规定已不能满足现役装备设计、生产和人员防护要求。通过对某型高性能战斗机空中飞行座舱噪声进行的分析研究发现，其座舱噪声能量分布特性已与该标准涉及的机种发生改变，针对新型高性能战斗机制定新标准是十分必要的。

2) 主要内容

GJB 565A-2009 规定了歼(强)击机座舱噪声限值、保护头盔声衰减值、飞行员所用通信终端在实际适用环境下的诊断押韵测试(diagnostic rhyme test，DRT)得分，具体内容如下。

(1) 给出了标准的适用范围、引用文件及相关术语的解释和定义。

(2) 对座舱噪声的要求。GJB 565A-2009 规定了 4 条要求：座舱噪声限值、保护头盔声衰减值、DRT 得分要求及地勤人员的听力防护要求。与 GJB 565-1998 相比，主要有下列变化：提高了座舱噪声限值要求；提高了保护头盔声衰减值，并规定了 7 个主要中心频段的声衰减值；增加了歼(强)击机飞行员所戴保护头盔和氧气面罩 DRT 的得分要求。

(3) 给出了测量要求，包括座舱噪声测量、保护头盔声衰减值测试和 DRT 的要求。

3) 适用范围

GJB 565A-2009 适用于歼击机、强击机、歼击轰炸机及其同型教练机座舱噪声控制设计、保护头盔、氧气面罩的研制及定型鉴定。

4) 有效性分析

GJB 565A-2009 的制定是依据现役装备状况和能达到的技术水平，对飞机座舱噪声限值、保护头盔声衰减值分别作出规定。标准本着以人为本的原则，从多方面考虑对空勤人员进行防护，提高他们的工作效率，进而延长其服役期。它的制定为歼(强)击机座舱噪声控制设计、保护头盔等个人噪声防护装备的隔声设计、生产提供了科学依据，可操作性强，具有实用性。

20. GJB 1357-1992 飞机内的噪声级

1) 制定背景

吴永祥[22]在制定 GJB 1357-1992 过程中，对我国空军现役各种飞机的噪声进行了测量，调查了飞机噪声对人体的影响，搜集分析了国内外有关飞机内噪声级的标准等资料，并作了必要的实验研究。分析研究发现，我国空军现役飞机座舱内噪声值较大，现用的飞行头盔的隔声值低，飞行员耳机中飞行用语的声压级太高，飞机噪声对工效影响显著。据此，制定者结合我国国情，参照美军标 MIL-

STD-1789A(USAF)飞机内声压级水平，吸收其部分适用的先进内容制定了该标准。

2) 主要内容

该标准的主要内容可概括为三部分，即听力损伤标准、语言通信的一般要求、噪声测量及噪声级报告的详细要求。

(1) 听力损伤标准。保护机上人员免受飞机噪声引起的听力损伤是制定该标准的主要目的之一。对此，标准对日暴露指数和噪声暴露极限两个指标作了具体规定。

(2) 语言通信一般要求。确保机上人员正确无误地(无线电)通信，也是该标准的主要目的之一。该标准对测定汉语清晰度的 DRT 法和语言干扰级标准这两个方面作了规定。

(3) 噪声测量及噪声级报告。对于飞机内噪声的测量，该标准分别规定了测量设备、数据记录和分析方法；同时，对测量条件和噪声级报告的具体内容，也都作了详细规定。

3) 适用范围

GJB 1357-1992 规定了各种军用飞机(含直升机)的驾驶舱(座舱)、乘员舱、特种设备操作舱等机上人员舱内的最大容许噪声级，适用于评价各种飞机内噪声对机上人员安全和通信的影响，是设计飞机和座舱设施、评价其性能和采取噪声控制措施的依据。

21. GJB 455-1988 飞机座舱照明基本技术要求及测试方法

1) 制定背景

随着飞机飞行速度越来越快，全天候飞行越来越普遍，留给飞行员的反应时间也越来越短，再加上人机工效技术的发展，座舱照明技术受到越来越多的重视。这方面我国比西方国家落后了三十多年，20 世纪 80 年代，我国刚开始在飞机座舱内采用灯光照明，发展还不成熟，需要制定相应的标准来对飞机座舱内的照明系统作出规定。

2) 主要内容

GJB 455-1988 规定了飞机座舱照明的基本技术要求及测量试验方法和检验项目，具体内容如下。

(1) 给出了标准的适用范围、引用文件及相关术语的解释和定义。

(2) 给出了基本技术要求，包括对座舱照明的颜色、亮度、均匀度的要求以及标记、背景表面的漫反射系数、标记与背景之间的对比度、仪表照明散射光的基本要求。

(3) 测试方法。分别对测试条件、测试点选取和测试方法作出规定。测试条件包括环境、设备、照明供电和测试人员都要符合标准的规定；测试点包括仪表和导光板的测试点要求；测试方法包括照明供电参数的测量、暗室条件测试、座舱照明颜色测试、座舱照明均匀度确定、标记、背景漫反射系数、对比度测试和仪表照明散射光测试。

(4) 检验规则。包括检验项目和质量标准。

3) 适用范围

GJB 455-1988 只涉及与空勤人员视觉作业有关的正常照明状态下，以白炽灯、场致发光等为光源的座舱照明的光度、色度基本技术要求。

4) 有效性分析

GJB 455-1988 提出的座舱照明基本技术要求都比较全面合理，对保障飞行员的视觉舒适性和工效具有科学性和实用性。

22. GJB 2020A-2012 飞机内部和外部照明通用规范

1) 主要内容

(1) 给出了标准的主题内容、适用范围及引用文件。

(2) 包括内部与外部照明的性能、保障性、可靠性、环境适应性、运输性、材料、测试性、电磁兼容性、互换性、安全性、人机工效、接口、尺寸、重量、能耗、标志和代号、外观质量、寿命以及飞机内部和外部照明设备的总体布局等要求。

(3) 质量保证规定包括检验分类、检验条件、鉴定检验、交收检验、例行检验和检验方法。

(4) 交货准备、说明事项及附录，包括附录 A 色度图，附录 B 常用航空颜色的 CIE1931 标准色度坐标和 CIE1976 UCS 均匀色度坐标，附录 C 夜视成像系统(night vision imaging system，NVIS)辐强度与夜视镜观察距离的关系，附录 D 飞机内部和外部照明设备的总体布局一般要求和检验方法。

2) 适用范围

该规范规定了飞机内部和外部照明设备的通用要求、质量保证规定和交货准备等，适用于各种军用飞机内部和外部照明设备。

23. GJB 3101-1997 飞机加温和通风系统通用规范

1) 主要内容

该规范规定了军用飞机的加温和通风系统的技术要求、试验方法和检验规则。

(1) 给出了标准的主题内容、适用范围及引用文件。

(2) 给出了详细规范、合格鉴定、可靠性、材料、设计、结构、标准件、维修性、性能特性、安全性、环境要求、电磁兼容性、重量及表面状况等要求。

(3) 针对以上要求给出了相关的质量保证规定。

(4) 交货准备和说明事项。

2) 适用范围

该规范适用于军用飞机的加温和通风系统的设计、试验和检验。

24. GJB 1129-1991 军用飞机座舱温度评定的方法和生理学要求

1) 制定背景[18]

由于各种历史原因，我国飞机 ECS 的发展很缓慢，同国外相比差距较大。当时，我国服役作战飞机都采用简单式空气循环系统，制冷量小，致使座舱温度过高。不仅影响人机系统工效，甚至危及飞行安全。根据我国飞机 ECS 发展规划，航空工程部门和医学部门一致认为，为了妥善解决飞行员的严重热应激问题，必须采取综合性措施，首先应该改进和发展飞机的 ECS。但是，航空医学部门尚未提出座舱 ECS 的生理学标准。由此可知，研究和制定飞机座舱温度控制的生理学要求，作为我国新型作战飞机的军用标准，是一项很有必要也很紧迫的任务。

2) 主要内容

GJB 1129-1991 规定了军用飞机座舱温度环境的测量方法和生理学要求，具体内容如下。

(1) 给出了主题内容、适用范围和所引用的文件。

(2) 给出了一些专业术语的定义和该标准中所用字符、代号的说明。

(3) 一般要求包括座舱温度评定的要求和座舱温度控制生理学评价指标。指出在评定座舱温度时应从座舱热强度、飞行人员热应激和座舱寒冷状态三方面进行评价，且在评价不同的因素时要测量的参数也有所不同。给出了温度感觉评分值、核心体温、平均皮肤温度、平均体温、热积、热债、出汗量、心率增值、手指温度、足趾温度等生理指标分别在舒适区、工效保证区和轻度应激区的允许范围。

(4) 详细要求包括测量的指标与方法、测量仪器、地面温度参数、数据表示、座舱热负荷飞行试验、座舱温度控制、座舱气流方向、座舱内风速、温差等方面的要求。

① 测量指标与方法包括干球温度、湿球温度、黑球温度、风速、核心体温、皮肤温度、心率、出汗量的测量方法以及飞行人员的着装和反应、飞行参数等的记录。

② 测量仪器包括空中数据采集器和地面数据处理机，利用这两种仪器就可以完成空中数据的采集和地面数据的处理，采集和处理的数据要在规定的范围和精度内。

③ 地面温度参数包括跑道上的干球温度、自然湿球温度、小黑球温度以及气象台记录的飞行前、中、后的相关温度。

④ 数据表示给出了平均皮肤温度、冷热两种环境下的平均体温、座舱和地面三球温度指数的计算公式。

⑤ 座舱温度控制要求包括飞行中和使用个体调温装备时的座舱温度控制要求。夏季和冬季分别制定了舒适区，工效保证区，热、冷应激区的三球温度要求以及相应的允许飞行时间。

(5) 附录给出了两个参考件：附录 A 飞行员夏季和冬季着装及有关参数，附录 B 飞行员的代谢产热对应 ISO 的劳动强度。

3) 适用范围

GJB 1129-1991 适用于歼击机、强击机、轰炸机、运输机及教练机座舱 ECS 的生理学评价，是座舱 ECS 的设计、生产和试飞鉴定的依据，也适用于座舱温度的医学监督。2015 年，空军航空医学研究所起草发布了 GJB 1129-1991 的修改单，将直升机座舱也纳入了该标准的适用范围。

4) 有效性分析

GJB 1129 虽然是 1991 年制定的，但座舱内气流方向、风速和温差的要求至今仍符合科学性和实用性原则。2015 年，该标准的修改单进一步明确了热环境、冷环境和常温环境中的平均体温计算公式。

出于准则制定的综合考虑，有 4 项 GJB 在制定过程中要注意使用，分别是 GJB 35、GJB 189、GJB 1062 和 GJB 2020，这 4 项标准在 20 世纪 80、90 年代版本的基础上进行了更新，应以新版标准要求为准。另外，GJB 1800A-2007、GJB 20A-2006 和 GJB 2874-1997 并非针对飞机座舱的人机工效设计，前两项 GJB 更加强调防护救生系统，GJB 2874-1997 则主要描述飞机的各种操纵特性。GJB 3207-1998 作为人机工效学顶层设计标准，可以指导设计准则的制定方向，但其内容不可直接作为设计准则使用。

从人机工效学学科分类，飞机座舱人机工效相关国军标包含人机工效顶层设计原则、人体测量数据、空间布局、信息显示、控制装置和物理环境等方面的要求。GJB 1193-1991 飞机环境控制系统通用规范包含飞机座舱环境的各方面，是很重要的飞机座舱物理环境的通用规范，涉及物理环境的各个方面，即座舱空气环境、声环境、动力环境、光环境等。

标准应用涉及术语/数据标准、设计原则和数据测量规范、设计要求以及评价方法等方面。可以将飞机座舱人机工效设计相关的国家军用标准进行分类，如图 1.5 所示。根据对 GJB 的综合分析及标准的分类情况，最终确定 GJB 2873-1997 军事装备和设施的人机工程设计准则等 57 项标准作为飞机座舱人机工效设计准则的主要参考标准。

第 1 章 飞机座舱人机工效相关标准

```
                          ┌─ GJB 10797.1-2022 装备人机工程要求指标的选择与确定 第1部分：通用要求
                          ├─ GJB 10797.2-2022 装备人机工程要求指标的选择与确定 第2部分：陆基装备
                          ├─ GJB 10797.3-2022 装备人机工程要求指标的选择与确定 第3部分：海上装备
                          ├─ GJB 10797.4-2022 装备人机工程要求指标的选择与确定 第4部分：空中装备
                          ├─ GJB 10797.5-2022 装备人机工程要求指标的选择与确定 第5部分：空间和导弹装备
                          ├─ GJB 10408-2022 载人航天飞行任务航天员操作通用要求
             人机工效       ├─ GJB 10405-2022 空间站出舱活动工效学要求与评价方法
             设计原则       ├─ GJB 10404-2022 空间站人控交会对接工效学要求和评价方法
                          ├─ GJB 10365-2022 军用飞机人机功能分配通用要求              ┌──────────────┐
                          ├─ GJB 2873-1997 军事装备和设施的人机工程设计准则            │  术语/数据    │
                          ├─ GJB 3207-1998 军事装备和设施的人机工程要求              ├──────────────┤
                          └─ GJB/Z 201-2001k 军事装备和设施的人机工程设计手册         │  人机工效原则 │
                                                                                 ├──────────────┤
             人体测量     ┌─ GJB 36A-2008 飞行员人体模板设计和使用要求                 │  设计要求    │
             数据        ├─ GJB 4856-2003 中国男性飞行员人体尺寸                     ├──────────────┤
                         └─ GJB 6896-2009 男性飞行员人体静态三维尺寸                 │  数据测量规范 │
                                                                                 ├──────────────┤
                         ┌─ GJB 307A-2012 歼(强)击机座舱视野和主仪表板视区            │  评价方法    │
                         ├─ GJB 19B-2007 歼(强)击机座椅几何尺寸                     └──────────────┘
             工作空间    ├─ GJB 35B-2008 歼(强)击机座舱几何尺寸
             布局       ├─ GJB 718-1989 单座和串列双座固定翼飞机座舱布置
                         ├─ GJB 807A-2008 飞机仪表板布局通用要求
                         └─ GJB 808-1990 小型化航空仪表设计规范

                         ┌─ GJB 189A-2015 飞机平视显示/武器瞄准系统通用规范
                         ├─ GJB 300-1987 飞机平视显示器字符
             信息和显示   ├─ GJB 1062A-2008 军用视觉显示器人机工程设计通用要求
                         ├─ GJB 302-1987 飞机电/光显示器汉字和用语
                         ├─ GJB 301-1987 飞机下视显示器字符
   国                    └─ GJB 5918A-2021 军航座舱交通信息显示及操作要求
   家
   军                    ┌─ GJB 1124A-2007 握杆操纵中手部数据和手指功能
   用       控制装置     ├─ GJB 5441-2005k 飞机握杆操纵装置通用规范
   标                    ├─ GJB 2874-1997 电传操纵系统飞机的飞行品质
   准                    ├─ GJB 10451-2022 军用飞机侧驾驶杆人机工效要求
                         └─ GJB 10452-2022 军用飞机驾驶舱控制用语符号

                                      ┌─ GJB 898A-2004 工作舱(室)温度环境的通用医学要求与评价
                                      ├─ GJB 1129-1991 军用飞机座舱温度评定的方法和生理学要求
                                      ├─ GJB 305-1987 飞行员飞行中肺通气参数
                         空气环境      ├─ GJB 306A-1997 飞行员肺通气参数
                                      ├─ GJB 646-1988 座舱压力制度生理要求
                                      ├─ GJB 3815-1999 飞机气密舱设计要求
                                      ├─ GJB 2193-1994 飞行员加压供氧系统规范
                                      ├─ GJB 690-1990 飞行员肺脏对减压峰值的生理耐限
                                      └─ GJB 3101-1997 飞机加温和通风系统通用规范

                                      ┌─ GJB 1357-1992 飞机内的噪声级
                                      ├─ GJB 50A-2011 军事作业噪声容许限值及测量
                         声环境        ├─ GJB 565A-2009 歼(强)击机座舱噪声限值
             物理环境                  ├─ GJB 2782-1996 军用飞机听觉告警系统汉语语音工效学要求
                                      └─ GJB 10366-2022 飞机座舱3D听觉人机工效要求

                                      ┌─ GJB 232-1987 人体脊柱对开伞冲击力的耐受强度
                         动力环境      ├─ GJB 966-1990 人体全身振动暴露的舒适性降低和评价准则
                                      └─ GJB 965-1990 人体全身振动环境的测量规范

                         电磁环境      ┌─ GJB 850-1990 飞行人员战时核辐射剂量限值规定
                                      └─ GJB 5313A-2017 电磁辐射暴露限值和测量方法

                                      ┌─ GJB 1192-1991 军用飞机内部颜色要求
                                      ├─ GJB 1394-1992 与夜视成象系统兼容的飞机内部照明
                         光环境        ├─ GJB 2020A-2012 飞机内部和外部照明通用规范
                                      ├─ GJB 2024-1994 飞机座舱灯光告警设备通用规范
                                      └─ GJB 455-1988 飞机座舱照明基本技术要求及测试方法

                                      └─ GJB 1193-1991 飞机环境控制系统通用规范
```

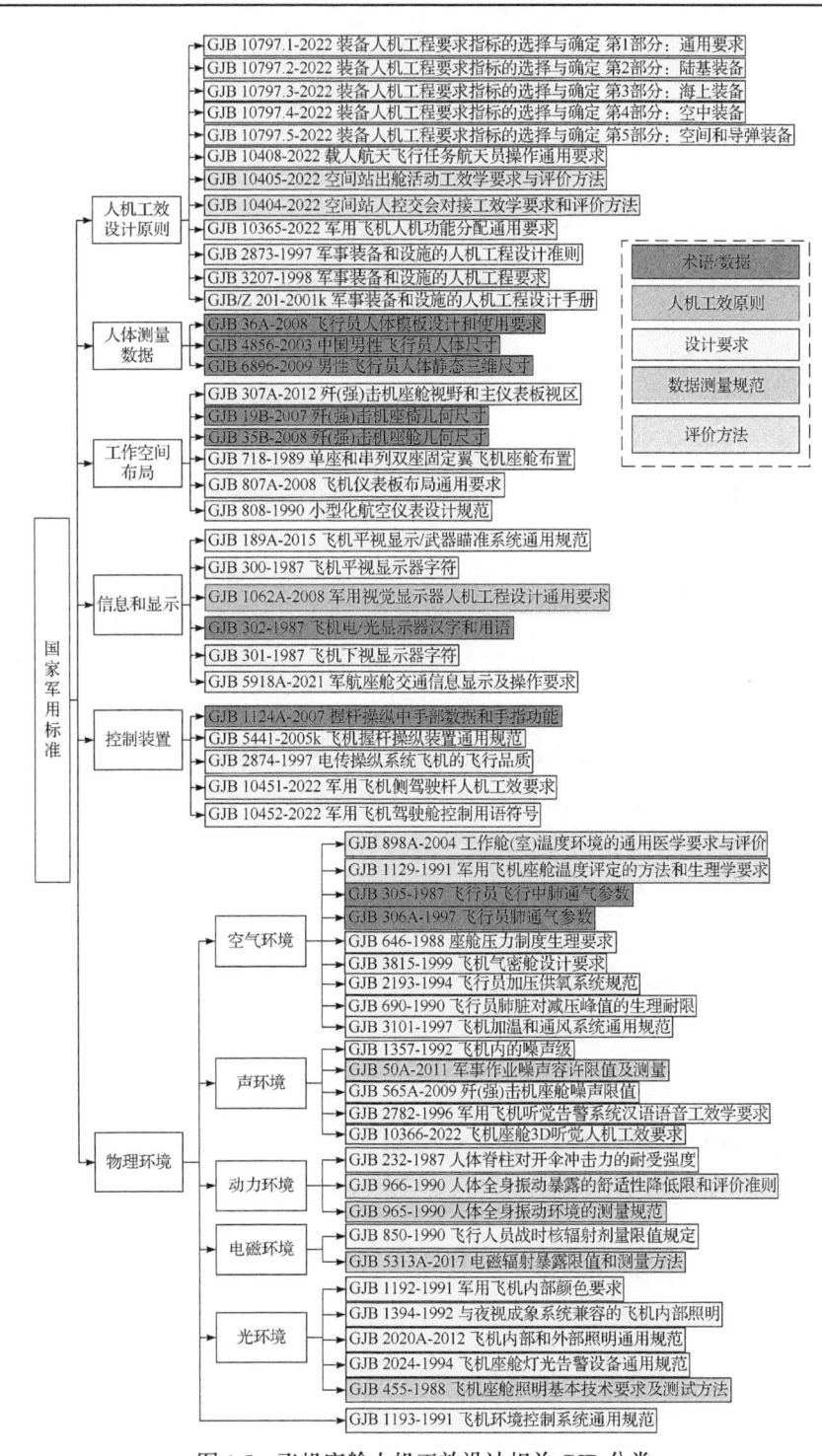

图 1.5 飞机座舱人机工效设计相关 GJB 分类

1.7 航空行业标准

我国航空行业标准化工作是随着航空工业的建设和发展逐步开展起来的。从20世纪50年代引进、使用苏联标准起步，到自主研究、编制我国航空工业各类标准和规范，现今已经形成了我国航空工业技术标准体系的主体框架。

与飞机座舱人机工效相关的航空行业标准(HB)简介见附录A表A-6。

本节从制定背景、主要内容、适用范围和有效性分析等方面对部分重要标准作详细分析，为标准体系研究和准则的提出提供研究基础。

1. HB 5520-1980 飞机座舱红光照明基本技术要求

1) 制定背景[23]

随着飞机飞行速度越来越快，全天候飞行越来越普遍，留给飞行员的反应时间也越来越短，再加上人机工效技术的发展，座舱照明技术受到越来越多的重视。20世纪40年代开始，欧美各国相继对红光照明开展了深入研究，研究表明，红光照明最有利于缩短人眼暗适应时间。我国歼击机的座舱20世纪50年代之前均是荧光照明，20世纪50年代初，西方国家已淘汰了这种座舱照明体制，这方面我国比西方国家落后了三十多年。歼系列飞机座舱红光照明系统的研制成功，改变了我国歼击机座舱照明的落后面貌，填补了国内的空白，推进了我国飞机座舱照明的发展，使我国歼击机座舱照明跨入了国际20世纪80年代的技术水平。

2) 主要内容

包括红光照明的颜色、亮度、均匀度、仪表红光照明的散射光和亮度比的定义和要求。

3) 适用范围

HB 5520-1980 用于评价飞机座舱的红光照明。它规定了飞机仪表操纵台、配电盘、控制面板和照明设备的红光照明基本技术要求。该标准是对所有飞机而言，没有针对军用飞机提出特殊要求。

4) 有效性分析

HB 5520-1980 主要是对单个仪表规定了照明的五项指标，对操纵台、配电盘和控制面板等没有要求，也没有座舱整体要求的规定。从使用角度来说，有阴影的仪表比一般均匀度不合格的仪表视觉效果差得多。对于这种危害明显、检测时又很难处理的问题，在亮度均匀度这一节里未作规定，也没有说明。

该标准 2.2 节规定飞机仪表亮度的可调上限(即最大亮度)平均值为 $(1.5\pm0.7)\mathrm{cd/m^2}$,在制定标准的时候是合理的,是综合了需要和可能(当时条件)的结果。从工程实用角度来看,它只满足了最低限度的视觉工效需要,所以这个指标并不理想。基于工程使用上理想的要求,结合国外标准,建议照明亮度指标可以控制到:亮度平均值为 $(3.0\pm2.2)\mathrm{cd/m^2}$,指针和重要标记亮度不超过 $6\mathrm{cd/m^2}$。这虽不符合 HB 5520-1980 的要求,但使用者认为是合理的。对此,既要考虑合法,又要考虑合理[24]。

2. HB 5885-2020 飞机座舱白光照明通用要求

1) 制定背景[25]

第二次世界大战初期,由于军事的需要,飞机夜航发展很快,飞机座舱有了照明的要求。这个时期飞机座舱照明主要强调舱外目视能力。1940 年开始用夜光粉(俗称荧光粉)涂飞机座舱的各种标记(字、符号和指示线等)来实现座舱照明。这就是最早的飞机座舱照明——荧光照明。由于夜光粉中含有一些放射性元素和某些不良的视觉效应,从 20 世纪 50 年代初,荧光照明逐渐被灯光照明(包括红光照明、白光照明、蓝白光照明、夜视绿照明等)所替代,一直沿用至今。科学技术的迅速发展、机载电子设备的不断更新,使飞机舱外观察的重要性大大降低,提高飞机舱内观察的视觉功效、减少疲劳的要求越来越高。美国空军 1959 年开始采用白光照明。白光照明视觉功效高、不易疲劳。飞机座舱白光照明是中等偏低的照度水平。白光照明效率低,初始反应弱。在同样亮度条件下,红光照明的视觉疲劳较白光显著。从视觉疲劳方面讲,白光优于红光;从功效方面讲,白光劣于红光。大型飞机、飞行时间长的飞机、要求舒适性高的飞机,应用白光照明居多。我国学者在 1964~1977 年开始研究与应用灯光照明。1976 年前生产的飞机,飞机座舱采用荧光照明;1976 年后生产的飞机,飞机驾驶舱陆续采用灯光照明。关于照明色度的选择,国内、外曾对红、白光作过不少的比较研究,并有过红、白光的争论。

2) 主要内容

包括白光照明的光色、亮度、均匀度、对比度以及仪表的散射光的定义和要求。

3) 适用范围

HB 5885-2020 用于检查飞机座舱白光照明及有关产品的照明质量,它规定了白光照明座舱内仪表的内部、外部照明,操纵台、配电盘、控制盒面板的导光板照明、泛光照明的基本技术要求及检查测试要求。

4) 有效性分析

相比于 HB 5885-1985 飞机座舱白光照明基本技术要求，HB 5885-2020 修订了仪表及仪表板照明白的色度坐标、仪表照明亮度、导光板照明亮度、漫反射系数、对比度、仪表照明散射光、座舱照明均匀度等要求，增加了术语和定义、导光板最低亮度等要求。另外，在照明均匀度、照明亮度方面，还需遵照 GJB 455-1988 飞机座舱照明基本技术要求及测试方法的相关要求。

3. HB 6152-1988 飞机仪表和仪表板安装要求

1) 制定背景[26]

回顾航空发展史，仪表板的布局大致经历了由简到繁再由繁到简的过程，世界先进国家在后一过程中，由于采用先进的显示器件和计算机推动的综合显示技术，取得了突破性的进展[27]。国外对飞机仪表板布局的研究，已有数十年的历史，发表了大量的研究报告，并制定了一系列标准。例如，美国 SAE-ARP-1068B 在一般要求中就明确规定：驾驶舱仪表板应设计成具有适当余度和监控能力的完整信息系统。工作重点应放在典型工作环境下仪表和显示器布局的飞机模拟器研究上，以确保达到较高的工作效率，避免设计方面和人为因素方面的错误。

2) 主要内容

HB 6152-1988 给出了仪表板的设计、安装、仪表可读性、仪表排列、空间、可达性、颜色等具体要求。仪表板安装主要包括仪表安装方式、特殊安装的仪表、仪表降温和电子显示器等相关要求。另外，该标准还给出了仪表板振动防护、仪表连接、照明电阻等具体要求及相关预防措施。

3) 适用范围

HB 6152-1988 适用于飞机仪表和仪表板安装的设计、生产。仪表板视角、空间和标记都可参考该标准。

4. HB 6153-1988 飞机座舱视野

1) 制定背景[28]

飞机座舱中人机系统的交互界面，座舱几何尺寸及视野要求是飞机座舱设计的基础标准，也是总体设计的重要标准。它们直接关系到飞机性能的提高，关系到飞行员能否安全、有效、舒适地操纵飞机，完成各种战斗任务。我国在这方面的标准是参照美军标 MIL-STD-1333B Aircrew Station Geometry For Military Aircraft 及 MIL-STD-850B Aircrew Station Vision Requirements For Military Aircraft 并结合我国国情和人体测量数据于 20 世纪 80 年代末、90 年代初制定，指导我国新机设计和改进改型飞机的设计。

2) 主要内容

HB 6153-1988 规定了座舱外部视野的设计要求。它能保证在规定的人体尺寸范围内和规定的座舱布置型式下为飞行员提供切实可行和足够的外部视野。

(1) 给出了标准的适用范围和相关术语的解释。

(2) 分别从前驾驶位置和后驾驶位置提出视野设计要求。

3) 适用范围

HB 6153-1988 适用于军用固定翼单座或串列双座杆式操纵歼击机、强击机、歼击轰炸机。当某特定新型飞机座舱视野与标准不符或有特殊要求时，可制定该机型专用要求，并在样机审查时批准。

4) 有效性分析

HB 6153-1988 对设计眼位的定义不准确。另外，对于串列双座战斗机，后驾驶位置的视野相当程度上受前后两座的高度差影响，而在该标准中，没有具体指明前后两座的高度差参考值，应用时应该充分考虑这一点。建议该标准应适时修订。

5. HB 6154-1988 飞机座舱几何尺寸

1) 制定背景

参考 HB 6153-1988 的制定背景。

2) 主要内容

HB 6154-1988 规定了座舱几何尺寸的设计要求，具体内容如下。

(1) 给出了标准的适用范围和相关术语的解释。

(2) 包括对几何尺寸的选择、外部视野、内部视野、人体测量数据的考虑等方面的一般要求。

(3) 给出了操纵装置和显示装置的要求，操纵装置包括驾驶杆、油门杆、脚蹬以及它们与结构之间的间隙要求；显示装置要求主要是对操纵台和仪表板的要求；另外，对飞行员座椅也提出了要求。

(4) 串列双座座舱要求，包括双套操纵和单套操纵的要求。

3) 适用范围

HB 6154-1988 适用于军用固定翼单座或串列双座杆式操纵歼击机、强击机、歼击轰炸机。当某特定新型飞机座舱视野与标准不符或有特殊要求时，可制定该机型专用要求，并在样机审查时批准。

4) 有效性分析

设计眼位、臀部参考点、大腿切线等术语定义不够准确，座舱视野、几何尺寸等相关要求也都不具时效性。建议座位几何尺寸、座舱视野、外视野、弹射通道几何尺寸、手臂可达区、人体尺寸数据的选用、操纵机构、操纵台和仪表板等基本几何尺寸可完全参照 GJB 35B-2008。

6. HB 6774-1993 机载设备座舱控制板通用规范

1) 主要内容

HB 6774-1993 规定了两种类型机载设备座舱控制板的技术要求、试验方法和检验规则，具体内容如下。

(1) 给出了规范的适用范围、引用标准和术语的解释。

(2) 包括一般设计要求、结构设计要求、性能要求、安装板、螺旋锁、控制器件的配置、电连接器、保护罩、熔断器、线路保护装置、开关、互换性、电磁兼容性、尺寸、重量、表面特征、排水、重要电路、接地、产品标志、制造质量和可靠性等技术要求。

(3) 指出试验程序、压力突降试验、电磁发射和敏感度测量要按照相关的规范来进行。

(4) 指出检验规则、标志、包装、运输和贮存都应符合相关规定。

2) 适用范围

该标准主要适用于安装在军用飞机座舱内机载设备的控制板。民用飞机座舱设备控制板也可参考使用。

7. HB 7587-1998 飞机座舱信息显示基本要求

1) 主要内容

HB 7587-1998 规定了军用飞机座舱信息显示的基本要求。给出了信息显示原则、信息显示特性、信息的设计等一般要求。其中，信息显示特性包括信息形式、视觉信息和听觉信息的编码等要求；信息的设计包括信息内容、精密度、显示、最少必要信息、位置、编码、信息响应时间以及信息的控制等相关要求。另外，该标准还给出了视觉和听觉信息相关的各种显示器显示格式、字符、内容等详细要求。

2) 适用范围

HB 7587-1998 适用于军用飞机座舱信息显示的设计，直升机和民用飞机可参考使用。信息显示量、显示界面编码等可参考该标准。

8. HB 7650-1999 歼击机座舱眩光基本技术要求及测试方法

1) 制定背景

为了研究自然光对飞行事故的影响，我国学者查询了美国国家运输安全委员会的事故数据库中 1988 年 1 月 1 日～1998 年 12 月 31 日的数据，有 130 起事故与日光造成的眩光有关。可见，更多的飞行事故发生在晴朗的白天，而不是早晨或者黄昏的时候，因为这个时候的日光更为强烈。

2) 主要内容

HB 7650-1999 规定了歼击机座舱眩光的基本技术要求及测试方法，具体内容如下。

(1) 给出了标准的主题内容、适用范围、引用标准和相关术语的解释与定义。

(2) 包括座舱盖眩光的允许值、座舱盖眩光预防和减少、协调性等技术要求。

(3) 给出了眩光测试条件要求和测试方法。分别对测试环境、测量设备和测试人员作出要求；测试方法给出了测试步骤和测试数据的计算方法。

3) 适用范围

该标准适用于歼击机。轰炸机、运输机、直升机可参照使用。

4) 有效性分析

HB 7650-1999 引用的文件是 JJG 211-1980 亮度计试行检定规程，而后我国又相继颁布了修订版 JJG 211-2005、JJG 211-2021，所以在有关方面要作相应改进。

9. HB 7788-2020 飞机增压座舱温度控制系统通用要求

1) 主要内容

HB 7788-2005 规定了飞机增压座舱温度控制系统的通用技术要求、质量保证规定等，具体包括以下内容。

(1) 给出了标准的主题内容、适用范围和引用文件。

(2) 包括对温度控制系统的标志、材料、设计与结构、性能、接口关系、环境适应性、电磁兼容性、可靠性、维修性、互换性、成品附件、加工质量和制造质量等各方面的要求。

① 标志：温度控制系统的成品附件均应有标志，标志内容至少应包含产品型号、制造日期或生产批次号。

② 设计与结构：对温度控制系统的组成、功能、余度设计、温度传感器、控制、温度设定与限制、显示与警告装置、电气特性等都作出了要求。

③ 性能：分别针对战斗机、轰炸机和运输机给出了座舱温度范围及精度、供

气温度、温度均匀度的要求。对座舱表面温度、控制稳定性、控制响应性也有相应要求。

④ 接口关系：分别针对内、外部接口的制约因素给出了要求。

⑤ 环境适应性：指出温度控制系统中的温度控制盒、温度传感器、执行机构、温度设定单元、显示与警告装置应能在各种恶劣的环境条件下正常工作。

⑥ 电磁兼容性：指出温度控制系统中的成品附件的电磁发射、敏感度控制以及静电防护应符合有关规定。

⑦ 可靠性：主要包括对可靠性设计、平均故障间隔时间、首翻期、寿命等方面的要求。

⑧ 维修性：温度控制系统的维修特性、维修等级、平均修复时间都要满足要求。

(3) 质量保证规定。

规范指出应该从试验室试验、装机验证试验和装机检验等三方面来验证温度控制系统是否满足以上各条的要求。

① 试验室试验：温度控制系统中各项成品附件应进行各阶段转型试验，以验证各阶段成品附件是否满足 HB 7788 和专用规范的规定。

② 装机验证试验：对一架原型或轻重大更改后的第一套温度控制系统应进行地面试验和飞行试验，以验证是否符合 HB 7788 和型号规范的规定。

③ 装机检验：每套温度控制系统的安装都应进行检查和试验，以确定与之交联系统泄漏是否在设计规定所允许的范围内。在 HB 7788-2005 的基础上，HB 7788-2020 修订了设计与结构、座舱温度范围与精度、运输机类供气温度、温度均匀度、表面温度、环境适应性、验证等要求，增加了成品附件和系统安装要求，删除了加工质量与制造质量要求。

2) 适用范围

该标准适用于飞机增压座舱温度控制系统的设计、制造与验收。非增压座舱温度控制系统的设计、制造也可参照使用。

3) 有效性分析

该标准的条款 3.2.7 提到，战斗机、轰炸机类座舱平均温度应能选择并自动控制在 18～27℃范围内，但根据航空医学要求，最舒适的座舱温度为 20～22℃。其实两者并不矛盾，只是从人机工效来讲，座舱平均温度最好控制在 20～22℃。

根据对 HB 内容的分析，从人机工效学学科分类，飞机座舱人机工效相关航标包含空间布局、信息显示、控制装置和物理环境等方面的要求。物理环境方面又可以分为座舱温度和光环境两类标准。

标准应用方面，涉及术语/数据标准、设计要求和数据测量规范等方面。可以将飞机座舱人机工效设计相关的航空行业标准进行分类，如图1.6所示。

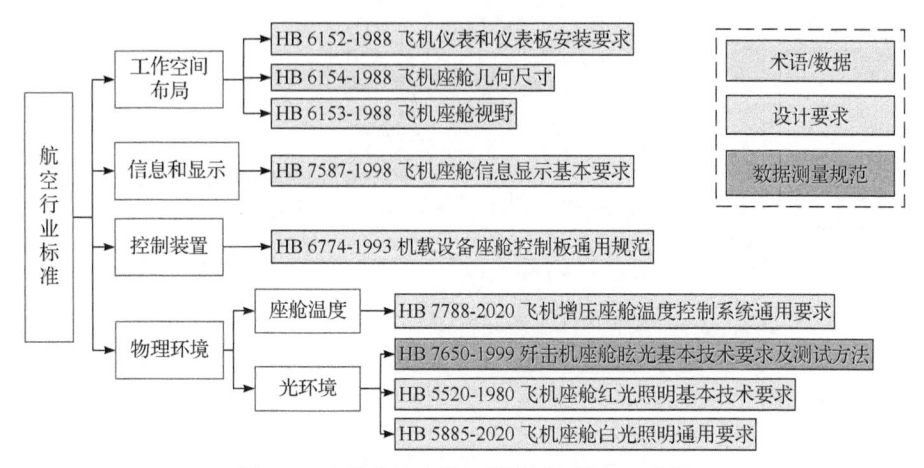

图1.6　飞机座舱人机工效设计相关HB分类

根据对HB的综合分析，最终确定以上9项标准作为飞机座舱人机工效设计准则的主要参考标准。

1.8　国家标准

国家标准(GB)是指由国家标准化主管机构批准发布，对国民经济、技术发展有重大意义，且在全国范围内统一的标准。国家标准是在全国范围内统一的技术要求，由国务院标准化行政主管部门编制计划，协调项目分工，组织制定(含修订)，统一审批、编号、发布。与飞机座舱人机工效设计相关的国家标准简介见附录A表A-7。

对飞机座舱人机工效设计相关国家标准进行归纳和分析表明，人机工效类标准包含基本设计原则、人体测量数据、人机系统交互、工作空间布局、信息和显示要求、控制装置、物理环境(热环境、照明、振动)和心理负荷等方面标准。每一类标准又具体包括术语定义、设计原则和设计要求、数据测量规范、检验和评估方法等方面的内容。飞机座舱人机工效设计相关的国家标准分类如图1.7所示。

通过对GB适用范围的研究及标准内容的综合分析发现，国家标准中有部分标准对于飞机座舱人机工效设计方面针对性不强。例如，GB/T 10000-2023中国成年人人体尺寸中所列的数值是代表从事工业生产的法定中国成年人，而我们所需要的是飞行员的人体尺寸，所以该标准针对性不强，使用时应注意此点。由此，最终确定以上50项标准作为飞机座舱人机工效设计准则的主要参考标准，其他国家标准也可作适当参考。

国家标准

人体测量数据
- GB/T 13547-1992 工作空间人体尺寸
- GB/T 2428-1998 成年人头面部尺寸
- GB 10000-2023 中国成年人人体尺寸
- GB/T 23461-2009 成年男性头型三维尺寸
- GB/T 16252-2023 成年人手部尺寸分型
- GB/T 18717-2002 用于机械安全的人类工效学设计
- GB/T 5703-2023 用于技术设计的人体测量基础项目
- GB/T 23698-2023 三维扫描人体测量方法的一般要求
- GB/T 22187-2008 建立人体测量数据库的一般要求

人机工效设计原则
- GB/T 16251-2023 工作系统设计的人类工效学原则
- GB/T 23699-2009 工业产品及设计中人体测量学特性测试的被试选用原则
- GB/T 12985-1991 在产品设计中应用人体尺寸百分位数的通则
- GB/T 23702.2-2010 人类工效学 计算机人体模型和人体模板 第2部分：计算机人体模型系统的功能检验和尺寸校验
- GB/T 23702.1-2009 人类工效学 计算机人体模型和人体模板 第1部分：一般要求
- GB/T 15759-2023 人体模板设计和使用要求

人机交互
- GB/T 14777-1993 几何定向及运动方向
- GB/T 23701-2009 人-系统交互工效学 人-系统事宜的过程评估规范
- GB/T 21051-2007 人-系统交互工效学 支持以人为中心设计的可用性方法
- GB/T 23700-2009 人-系统交互工效学 以人为中心的生命周期过程描述

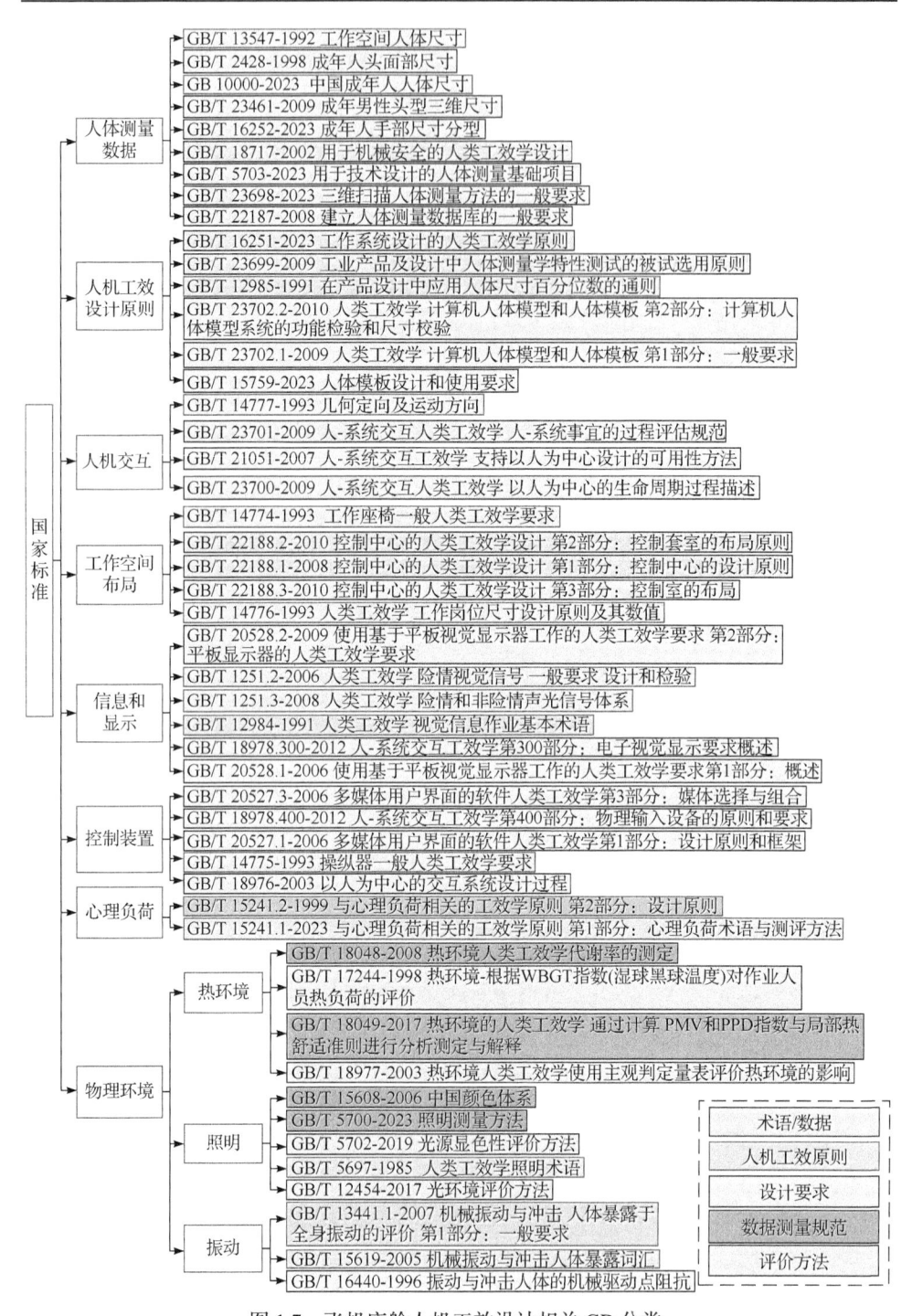

工作空间布局
- GB/T 14774-1993 工作座椅一般人类工效学要求
- GB/T 22188.2-2010 控制中心的人类工效学设计 第2部分：控制套室的布局原则
- GB/T 22188.1-2008 控制中心的人类工效学设计 第1部分：控制中心的设计原则
- GB/T 22188.3-2010 控制中心的人类工效学设计 第3部分：控制室的布局
- GB/T 14776-1993 人类工效学 工作岗位尺寸设计原则及其数值

信息和显示
- GB/T 20528.2-2009 使用基于平板视觉显示器工作的人类工效学要求 第2部分：平板显示器的人类工效学要求
- GB/T 1251.2-2006 人类工效学 险情视觉信号 一般要求 设计和检验
- GB/T 1251.3-2008 人类工效学 险情和非险情声光信号体系
- GB/T 12984-1991 人类工效学 视觉信息作业基本术语
- GB/T 18978.300-2012 人-系统交互工效学第300部分：电子视觉显示要求概述
- GB/T 20528.1-2006 使用基于平板视觉显示器工作的人类工效学要求第1部分：概述

控制装置
- GB/T 20527.3-2006 多媒体用户界面的软件人类工效学第3部分：媒体选择与组合
- GB/T 18978.400-2012 人-系统交互工效学第400部分：物理输入设备的原则和要求
- GB/T 20527.1-2006 多媒体用户界面的软件人类工效学第1部分：设计原则和框架
- GB/T 14775-1993 操纵器一般人类工效学要求
- GB/T 18976-2003 以人为中心的交互系统设计过程

心理负荷
- GB/T 15241.2-1999 与心理负荷相关的工效学原则 第2部分：设计原则
- GB/T 15241.1-2023 与心理负荷相关的工效学原则 第1部分：心理负荷术语与测评方法

物理环境

热环境
- GB/T 18048-2008 热环境人类工效学代谢率的测定
- GB/T 17244-1998 热环境-根据WBGT指数(湿球黑球温度)对作业人员热负荷的评价
- GB/T 18049-2017 热环境的人类工效学 通过计算PMV和PPD指数与局部热舒适准则进行分析测定与解释
- GB/T 18977-2003 热环境人类工效学使用主观判定量表评价热环境的影响

照明
- GB/T 15608-2006 中国颜色体系
- GB/T 5700-2023 照明测量方法
- GB/T 5702-2019 光源显色性评价方法
- GB/T 5697-1985 人类工效学照明术语
- GB/T 12454-2017 光环境评价方法

振动
- GB/T 13441.1-2007 机械振动与冲击 人体暴露于全身振动的评价 第1部分：一般要求
- GB/T 15619-2005 机械振动与冲击人体暴露词汇
- GB/T 16440-1996 振动与冲击人体的机械驱动点阻抗

图例：
- 术语/数据
- 人机工效原则
- 设计要求
- 数据测量规范
- 评价方法

图 1.7　飞机座舱人机工效设计相关 GB 分类

1.9 本章小结

本章主要对 MIL、JSSG、SAE、FAA、ISO、GJB、HB、GB 等飞机座舱人机工效设计相关适航标准进行了分析与研究，对较为重要的标准从制定背景、主要内容、适用范围、有效性等方面进行详细分析，并对各类标准按其内容进行分类。本章内容可为飞机座舱人机工效设计准则的制定提供依据和指导。

第 2 章　飞机座舱人机工效标准体系

通过对国内外人机工效标准的整理归纳和分析对比发现，我国人机工效国家标准在参考国际标准化组织(ISO)标准的基础上，结合中国人的人体特征，对 ISO 标准进行转化和吸收，但从内容和管理体系上，还没有 ISO 标准体系规范和完善，有待进一步的完善；美国人机工效相关标准凭借其深厚的人机工效理论基础，制定了详细的飞机座舱相关人机工效设计标准和指导文件，给座舱人机工效设计提供了有力的设计依据；我国军用标准相关人机工效标准部分采用了美国军用标准(MIL)，并结合我国飞行员人体特征进行修订，形成我国军机人机工效学相关标准。

从内容上对不同的人机工效标准体系进行归纳和分类，主要分为技术管理标准、工效设计标准和工效评价标准三部分。其中，技术管理标准包括标准制定和修订规范，以及实施程序指南；工效设计标准包括工效学术语、人体基础数据(尺寸、操作力、反应时)、人机工效学通用原则、设计原则和要求(人机交互、物理环境)，以及设计指南；工效评价标准包括评审程序设计、测试评价方法、主观量表设计，以及受试者选拔要求。根据分析，构建如图 2.1 所示的飞机座舱人机工效标准体系。

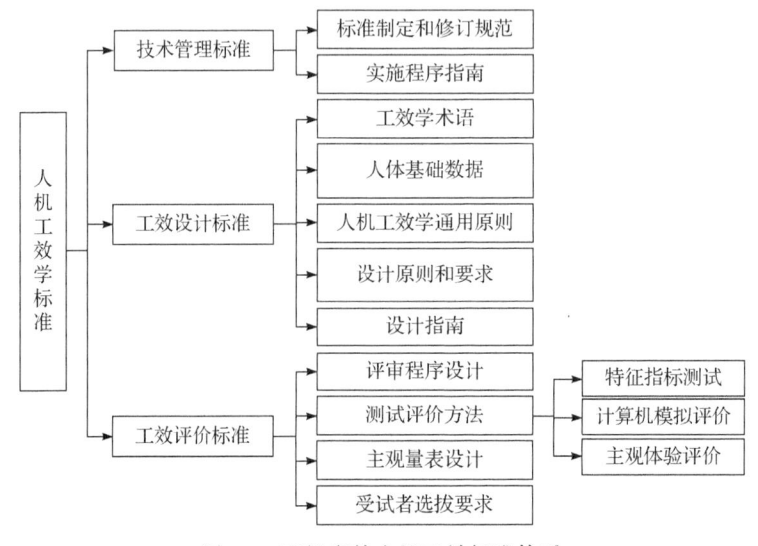

图 2.1　飞机座舱人机工效标准体系

近几年，在国家有关部委指导下，国内各标准化组织、科研机构、高校、制造企业等在标准化方面开展了大量工作，取得了丰富成果。在军机方面，建立我国飞机座舱人机工效标准体系的目的是：完善我国飞机座舱人机工效标准体系，为军机设计准则制定做准备，进而提高我国飞机座舱的安全性和舒适性。

本章对我国飞机座舱人机工效标准体系与国外的人机工效标准体系进行对比分析，为制定我国飞机座舱人机工效设计准则做准备。

2.1 术语与规范

术语与规范主要指人机工效相关术语和人机工效设计的通用原则规范，包括以人为中心的设计方法、设计过程和评估规范，军事设备人机工效通用原则等，相关标准对比分析如图 2.2 所示。

国标和 ISO 标准在工效学原则与术语方面较为完善，在人机交互系统的设计要求、设计过程和评估方法上都作出了相关要求。国军标在人机工效学方面主要由美军标引进，与美军标要求基本一致。其中，GJB 2873-1997 军事装备和设施的人机工程设计准则、GJB/Z 201-2001k 军事装备和设施的人机工程设计手册和 GJB 3207-1998 军事装备和设施的人机工程要求，分别与 MIL-STD-1472D Human Engineering、MIL-HDBK-759C-1995 Human Engineering Design Guidelines 和 MIL-HDBK-46855A Human Engineering Program Process and Procedures 一一对应。

从人机工效标准体系上看，我国的标准中虽然有对相关术语的定义和解释，但都是在各个标准中分散的解释，只定义标准自身所涉及的术语。甚至，标准制定时间有先后，最新的标准中对同一术语的定义有可能与以往相关标准中的定义有所差异，这就导致术语的不统一性。所以，我国人机工效标准在术语标准化上相对缺失，相关航空人机工效术语有待完善。

通过对中外术语与规范相关标准进行对比分析，构建的国内飞机座舱术语与规范相关标准体系结构如图 2.3 所示，虚线框表示有待增加的内容。体系结构图绘制原则：按 GB→GJB→HB 逐层降级，各自内部有包含关系的标准也相应降一级。明确规定人机工效术语与规范的有 GB/T 21051-2007 人-系统交互工效学 支持以人为中心设计的可用性方法、GB/T 23700-2009 人-系统交互人类工效学 以人为中心的生命周期过程描述、GB/T 23701-2009 人-系统交互人类工效学 人-系统事宜的过程评估规范、GB/T 16251-2023 工作系统设计的人类工效学原则、GB/T 15241 与心理负荷相关的工效学原则、GJB 832A-2005 军用标准文件分类。GB/T 16251-2023 沿用了 GJB 3207-1998 军事装备和设施的人机工程要求、GJB/Z 201-2001k

我国相关标准	国外相关标准
GB/T 21051-2007 人-系统交互工效学 支持以人为中心设计的可用性方法	ISO/TR 16982:2002 Ergonomics of human-system interaction — Usability methods supporting human-centred design
GB/T 23700-2009 人-系统交互人类工效学 以人为中心的生命周期过程描述	ISO 9241-220:2019 Ergonomics of human-system interaction — Part 220: Processes for enabling, executing and assessing human-centred design within organizations
GB/T 23701-2009 人-系统交互人类工效学 人-系统事宜的过程评估规范	ISO/TS 18152:2010 Ergonomics of human-system interaction — Specification for the process assessment of human-system issues
GB/T 16251-2023 工作系统设计的人类工效学原则	ISO 6385:2016 Ergonomic principles in the design of work systems
GB/T 15241.1-2023 与心理负荷相关的工效学原则 第1部分：心理负荷术语与测评方法	ISO 10075-1:2017 Ergonomic principles related to mental work-load — General terms and definitions
GB/T 15241.2-1999 与心理负荷相关的工效学原则 第2部分：设计原则	ISO 10075-2:2024 Ergonomic principles related to mental workload — Part 2: Design principles
GB/T 15241.3 与心理负荷相关的工效学原则 第3部分：心理负荷的测量和评估	ISO 10075-3:2004 Ergonomic principles related to mental workload — Part 3: Principles and requirements concerning methods for measuring and assessing mental workload
GJB 2786A-2009 军用软件开发通用要求	ISO 14738:2002 Safety of machinery — Anthropometric requirements for the design of workstations at machinery
GJB 832A-2005 军用标准文件分类	ISO 15534:2000 Ergonomic design for the safety of machinery
GJB 964-1990 弹射座椅座垫的人体工程学要求	ISO 15537:2022 Principles for selecting and using test persons for testing anthropometric aspects of industrial products and designs
GJB 1852A-2011 抗荷服通用规范	ISO/TS 20646:2014 Ergonomics guidelines for the optimization of musculoskeletal workload
GJB 5204-2004 歼击机飞行员脑力负荷评价模型	ISO 26800:2011 Ergonomics — General approach, principles and concepts
GJB 2873-1997 军事装备和设施的人机工程设计准则	ISO 9241-221:2023 Ergonomics of human-system interaction — Part 221: Human-centred design Process assessment model
GJB/Z 201-2001k 军事装备和设施的人机工程设计手册	MIL-STD-1472H Human Engineering
GJB 3207-1998 军事装备和设施的人机工程要求	SAE ARP4107A Aerospace Glossary for Human Factors Engineers
航空人机工效术语	SAE ARP4105C Abbreviations, Acronyms, and Terms for Use on the Flight Deck

图 2.2 术语与规范相关标准对比

军事装备和设施的人机工程设计手册、GJB 2873-1997 军事装备和设施的人机工程设计准则中相关术语与规范。进一步地，GJB 964-1990 弹射座椅座垫的人体工程学要求、GJB 1852A-2011 抗荷服通用规范、GJB 5204-2004 歼击机飞行员脑力负荷评价模型、GJB 2786A-2009 军用软件开发通用要求中相关术语与规范，与 GJB 2873-1997 中相关内容一致。

第 2 章 飞机座舱人机工效标准体系

术语与规范
- GB/T 21051-2007 人-系统交互工效学 支持以人为中心设计的可用性方法
- GB/T 23700-2009 人-系统交互人类工效学 以人为中心的生命周期过程描述
- GB/T 23701-2009 人-系统交互人类工效学 人-系统事宜的过程评估规范
- GB/T 16251-2023 工作系统设计的人类工效学原则
- GJB 3207-1998 军事装备和设施的人机工程要求
- GJB/Z 201-2001k 军事装备和设施的人机工程设计手册
- GJB 2873-1997 军事装备和设施的人机工程设计准则
- GJB 964-1990 弹射座椅座垫的人体工程学要求
- GJB 1852A-2011 抗荷服通用规范
- GJB 5204-2004 歼击机飞行员脑力负荷评价模型
- GJB 2786A-2009 军用软件开发通用要求
- GB/T 15241 与心理负荷相关的工效学原则
- GB/T 15241.1-2023 与心理负荷相关的工效学原则 第1部分：心理负荷术语与测评方法
- GB/T 15241.2-1999 与心理负荷相关的工效学原则 第2部分：设计原则
- GJB 832A-2005 军用标准文件分类
- 航空人机工效术语

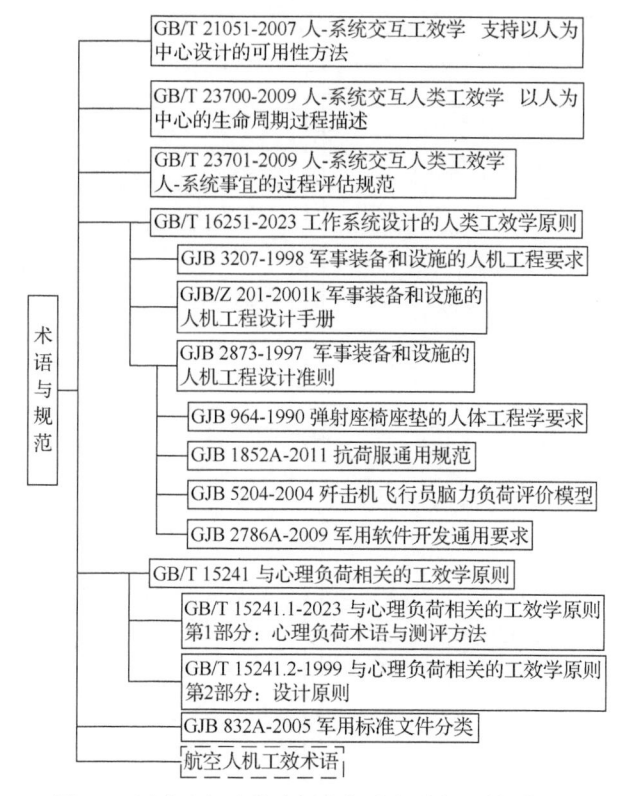

图 2.3 国内飞机座舱术语与规范相关标准体系结构

2.2 人体数据

人体数据包括人体尺寸数据、人体操作力数据、人体反映时间数据等人体统计学数据，以及人体数据测量要求和人体模板的设计和使用等方面。人体基本数据相关标准对比如图 2.4 所示。

ISO 人机工效标准包含人体测量基本规定、人体静态测量概况和人体模板的使用要求；国标也对人体尺寸、人体测量原则和人体模板的设计和使用作出了相关要求。其中，国标在人体尺寸上给出了比较细致的数据，例如 GB/T 10000-2023 中国成年人人体尺寸、GB/T 13547-1992 工作空间人体尺寸等标准，但颁布时间较早，针对我国人体现状需对其进行更新。ISO 标准针对人工操作的推拉力、高频率操作等方面特别作出了规定，可为操作工具的设计和工作负荷的分配提供依据。MIL-STD-850B notice1 Aircrew Station Vision Requirements For Military Aircraft 可为军机的可视性设计提供依据。

我国相关标准	国外相关标准
GB/T 10000-2023 中国成年人人体尺寸	SAE AIR5145A Whole Body Anthropometry Surveys
GB/T 5703-2023 用于技术设计的人体测量基础项目	ISO 7250-1:2017 Basic human body measurements for technological design — Part 1: Body measurement definitions and landmarks
GB/T 2428-1998 成年人头面部尺寸	ISO/TR 7250-2:2024 Basic human body measurements for technological design — Part 2: Statistical summaries of body measurements from national populations
GB/T 23461-2009 成年男性头型三维尺寸	
GB/T 16252-2023 成年人手部尺寸分型	
GB/T 13547-1992 工作空间人体尺寸	ISO 15534:2000 Ergonomic design for the safety of machinery
GB/T 18717-2002 用于机械安全的人类工效学设计	
GB/T 12985-1991 在产品设计中应用人体尺寸百分位数的通则	ISO 15537:2022 Principles for selecting and using test persons for testing anthropometric aspects of industrial products and designs
GB/T 23699-2009 工业产品及设计中人体测量学特性测试的被试选用原则	
GB/T 23702.2-2010 人类工效学 计算机人体模型和人体模板 第2部分：计算机人体模型系统的功能检验和尺寸校验	ISO 15536-2:2007 Ergonomics — Computer manikins and body templates — Part 2: Verification of functions and validation of dimensions for computer manikin systems
GB/T 23702.1-2009 人类工效学 计算机人体模型和人体模板 第1部分：一般要求	ISO 15536-1:2005 Ergonomics — Computer manikins and body templates — Part 1: General requirements
GB/T 15759-2023 人体模板设计和使用要求	ISO 20685-1:2018 3-D scanning methodologies for internationally compatible anthropometric databases
GB/T 23698-2023 三维扫描人体测量方法的一般要求	
GB/T 22187-2008 建立人体测量数据库的一般要求	ISO/TS 20646:2014 Ergonomics guidelines for the optimization of musculoskeletal workload
GJB 36A-2008 飞行员人体模板设计和使用要求	ISO 15535:2023 General requirements for establishing anthropometric databases
GJB 4856-2003 中国男性飞行员人体尺寸	ISO 11226:2000 Ergonomics — Evaluation of static working postures
GJB 6895-2009 男性飞行员人体惯性参数	ISO 14738:2002 Safety of machinery — Anthropometric requirements for the design of workstations at machinery
GJB 6896-2009 男性飞行员人体静态三维尺寸	
飞行员操作力与反应时间	MIL-STD-850 Aircrew Station Vision Requirements for Military Aircraft (Cancelled)
飞行员视力、听力限值	

图 2.4 人体基本数据相关标准对比

目前我国人机工效标准体系中，除人体尺寸数据外，其他人体特征数据(如操作力和反应时间数据、人类视觉和听力极限等)尚待补充。此外，GB/T 22187-2008 建立人体测量数据库的一般要求等同采用国际标准 ISO 15535-2003，目前该标准已更新为 ISO 15535-2023。

通过对中外人体基本数据相关标准的对比分析，构建的相关标准体系结构，如图 2.5 所示，斜体加粗表示有待更新的标准规范。

第 2 章 飞机座舱人机工效标准体系

人体基本数据
- GB/T 10000-2023 中国成年人人体尺寸
- GB/T 12985-1991 在产品设计中应用人体尺寸百分位数的通则
- GJB 36A-2008 飞行员人体模板设计和使用要求
- GB/T 13547-1992 工作空间人体尺寸
- GJB 4856-2003 中国男性飞行员人体尺寸
- GJB 6895-2009 男性飞行员人体惯性参数
- GJB 6896-2009 男性飞行员人体静态三维尺寸
- GB/T 15759-2023 人体模板设计和使用要求
- GB/T 23702.1-2009 人类工效学 计算机人体模型和人体模板 第1部分：一般要求
- GB/T 23702.2-2010 人类工效学 计算机人体模型和人体模板 第2部分：计算机人体模型系统的功能检验和尺寸校验
- GB/T 23699-2009 工业产品及设计中人体测量学特性测试的被试选用原则
- GB/T 16252-2023 成年人手部尺寸分型
- GB/T 2428-1998 成年人头面部尺寸
- GB/T 5703-2023 用于技术设计的人体测量基础项目
- GB/T 23698-2023 三维扫描人体测量方法的一般要求
- GB/T 18717-2002 用于机械安全的人类工效学设计
- **GB/T 22187-2008 建立人体测量数据库的一般要求**
- GB/T 23461-2009 成年男性头型三维尺寸
- 飞行员操作力与反应时间
- 飞行员视力、听力限值

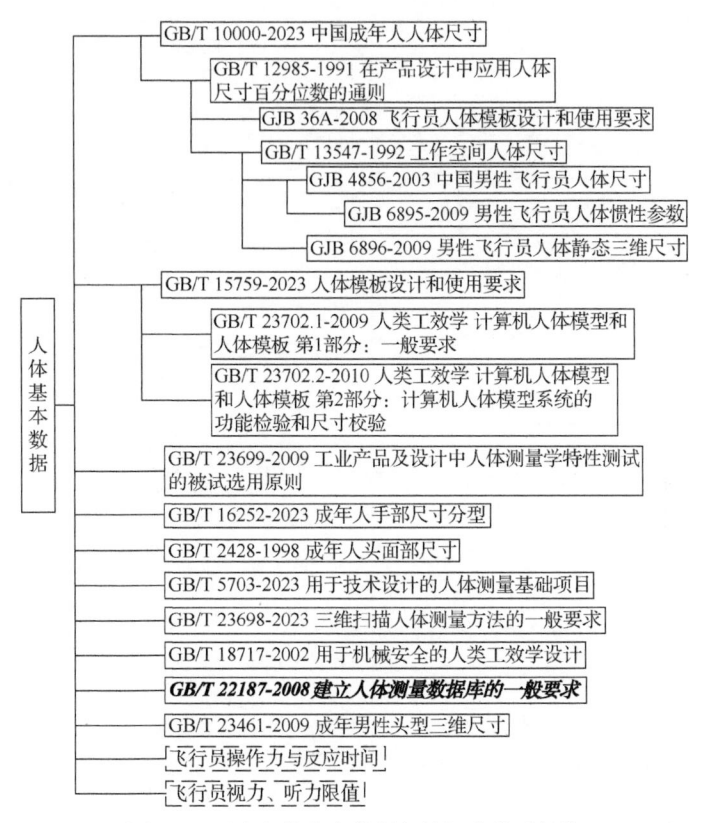

图 2.5　国内人体基本数据相关标准体系结构

2.3　座舱物理环境

座舱物理环境包括座舱空气环境、声环境、光环境、动力环境和电磁环境等。座舱空气环境包括座舱压力、通风、温度和湿度等；声环境包括座舱噪声限值、保护头盔声衰减值和诊断押韵测试(diagnostic rhyme test，DRT)得分要求等方面；光环境包括座舱照明亮度、均匀度和漫反射系数以及座舱颜色等；动力环境包括机械振动和人体全身振动；电磁环境主要是指磁场对人体的安全限值。

1. 空气环境

国标和 ISO 标准给出了座舱温度和代谢率测定的一般人机工效学要求。美军标从整体上对飞机 ECS 作出全面的规定。国际自动机工程师学会标准和美国联邦航空管理局标准对座舱压力、通风和温度等都作出相关指导。国军标和航标在座舱空气环境方面对军机的设计给出了全面细致的指导和规范。座舱空气环境相关标准对比分析如图 2.6 所示。

我国相关标准	国外相关标准
GB/T 18977-2003 热环境人类工效学 使用主观判定量表评价热环境的影响	ISO 10551:2019 Ergonomics of the thermal environment — Assessment of the influence of the thermal environment using subjective judgement scales
GB/T 4200 高温作业分级(废止)	ISO 8996:2021 Ergonomics of the thermal environment — Determination of metabolic rate
GB/T 18048-2008 热环境人类工效学 代谢率的测定	ISO 15743:2008 Ergonomics of the thermal environment — Cold workplaces — Risk assessment and management
GB/T 18049-2017 热环境的人类工效学 通过计算PMV和PDD指数与局部热舒适准则对热舒适进行分析测定与解释	ISO 7730:2005 Ergonomics of the thermal environment — Analytical determination and interpretation of thermal comfort using calculation of the PMV and PPD indices and local thermal comfort criteria
GB/T 5701 室内热环境条件(废止)	ISO 7243:2017 Hot environments — Estimation of the heat stress on working man, based on the WBGT-index (wet bulb globe temperature)
GB/T 17244-1998 热环境 根据WBGT指数(湿球黑球温度)对作业人员热负荷的评价	ISO/TS 14505 Ergonomics of the thermal environment — Evaluation of thermal environments in vehicles
GJB 898A-2004 工作舱(室)温度环境的通用医学要求与评价	ISO 13732 Ergonomics of the thermal environment — Methods for the assessment of human responses to contact with surfaces
GJB 1129-1991 军用飞机座舱温度评定的方法和生理学要求	ISO 13731:2001 Ergonomics of the thermal environment — Vocabulary and symbols
GJB 3101-1997 飞机加温和通风系统通用规范	ISO 11399:1995 Ergonomics of the thermal environment — Principles and application of relevant International Standards
GJB 2193-1994 飞行员加压供氧系统规范	ISO 11079:2007 Ergonomics of the thermal environment — Determination and interpretation of cold stress when using required clothing insulation (IREQ) and local cooling effects
GJB 2416-1995 密闭头盔生理卫生学要求	
GJB 6751-2009 人耐受高速气流吹袭限值	ISO 9920:2007 Ergonomics of the thermal environment — Estimation of thermal insulation and water vapour resistance of a clothing ensemble
GJB 2698-1996 人头颈耐受高速气流吹袭限值(废止)	ISO 9886:2004 Ergonomics — Evaluation of thermal strain by physiological measurements
GJB 568-1988 飞行员上肢抗高速气流吹袭限制(废止)	ISO 7933:2023 Ergonomics of the thermal environment — Analytical determination and interpretation of heat stress using calculation of the predicted heat strain
GJB 646-1988 座舱压力制度生理要求	ISO 7726:1998 Ergonomics of the thermal environment — Instruments for measuring physical quantities
GJB 690-1990 飞行员肺脏对减压峰值的生理耐限	ISO 15265:2004 Ergonomics of the thermal environment — Risk assessment strategy for the prevention of stress or discomfort in thermal working conditions
GJB 306A-1997 飞行员肺通气参数	ISO 28803:2012 Ergonomics of the physical environment — Application of International Standards to people with special requirements
GJB 305-1987 飞行员飞行中肺通气参数	
GJB 308-1987 12000~18000米高度加压供氧装备基本防护要求	ISO 28802:2012 Ergonomics of the physical environment — Assessment of environments by means of an environmental survey involving physical measurements of the environment and subjective responses of people
GJB 4787-1997 个人防护器材生理评价方法 肺功能	MIL-E-87145 Military Specification Environmental Control, Airborne (Cancelled)
	SAE ARP85G Air Conditioning Systems for Subsonic Airplanes
GJB 4786-1997 个人防护器材生理评价方法 心率	MIL-E-18927E Military Specification Environmental Control Systrms, Aircraft, General Requiremenys for
HB 7788-2020 飞机增压座舱温度控制系统通用规范	AC-120-38 Transport Catecopy Airplanes Cabin Ozone Concentrations
	SAE ARP4101/4A Flight Deck Environment
	SAE ARP1270B Aircraft Cabin Pressurization Criteria
	AC-25-20 Pressurization, Ventilation and Oxygen Systems

图 2.6 座舱空气环境相关标准对比

第 2 章 飞机座舱人机工效标准体系

通过中外座舱空气环境相关标准的对比分析可知，我国在飞机座舱空气环境方面的标准相对完善。我国飞机座舱空气环境的相关标准体系结构如图 2.7 所示。给出空气环境相关要求的标准规范有 GB/T 5701 室内热环境条件(已废止)、GB/T 17244-1998 热环境 根据 WBGT 指数(湿球黑球温度)对作业人员热负荷的评价、GB/T 18049-2017 热环境的人类工效学 通过计算 PMV 和 PDD 指数与局部热舒适准则对热舒适进行分析测定与解释、GB/T 18977-2003 热环境人类工效学 使用主观判定量表评价热环境的影响、GJB 1193-1991 飞机环境控制系统通用规范、GB/T 18048-2008 热环境人类工效学 代谢率的测定。GB/T 18977-2003 沿用了

空气环境
- GB/T 5701 室内热环境条件(废止)
- GB/T 17244-1998 热环境 根据WBGT指数(湿球黑球温度)对作业人员热负荷的评价
- GB/T 18049-2017 热环境的人类工效学 通过计算PMV和PDD指数与局部热舒适准则对热舒适进行分析测定与解释
- GB/T 18977-2003 热环境人类工效学 使用主观判定量表评价热环境的影响
  - GJB 3101-1997 飞机加温和通风系统通用规范
  - GJB 3103-1997 密闭头盔通用规范
  - GJB 2416-1995 密闭头盔生理卫生学要求
  - GJB 6751-2009 人耐受高速气流吹袭限值
  - GJB 2698-1996 人头颈部耐受高速气流吹袭限值(废止)
  - GJB 568-1988 飞行员上肢抗高速气流吹袭限制(废止)
- GJB 1193-1991 飞机环境控制系统通用规范
  - GJB 2193-1994 飞行员加压供氧系统规范
    - GJB 646-1988 座舱压力制度生理要求
    - GJB 690-1990 飞行员肺脏对减压峰值的生理耐限
    - GJB 305-1987 飞行员飞行中肺通气参数
    - GJB 306A-1997 飞行员肺通气参数
  - GJB 3815-1999 飞机气密舱设计要求
  - GJB 308-1987 12000~18000米高度加压供氧装备基本防护要求
  - HB 7788-2020 飞机增压座舱温度控制系统通用规范
- GB/T 18048-2008 热环境人类工效学 代谢率的测定
  - GJB 898A-2004 工作舱(室)温度环境的通用医学要求与评价
  - GJB 1129-1991 军用飞机座舱温度评定的方法和生理学要求
  - GJB 4786-1997 个人防护器材生理评价方法 心率
  - GJB 4787-1997 个人防护器材生理评价方法 肺功能

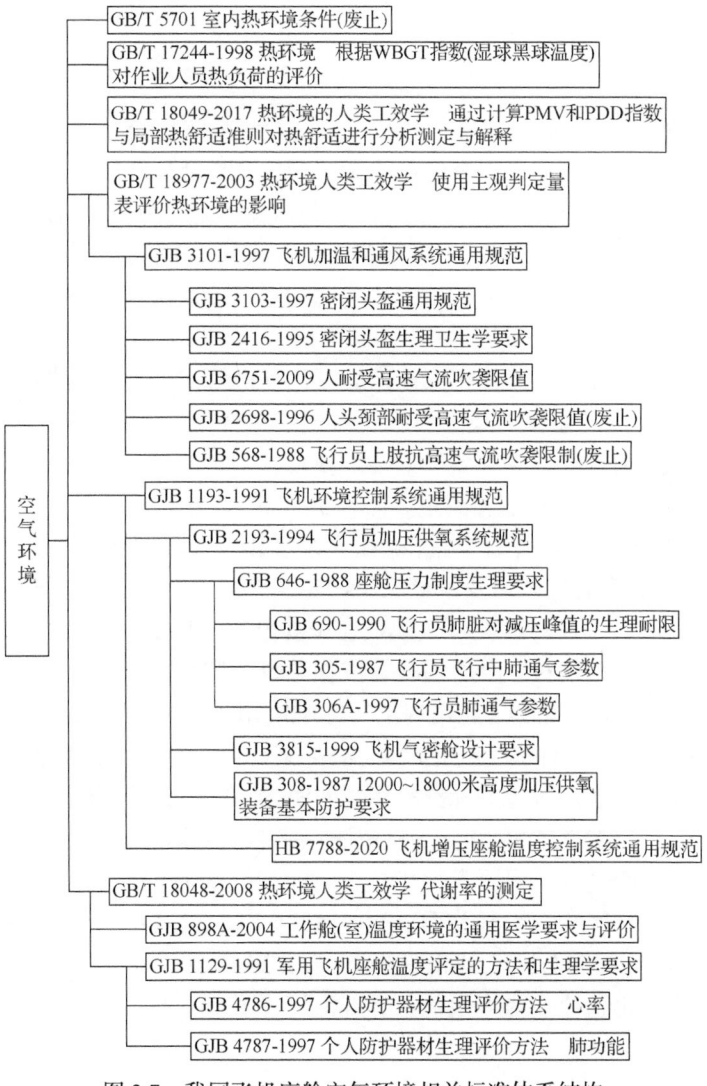

图 2.7 我国飞机座舱空气环境相关标准体系结构

GJB 3101-1997 飞机加温和通风系统通用规范的相关要求，GJB 3101-1997 与 GJB 3103-1997 密闭头盔通用规范、GJB 2416-1995 密闭头盔生理卫生学要求、GJB 6751-2009 人耐受高速气流吹袭限值、GJB 2698-1996 人头颈部耐受高速气流吹袭限值、GJB 568-1988 飞行员上肢抗高速气流吹袭限制等标准存在交联关系。类似地，GJB 2193-1994 飞行员加压供氧系统规范、HB 7788-2020 飞机增压座舱温度控制系统通用规范等标准沿用了 GJB 1193-1991 的相关要求，GB/T 18048-2008 沿用了 GJB 898A-2004 工作舱(室)温度环境的通用医学要求与评价、GJB 1129-1991 军用飞机座舱温度评定的方法和生理学要求等标准的相关要求，这些标准为其他标准的制定提供了依据。

2. 光、声环境

ISO 标准给出了光亮对比度的一般人机工效学要求；美军标对飞机照明和夜视成像系统和飞机室内照明安装作出了相关规定；联合军种规范指南对飞机照明的目的、机内照明和机外照明子系统作出相关指导；对于声环境方面，美军标 MIL-STD-1472H Human Engineering 中有相关规定。我国标准(包括国标、国军标和航标)在座舱光、声环境方面对军机的设计给出了全面细致的指导和规范。座舱光、声环境相关标准对比如图 2.8 所示。

通过中外座舱光、声环境相关标准的对比分析可知，我国在飞机座舱光、声环境方面的标准相对完善。我国飞机座舱光、声环境的相关标准体系结构，如图 2.9 所示。给出光环境相关要求的标准规范有 GB/T 5697-1985 人类工效学照明术语、GB/T 5700-2023 照明测量方法、GB/T 5702-2019 光源显色性评价方法、GB/T 12454-2017 光环境评价方法，给出声环境相关要求的标准规范有 GJB 50A-2011 军事作业噪声容许限值及测量、GJB 2782-1996 军用飞机听觉告警系统汉语语音工效学要求。GJB 851-1990 夜视仪通用规范、GJB 2025-1994 飞行员夜视成像系统通用规范、GJB 1394-1992 与夜视成像系统兼容的飞机内部照明、GJB 2024-1994 飞机座舱灯光告警设备通用规范等标准沿用了 GB/T 5697-1985 的相关要求。GJB 455-1988 飞机座舱照明基本技术要求及测试方法、GJB 2020A-2012 飞机内部和外部照明通用规范等标准沿用了 GB/T 5700-2023 历史版本的相关要求，GJB 455-1988 还与 HB 5520-1980 飞机座舱红光照明基本技术要求、HB 5885-2020 飞机座舱白光照明基本技术要求、HB 7650-1999 歼击机座舱眩光基本技术要求及测试方法等标准之间存在交联关系。类似地，GJB 1192-1991 军用飞机内部颜色要求沿用了 GB/T 12454-2017 的相关要求，GJB 1357-1992 飞机内的噪声级、GJB 565A-2009 歼强击机座舱噪声限值等标准沿用了 GJB 50 A-2011 历史版本的相关要求。

我国相关标准	国外相关标准
GB/T 5697-1985 人类工效学照明术语	ISO 24502:2010 Ergonomics — Accessible design — Specification of age-related luminance contrast for coloured light
GB/T 5700-2023 照明测量方法	
GB/T 5702-2019 光源显色性评价方法	
GB/T 12454-2017 光环境评价方法	
GJB 2020A-2012 飞机内部和外部照明通用规范	JSSG-2010-5 Crew Systems Aircraft Lighting Handbook
GJB 455-1988 飞机座舱照明基本技术要求及测试方法	
GJB 2025-1994 飞行员夜视成像系统通用规范	
GJB 1394-1992 与夜视成像系统兼容的飞机内部照明	MIL-STD-3009 Lighting, Aircraft, Night Vision Imaging System (NVIS) Compatible
GJB 2024-1994 飞机座舱灯光告警设备通用规范	
GJB 851-1990 夜视仪通用规范	MIL-L-85762 Lighting, Aircraft, Interior, Night Vision Imaging System (NVIS) Compatible
GJB 1192-1991 军用飞机内部颜色要求	
HB 5520-1980 飞机座舱红光照明基本技术要求	
HB 5885-2020 飞机座舱白光照明基本技术要求	
HB 7650-1999 歼击机座舱眩光基本技术要求及测试方法	ISO 9921:2003 Ergonomics — Assessment of speech communication
GJB 1357-1992 飞机内的噪声级	
GJB 565A-2009 歼强击机座舱噪声限值	
GJB 50A-2011 军事作业噪声容许限值及测量	ISO/TR 19358:2002 Ergonomics — Construction and application of tests for speech technology
GJB 2782-1996 军用飞机听觉告警系统汉语语音工效学要求	

图 2.8 座舱光、声环境相关标准对比

3. 动力、电磁环境

座舱动力、电磁环境相关标准对比如图 2.10 所示。GB/T 15619-2005 机械振动与冲击 人体暴露词汇中给出了动力环境的相关要求，GB/T 16440-1996 振动与冲击 人体的机械驱动点阻抗、GB/T 13441.1-2007 机械振动与冲击 人体暴露于全身振动的评价等标准与 GB/T 15619-2005 的相关要求存在交联关系，并分别与 GJB 232-1987 人体脊柱对开伞冲击力的耐受强度、GJB 965-1990 人体全身振动环境的测量规范、GJB 966-1990 人体全身振动暴露的舒适性降低限和评价准则等标准之间存在交联关系。另外，GJB 2779-1996 水面舰艇磁场对人体作用安全限值、GJB 850-1990 飞行人员战时核辐射剂量限值规定、GJB 5313A-2017 电

```
                    ┌─ GB/T 5697-1985 人类工效学照明术语
                    ├─ GJB 851-1990 夜视仪通用规范
                    ├─ GJB 2025-1994 飞行员夜视成像系统通用规范
                    ├─ GJB 1394-1992 与夜视成像系统兼容的飞机内部照明
                    ├─ GJB 2024-1994 飞机座舱灯光告警设备通用规范
                    ├─ GB/T 5700-2023 照明测量方法
                    ├─ GJB 455-1988 飞机座舱照明基本技术要求及测试方法
光、声环境 ────┤   ├─ HB 5520-1980 飞机座舱红光照明基本技术要求
                    ├─ HB 5885-2020 飞机座舱白光照明基本技术要求
                    ├─ HB 7650-1999 歼击机座舱眩光基本技术要求及测试方法
                    ├─ GJB 2020A-2012 飞机内部和外部照明通用规范
                    ├─ GB/T 5702-2019 光源显色性评价方法
                    ├─ GB/T 12454-2017 光环境评价方法
                    ├─ GJB 1192-1991 军用飞机内部颜色要求
                    ├─ GJB 50A-2011 军事作业噪声容许限值及测量
                    ├─ GJB 1357-1992 飞机内的噪声级
                    ├─ GJB 565A-2009 歼强击机座舱噪声限值
                    └─ GJB 2782-1996 军用飞机听觉告警系统汉语语音工效学要求
```

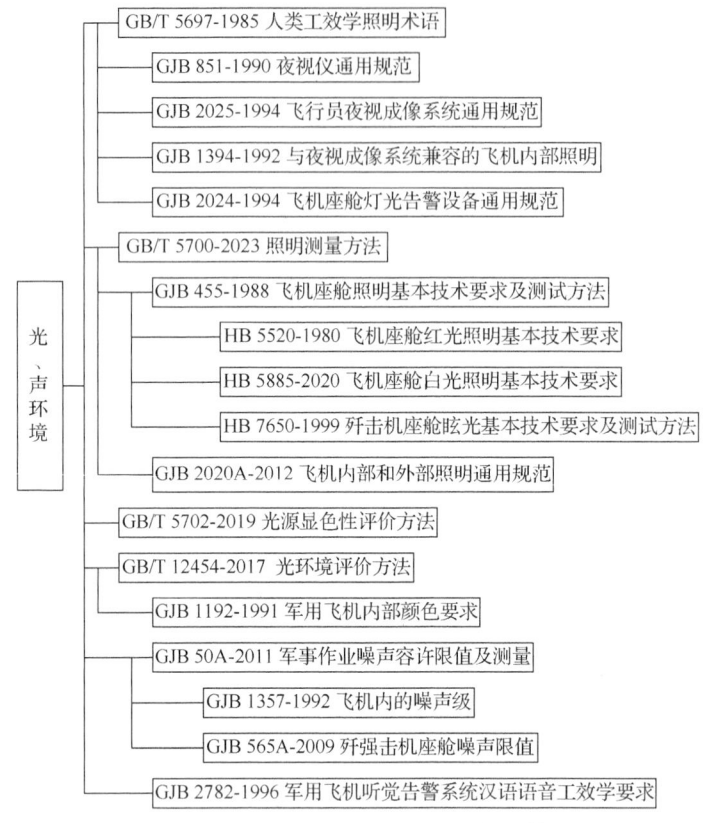

图 2.9 我国飞机座舱光、声环境相关标准体系结构

磁辐射暴露限值和测量方法等标准规范给出了电磁环境相关要求。通过中外座舱动力、电磁环境相关标准的对比分析可知，我国在飞机座舱动力、电磁环境方面的标准相对完善。我国飞机座舱动力、电磁环境的相关标准体系结构如图 2.11 所示。其中 GB/T 16440-1996 振动与冲击 人体的机械驱动点阻抗(斜体加粗)参照采用国际标准 ISO 5982-1981，该标准 2019 年已更新为 ISO 5982-2019，所以 GB/T 16440-1996 应作相应更新；GB/T 13442-1992 人体全身振动暴露的舒适性降低界限和评价准则参照采用国际标准 ISO 2631-1:1985，该标准已更新为 ISO 2631-1:1997，并于 2010 年发布了修订说明，GB/T 13442-1992 也已更新为 GB/T 13441.1-2007。

在美国标准中，MIL-STD-1472H Human Engineering 对动力和电磁环境给出了比较详细具体的要求；JSSG-2010-7 乘员系统坠撞防护手册针对动力环境给出了相关指导。我国的国家标准和国家军用标准在动力和电磁环境方面给出了相对完备的要求与指导。

第 2 章　飞机座舱人机工效标准体系

我国相关标准	国外相关标准
GB/T 15619-2005 机械振动与冲击 人体暴露词汇	ISO 5805:1997 Mechanical vibration And shock-Human exposure-Vocabulary
GB/T 16440-1996 振动与冲击 人体的机械驱动点阻抗	ISO 5982:2019 Mechanical vibration and shock — Range of idealized values to characterize human biodynamic response under whole-body vibration
GB/T 13441.1-2007 机械振动与冲击 人体暴露于全身振动的评价 第1部分：一般要求	ISO 2631-1:1997 Mechanical vibration and shock— Evaluation of human exposure to whole-body vibration —Part 1: General requirements
GJB 232-1987 人体脊柱对开伞冲击力的耐受强度	
GJB 965-1990 人体全身振动环境的测量规范	
GJB 966-1990 人体全身振动暴露的舒适性降低限和评价准则	SAE ARP4153A Human Interface Criteria for Collision Avoidance Systems in Transport Aircraft
GJB 2779-1996 水面舰艇磁场对人体作用安全限值	
GJB 850-1990 飞行人员战时核辐射剂量限值规定	JSSG-2010-7 Crew Systems Crash Protection Handbook
GJB 5313A-2017 电磁辐射限值和测量方法	

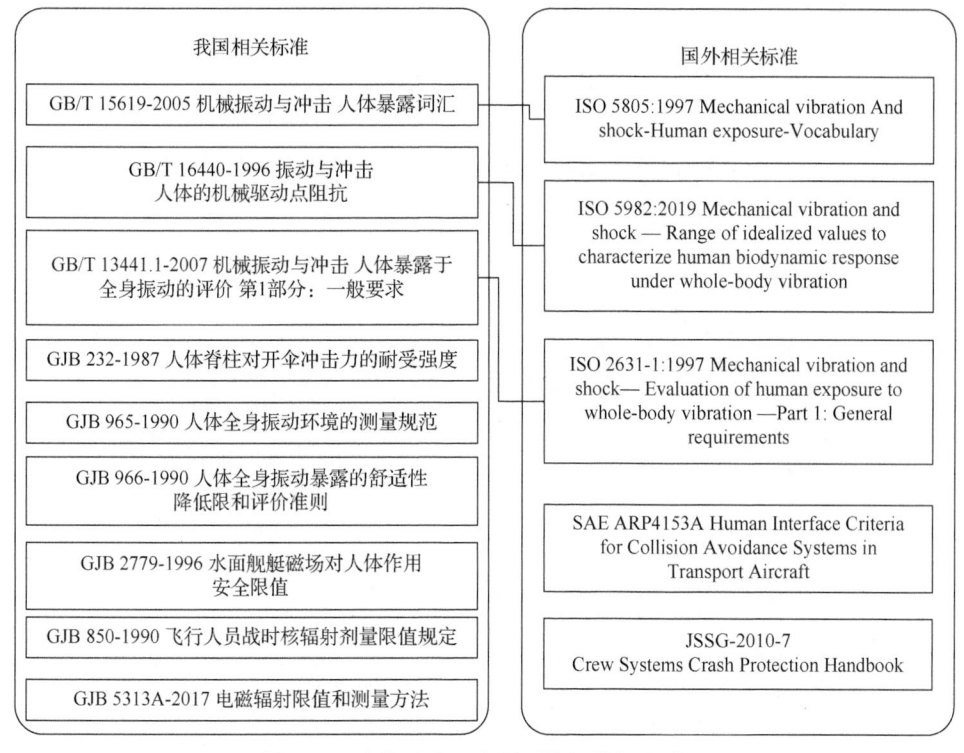

图 2.10　座舱动力、电磁环境相关标准对比

动力、电磁环境
- GB/T 15619-2005 机械振动与冲击 人体暴露词汇
- **GB/T 16440-1996　振动与冲击　人体的机械驱动点阻抗**
  - GJB 232-1987 人体脊柱对开伞冲击力的耐受强度
- GB/T 13441.1-2007 机械振动与冲击 人体暴露于全身振动的评价 第1部分：一般要求
  - GJB 965-1990 人体全身振动环境的测量规范
  - GJB 966-1990 人体全身振动暴露的舒适性降低限和评价准则
- GJB 2779-1996 水面舰艇磁场对人体作用安全限值
- GJB 850-1990 飞行人员战时核辐射剂量限值规定
- GJB 5313A-2017 电磁辐射暴露限值和测量方法

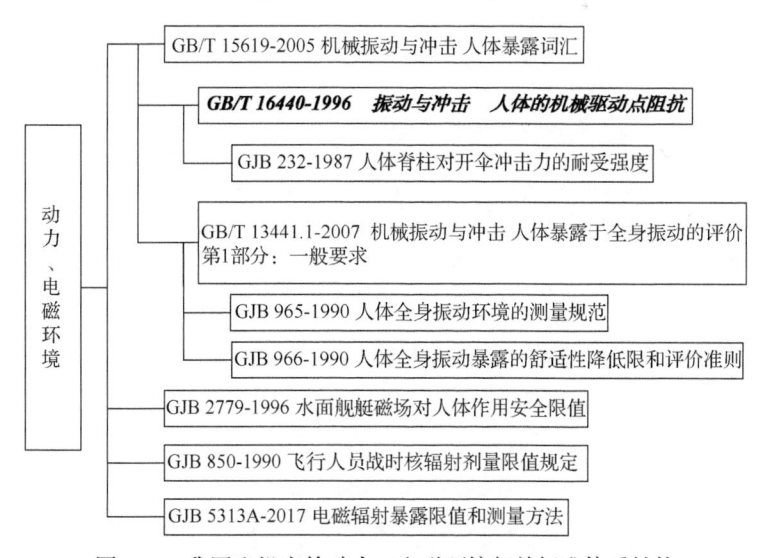

图 2.11　我国飞机座舱动力、电磁环境相关标准体系结构

2.4 空间布局与设计原则

空间布局与设计原则包括座舱尺寸、空间布局、仪表板布局和视野要求等方面，相关标准对比分析如图 2.12 所示。

我国相关标准	国外相关标准
GB/T 22188.2-2010 控制中心的人类工效学设计 第2部分：控制套室的布局原则	ISO 11064-3:1999 Ergonomic design of control centres— Part 3: Control room layout
GB/T 22188.1-2008 控制中心的人类工效学设计 第1部分:控制中心的设计原则	ISO 11064-4:2013 Ergonomic design of control centres — Part 4: Layout and dimensions of workstations
GB/T 22188.3-2010 控制中心的人类工效学设计 第3部分：控制室的布局	ISO 11064-7:2006 Ergonomic design of control centres — Part 7: Principles for the evaluation of control centres
GB/T 14774-1993 工作座椅一般人类工效学要求	SAE ARP724 Pilots Center Instrument Overhead Panels and Flight Engineer's Panel(Cancelled)
GB/T 14776-1993 人类工效学 工作岗位尺寸设计原则及其数值	SAE ARP4101/6A Stowage of Flight Crew's Survival Emergency and Miscellaneous Equipment
GJB 307A-2012 歼(强)击机座舱视野和主仪表板视区	SAE ARP4101 Flight Deck Layout and Facilities
GJB 808-1990 小型化航空仪表设计规范	SAE ARP 4927A Integration Procedures for the Introduction of New Systems to the Cockpit
GJB 35B-2008 歼(强)击机座舱几何尺寸	
GJB 718-1989 单座和串列双座固定翼飞机座舱布置	
GJB 19B-2007 歼(强)击机座椅几何尺寸	
GJB 807A-2008 飞机仪表板布局通用要求	
HB 5631-1981 航空仪表表壳型式和安装尺寸	
HB 5632-1981 航空仪表安装卡环	
HB 6152-1988 飞机仪表和仪表板安装要求	
HB 6153-1988 飞机座舱视野	
HB 6154-1988 飞机座舱几何尺寸	

图 2.12 空间布局与设计原则相关标准对比

国标和 ISO 标准对控制中心的布局给出了具体的指导,SAE 标准对座舱设备布局和控制面板布局作出了相关规定,国军标和航标在空间尺寸和布局方面对军机的设计给出了全面细致的指导和规范。

通过中外座舱空间布局与设计相关标准的对比分析可知，发现我国在飞机座舱空间布局设计方面的标准相对完善。我国飞机座舱空间布局设计的相关标准体系结构如图 2.13 所示。

```
                ┌─ GB/T 22188.3-2010 控制中心的人类工效学设计
                │   第3部分：控制室的布局
                ├─ GJB 807A-2008 飞机仪表板布局通用要求
                ├─ HB 5631-1981 航空仪表表壳型式和安装尺寸
                ├─ HB 5632-1981 航空仪表安装卡环
                ├─ HB 6152-1988 飞机仪表和仪表板安装要求
       空       ├─ GJB 808-1990 小型化航空仪表设计规范
       间       ├─ GJB 718-1989 单座和串列双座固定翼飞机座舱布置
       布       ├─ GJB 35B-2008 歼(强)击机座舱几何尺寸
       局       ├─ HB 6154-1988 飞机座舱几何尺寸
       与       ├─ GJB 307A-2012 歼(强)击机座舱视野和主仪表板视区
       设       ├─ HB 6153-1988 飞机座舱视野
       计       ├─ GB/T 14774-1993 工作座椅一般人类工效学要求
       原       ├─ GJB 19B-2007 歼(强)击机座椅几何尺寸
       则       ├─ GB/T 22188.2-2010 控制中心的人类工效学设计
                │   第2部分：控制套室的布局原则
                ├─ GB/T 14776-1993 人类工效学工作
                │   岗位尺寸设计原则及其数值
                └─ GB/T 22188.1-2008 控制中心的人类工效学设计
                    第1部分：控制中心的设计原则
```

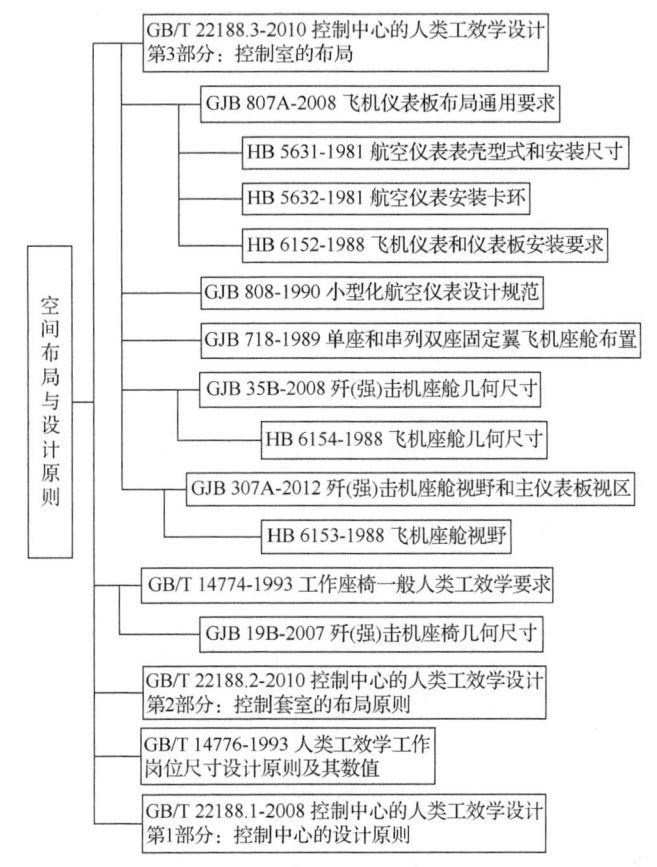

图 2.13　我国飞机座舱空间布局设计的相关标准体系结构

2.5　操纵和控制

飞机座舱操纵和控制主要包括操纵机构、操纵台和仪表板的布局、视角和标记等相关要求。操纵和控制相关标准对比如图 2.14 所示。

国标和 ISO 标准给出了控制器和物理设备的一般人机工效学要求。美军标对飞机弹射座椅和控制面板作出了相关规定。SAE 标准和 FAA 标准分别对集成驾驶系统和飞机座舱系统的控制作出相关指导。国军标和航标在座舱操纵和控制方面对军机的设计给出了全面细致的指导和规范。

通过中外座舱操纵与控制相关标准的对比分析可知，我国在飞机座舱操纵和控制方面的标准相对完善。我国飞机座舱操纵和控制相关标准体系结构如图 2.15 所示。

我国相关标准	国外相关标准
GB/T 22188 控制中心的人类工效学设计	ISO 11064 Ergonomic design of control centres
GB/T 14775-1993 操纵器一般人类工效学要求	ISO 1503:2008 Spatial orientation and direction of movement —Ergonomic requirements
GB/T 14777-1993 几何定向及运动方向	
GB/T 20527.1-2006 多媒体用户界面的软件人类工效学 第1部分：设计原则和框架	ISO 9241-115:2024 Ergonomics of human-system interaction — Part 115: Guidance on conceptual design, user-system interaction design, user interface design and navigation design
GB/T 20527.3-2006 多媒体用户界面的软件人类工效学 第3部分：媒体选择与组合	ISO 9241-400:2007 Ergonomics of human—system interaction —Part 400: Principles and requirements for physical input devices
GB/T 18978.400-2012 人-系统交互工效学 第400部分：物理输入设备的原则和要求	
GB/T 18976-2003 以人为中心的交互系统设计过程	MIL-C-81774A Military Specification Control Panel, Aircraft, General Requirements for
GJB 10451-2022 军用飞机侧驾驶杆人机工效要求	MIL-STD-203G Aircrew Station Controls and Displays: Location, Arrangement, and Actuation of, for Fixed Wing Aircraft
GJB 1393-1992 飞机座舱盖系统通用规范	SAE ARP4033A Pilot-System Integration
GJB 5441-2005k 飞机握杆操纵装置通用规范	SAE ARP4101/1 Seats and Restraint Systems for the Flight Deck
GJB 1124A-2007 握杆操纵中手部数据和手指功能	SAE ARP4791B Human Engineering Recommendations for Data Link Systems
GJB 2878-1997 有人驾驶飞机电传飞行控制系统通用规范	SAE AIR4653 Flight Management Systems Review
GJB 2737-1996 武器装备系统接口控制要求	SAE ARP4102 Flight Deck Panels, Controls, and Displays
GJB 5868-2006k 乘员应急离机救生系统弹射动力装置通用规范	SAE ARP4102/5 Primary Flight Controls by Electrical Signaling
GJB 5869-2006k 乘员应急离机救生系统弹药驱动装置通用规范	SAE ARP4102/1A On-Board Weight and Balance System
GJB 1800A-2007 弹射座椅型成员应急离机救生系统通用规范	SAE ARP4102/5 Engine Controls by Electrical or Fiber Optic Signaling
GJB 809-2022 微动开关详细规范	SAE AS6228A Safety Requirements for Procurement, Maintenance and Use of Hand-held Powered Tools
GJB 2874-1997 电传操纵系统飞机的飞行品质	AC-25.1302-1 Installed Systems and Equipment for Use by the Flightcrew
HB 6774-1993 机载设备座舱控制板通用规范	AC-20-175 Controls for Flight Deck Systems

图 2.14　操纵和控制相关标准对比

第 2 章 飞机座舱人机工效标准体系

```
                    ┌─ GB/T 18976-2003 以人为中心的交互系统设计过程
                    ├─ GB/T 14775-1993 操纵器一般人类工效学要求
                    ├─ GJB 2737-1996 武器装备系统接口控制要求
                    ├─ GJB 5868-2006k 乘员应急离机救生系统弹射动力装置通用规范
                    ├─ GJB 1800A-2007 弹射座椅型乘员应急离机救生系统通用规范
           操纵     ├─ GJB 809-2022 微动开关详细规范
           与       ├─ GJB 1393-1992 飞机座舱盖系统通用规范
           控制     ├─ GJB 5441-2005k 飞机握杆操纵装置通用规范
                    ├─ GJB 1124A-2007 握杆操纵中手部数据和手指功能
                    ├─ GJB 10451-2022 军用飞机侧驾驶杆人机工效要求
                    ├─ GJB 2878-1997 有人驾驶飞机电传飞行控制系统通用规范
                    ├─ GJB 2874-1997 电传操纵系统飞机的飞行品质
                    ├─ HB 6774-1993 机载设备座舱控制板通用规范
                    ├─ GB/T 20527.1-2006 多媒体用户界面的软件人类工效学 第1部分：设计原则和框架
                    ├─ GB/T 20527.3-2006 多媒体用户界面的软件人类工效学 第3部分：媒体选择与组合
                    └─ GB/T 18978.400-2012 人-系统交互工效学 第400部分：物理输入设备的原则和要求
```

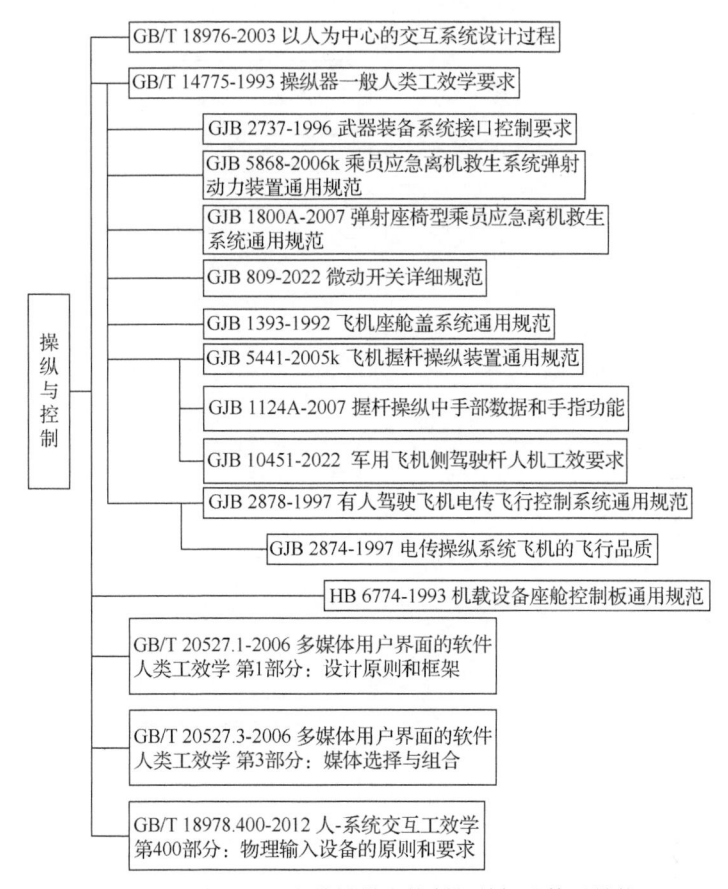

图 2.15 我国飞机座舱操纵和控制相关标准体系结构

2.6 显示信息和显示方式

显示信息和显示方式标准体系包括显示装置硬件要求、显示字符图形要求、显示内容及其显示方式等方面，相关标准对比如图 2.16 所示。

国标和 ISO 标准都对平板显示器和视觉声光信号等作出要求，且相互对应。MIL 对飞机显示字符和显示标记的设计作出要求。SAE 标准针对大型运输机不同系统的显示作出具体的要求，并对显示颜色、字符和硬件设备单独作出规定，形成了较为完善的信息与显示人机工效标准体系。

我国国家军用标准针对军机显示信息与显示方式的要求尚不完善，仅在显示装置和显示字符方面作出了相关规定，对于显示内容的指导、各系统显示的要求、集成符号显示的指导和大屏显示与控制人机界面交互设计等方面还有待完善和进一步的细化。

我国相关标准	国外相关标准
GB/T 18978.300-2012 人-系统交互工效学	ISO 9241 Ergonomics of human-system interaction
GB/T 1251.2-2006 人类工效学 险情视觉信号 一般要求 设计和检验	ISO 11428:1996 Ergonomics -Visual danger signals -General requirements, design and testing
GB/T 1251.3-2008 人类工效学 险情和非险情 声光信号体系	ISO 11429:1996 Ergonomics —System of auditory and visual danger and information signals
GB/T 20528.2-2009 使用基于平板视觉显示器工作的人类工效学要求 第2部分：平板显示器的人类工效学要求	MIL-M-18012 Military Specification Markings for Aircrew Station Displays Design and Configuration of(Cancelled)
	MIL-HDBK-87213 Electronically/optically generated airborne displays
	MIL-STD-2525E Common Warfighting Symbology
GB/T 12984-1991 人类工效学视觉信息作业 基本术语	MIL-STD-411 Aircrew Station Alerting Systems
	SAE ARP6467 Human Factors Minimum Requirements and Recommendations for the Flight Deck Display of Data Linked Notices to Airmen (NOTAMs)
GB/T 20528.1-2006 使用基于平板视觉显示器工作的人类工效学要求 第1部分：概述	SAE ARP5677 Human Engineering Considerations for Airborne Implementation of Enhanced Synthetic Vision Systems
GJB 300-1987 飞机平视显示器字符	SAE ARP4102/10B Collision Avoidance System
GJB 5918A-2021 军航座舱交通信息显示及操作要求	SAE ARP6023 Human Engineering Considerations for Implementing Enhanced Synthetic Vision Systems in Vertical Flight Capable Platforms
GJB 301-1987 飞行下视显示器字符	
GJB 302-1987 飞机电光显示器汉字和用语	SAE ARP5589 Human Engineering Considerations for Design and Implementation of Perspective Flight Guidance Displays
GJB 189A-2015 飞机平视显示/武器瞄准系统通用规范	SAE ARP5365A Human Interface Criteria for Cockpit Display of Traffic Information
	SAE ARP4032B Human Engineering Considerations in the Application of Color to Electronic Aircraft Displays
JB/T 5062-2006 信息显示装置人机工程一般要求	SAE ARP4102/7 Electronic Displays
GJB 630A-1998 飞机质量与可靠性信息分类和编码要求	SAE ARP5289A Electronic Aeronautical Symbols
	SAE ARP4155B Human Interface Design Methodology for Integrated Display Symbology
GJB 1006-1990 飞机座舱告警基本要求	SAE ARP5898A Human Interface Criteria for Flight Deck Surface Operations Displays
GJB 4192-2001 飞机全姿态指示器通用规范	SAE ARP5430A Human Interface Criteria for Vertical Situation Awareness Displays
GJB 1062A-2008 军用视觉显示器人机工效设计通用要求	SAE ARP5108A Human Interface Criteria for Terrain Separation Assurance Display Technology
GJB 1399A-2006k 飞机下视显示器通用规范	SAE ARP4102/7 Appendix C Electronic Display Symbology for Engine Displays
GJB 4199-2001 平视显示器模拟器通用规范	SAE AS8034C Minimum Performance Standard for Airborne Multipurpose Electronic Displays
GJB 4052-2000k 机载头盔瞄准/显示系统通用规范	AC-25-11 Electronic Flight Deck Displays
GJB 878-1990 军用大屏幕显示设备通用规范	AC-23.1311-1 Installation of Electronic Displays in Part 23 Airplanes
HB5888-2008 航空辅机产品用字体和符号	AC-25.1322-1 Flightcrew Alerting
HB 7587-1998 飞机座舱信息显示基本要求	AC-25.1523-1 Minimum Flightcrew
	A-23-1523 Minimum Flight CrewC
分系统的显示信息/内容要求	AC-23-8 Flight Test Guide for Certification of Part 23 Airplanes
	AC-25-7 Flight Test Guide for Certification of Transport Category Airplanes
集成符号/信息的显示	AC-25.1309-1 System Design and Analysis
	AC-23.1309-1 System Safety Analysis and Assessment for Part 23 Airplanes
大屏显示人机界面设计要求	AC-27-1 Certification of Normal Category Rotorcraft
	AC-29-2 Certification of Transport Category Rotorcraft

图 2.16　显示信息和显示方式相关标准对比

对于目前我国机载大屏幕显示器人机工效设计而言，只在 GJB 1062A-2008 军用视觉显示器人机工程设计通用要求中作出了简单要求；当务之急是制定具有顶层指导作用的设计标准，以满足产品设计需求。例如，标准预研中编制了《机载大屏幕显示器显示信息人机工效设计准则》标准草案。该草案详细规定了机载大屏幕显示器的设计目标、显示原则、视区与视距、字符、显示格式及颜色编码等内容，是机载大屏幕显示器人机工效标准建设领域的重要探索，为今后编制国家军用标准和航空标准奠定了基础。同时，在机载大屏幕显示器产品标准的制定过程中也要积极纳入明确的人机工效要求，保证在产品设计、研制、试验等过程中都能考虑人机工效因素，以完善产品技术指标体系。此外，对于机载大屏幕显示器人机工效技术来讲，大量的试验验证是必要的，因此，试验方法类的标准是必不可少的。这也是后续相关标准发展的重点。

随着我国飞机的快速发展，对飞机显示器的显示字符提出了新的需求，特别是新一代战机的发展，如智能航空武器火力指挥控制系统、多机协同多目标攻击、智能悬挂物管理等技术的应用，都对显示技术和显示信息提出了新的要求，为适应这些新的发展变化，有必要对现有显示器字符标准进行修订。舒振杰等[29]建议将现有的 3 项显示器字符国军标进行合并，在参考国外最新的 MIL-STD-1787 Aircraft Display Symbology 标准的基础上，编制我国飞机显示器字符标准。主要基于以下考虑。

一是(GJB 300-1987)飞机平视显示器字符和(GJB 301-1987)飞机下视显示器字符两项标准中有许多字符是共用的，而且个别字符产生了同一信息在不同的显示器上以不同的字符显示的状况，给显示器的研制和应用带来了问题，有必要合并。

二是各种主机字符库在编制字符时从未考虑过"平视显示器用字符"与"下视显示器用字符"，而是根据战机的战术要求和作战需求编制，编制的显示器字符既可用于平视显示器，也可用于下视显示器，因此将两项标准的合并编制飞机显示器字符，有利于主机单位编制显示器字符。

三是现在产品字符实际要求的汉字量远远多于(GJB 302-1987)飞机电/光显示器汉字和用语中定义的 500 多个汉字。将 GJB 302-1987 的主要内容纳入飞机显示字符标准中是可行的，并更有利于标准的贯彻实施。

四是随着飞机座舱显示技术的发展和显示布局的改进，如美国 JSF-35 飞机，采用头盔显示器与大屏幕显示器，不使用平视显示器，由此再区分平视显示器与下视显示器字符就没有意义了。

通过对中外座舱显示信息与显示方式相关标准的对比分析，构建的我国飞机座舱信息显示相关标准体系结构如图 2.17 所示。

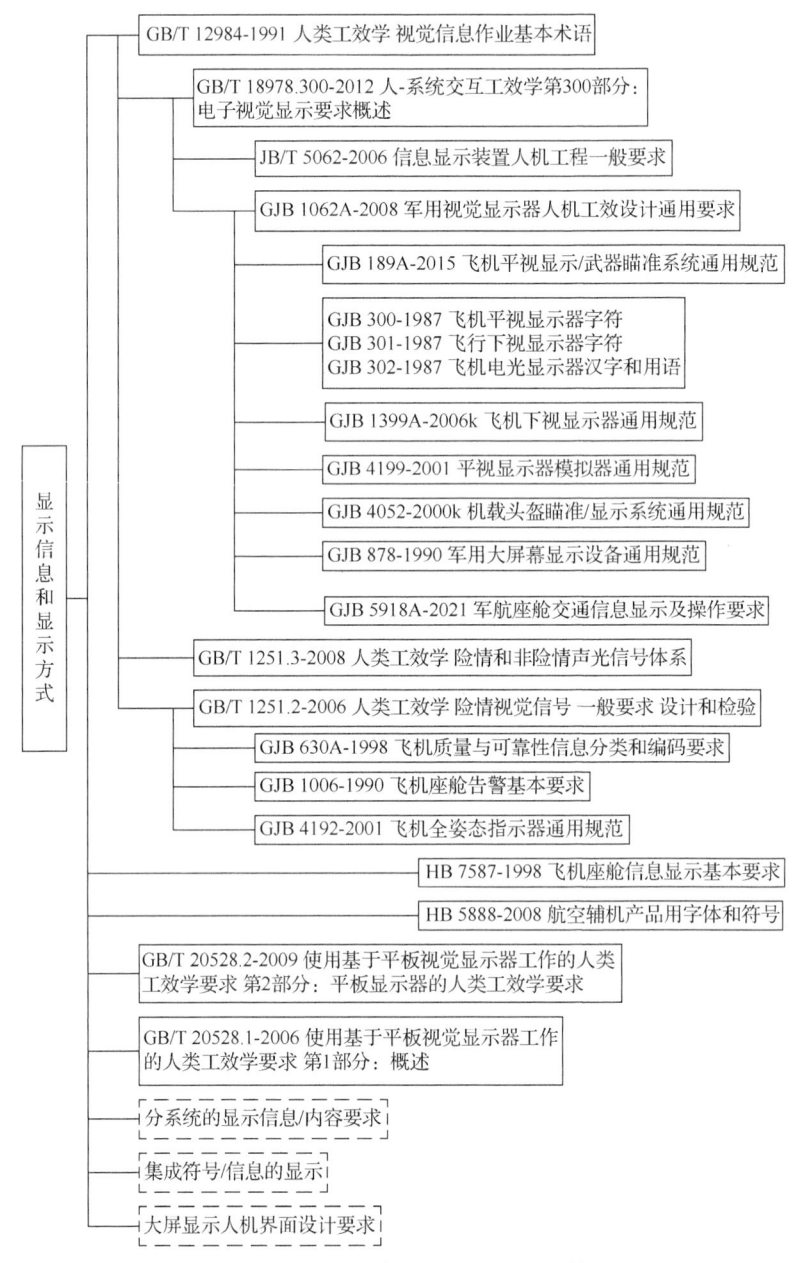

```
                    ┌─ GB/T 12984-1991 人类工效学 视觉信息作业基本术语
                    ├─ GB/T 18978.300-2012 人-系统交互工效学第300部分：
                    │  电子视觉显示要求概述
                    ├─ JB/T 5062-2006 信息显示装置人机工程一般要求
                    ├─ GJB 1062A-2008 军用视觉显示器人机工效设计通用要求
                    │      ┌─ GJB 189A-2015 飞机平视显示/武器瞄准系统通用规范
                    │      ├─ GJB 300-1987 飞机平视显示器字符
                    │      │  GJB 301-1987 飞行下视显示器字符
                    │      │  GJB 302-1987 飞机电光显示器汉字和用语
                    │      ├─ GJB 1399A-2006k 飞机下视显示器通用规范
                    │      ├─ GJB 4199-2001 平视显示器模拟器通用规范
                    │      ├─ GJB 4052-2000k 机载头盔瞄准/显示系统通用规范
                    │      ├─ GJB 878-1990 军用大屏幕显示设备通用规范
显示信息和显示方式 ──┤      └─ GJB 5918A-2021 军航座舱交通信息显示及操作要求
                    ├─ GB/T 1251.3-2008 人类工效学 险情和非险情声光信号体系
                    ├─ GB/T 1251.2-2006 人类工效学 险情视觉信号 一般要求 设计和检验
                    ├─ GJB 630A-1998 飞机质量与可靠性信息分类和编码要求
                    ├─ GJB 1006-1990 飞机座舱告警基本要求
                    ├─ GJB 4192-2001 飞机全姿态指示器通用规范
                    ├─ HB 7587-1998 飞机座舱信息显示基本要求
                    ├─ HB 5888-2008 航空辅机产品用字体和符号
                    ├─ GB/T 20528.2-2009 使用基于平板视觉显示器工作的人类
                    │  工效学要求 第2部分：平板显示器的人类工效学要求
                    ├─ GB/T 20528.1-2006 使用基于平板视觉显示器工作
                    │  的人类工效学要求 第1部分：概述
                    ├┄ 分系统的显示信息/内容要求
                    ├┄ 集成符号/信息的显示
                    └┄ 大屏显示人机界面设计要求
```

图 2.17 我国飞机座舱信息显示相关标准体系结构

2.7 防差错因素

防差错因素标准体系包括人-系统交互人机工效学要求、多媒体用户交互要求、人为因素最低要求等方面，相关标准对比如图 2.18 所示。

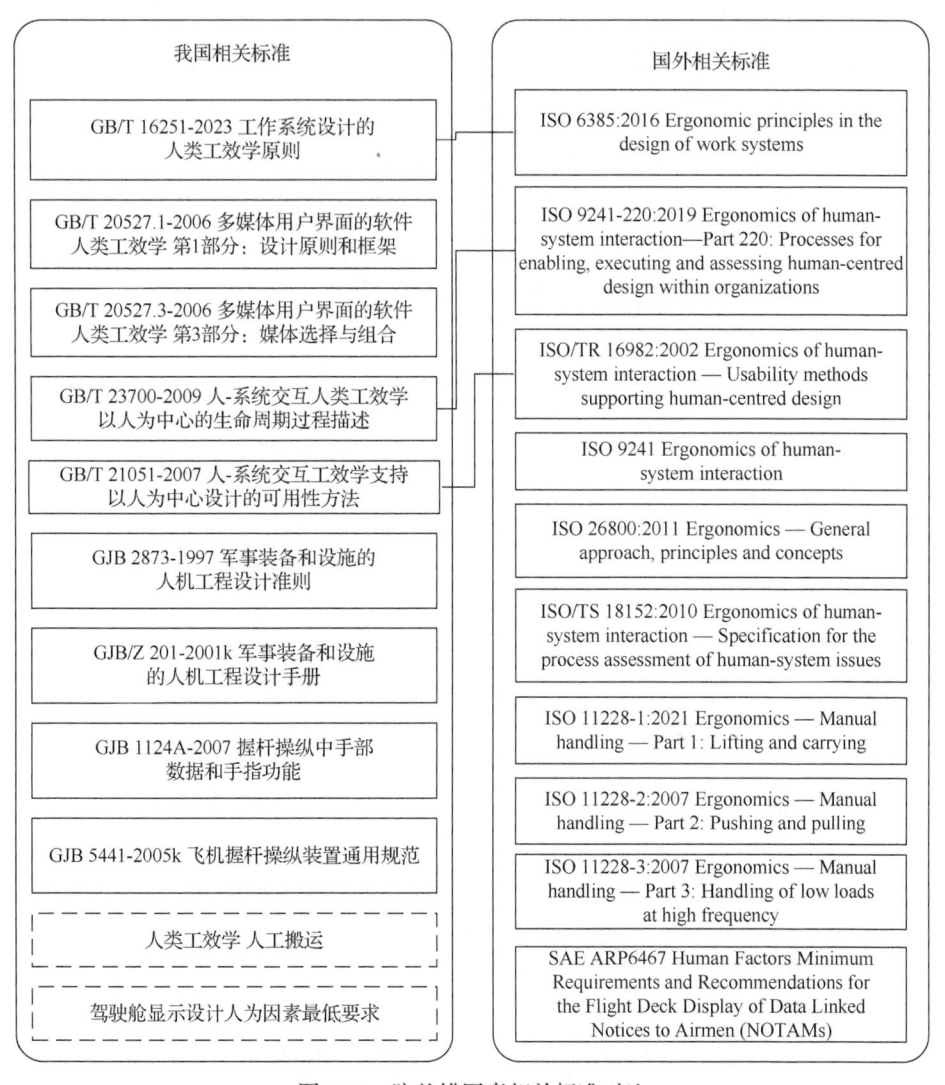

我国相关标准	国外相关标准
GB/T 16251-2023 工作系统设计的人类工效学原则	ISO 6385:2016 Ergonomic principles in the design of work systems
GB/T 20527.1-2006 多媒体用户界面的软件人类工效学 第1部分：设计原则和框架	ISO 9241-220:2019 Ergonomics of human-system interaction—Part 220: Processes for enabling, executing and assessing human-centred design within organizations
GB/T 20527.3-2006 多媒体用户界面的软件人类工效学 第3部分：媒体选择与组合	ISO/TR 16982:2002 Ergonomics of human-system interaction — Usability methods supporting human-centred design
GB/T 23700-2009 人-系统交互人类工效学以人为中心的生命周期过程描述	ISO 9241 Ergonomics of human-system interaction
GB/T 21051-2007 人-系统交互工效学支持以人为中心设计的可用性方法	ISO 26800:2011 Ergonomics — General approach, principles and concepts
GJB 2873-1997 军事装备和设施的人机工程设计准则	ISO/TS 18152:2010 Ergonomics of human-system interaction — Specification for the process assessment of human-system issues
GJB/Z 201-2001k 军事装备和设施的人机工程设计手册	ISO 11228-1:2021 Ergonomics — Manual handling — Part 1: Lifting and carrying
GJB 1124A-2007 握杆操纵中手部数据和手指功能	ISO 11228-2:2007 Ergonomics — Manual handling — Part 2: Pushing and pulling
GJB 5441-2005k 飞机握杆操纵装置通用规范	ISO 11228-3:2007 Ergonomics — Manual handling — Part 3: Handling of low loads at high frequency
人类工效学 人工搬运	SAE ARP6467 Human Factors Minimum Requirements and Recommendations for the Flight Deck Display of Data Linked Notices to Airmen (NOTAMs)
驾驶舱显示设计人为因素最低要求	

图 2.18 防差错因素相关标准对比

国标和 ISO 标准都对人-系统交互、多媒体用户交互等作出了要求，且相互对应。此外，ISO 标准还对人工搬运方面防差错作了比较详细的要求，我国标准中却没有此方面的相关内容，所以我国标准体系中应该增加人机工效-人工搬运方面的相关标准。SAE 标准针对座舱显示设计防差错提出了人为因素最低要求，形成了较为完善的防差错因素标准体系。

我国标准针对军机防差错因素的要求尚不完善，仅在人-系统交互、多媒体用户交互方面作出了相关规定，对于人工搬运的指导、座舱显示设计防差错等方面还有待完善和进一步的细化。

通过对中外防差错因素相关标准的对比分析，构建我国飞机座舱防差错因素相关标准体系结构如图 2.19 所示。

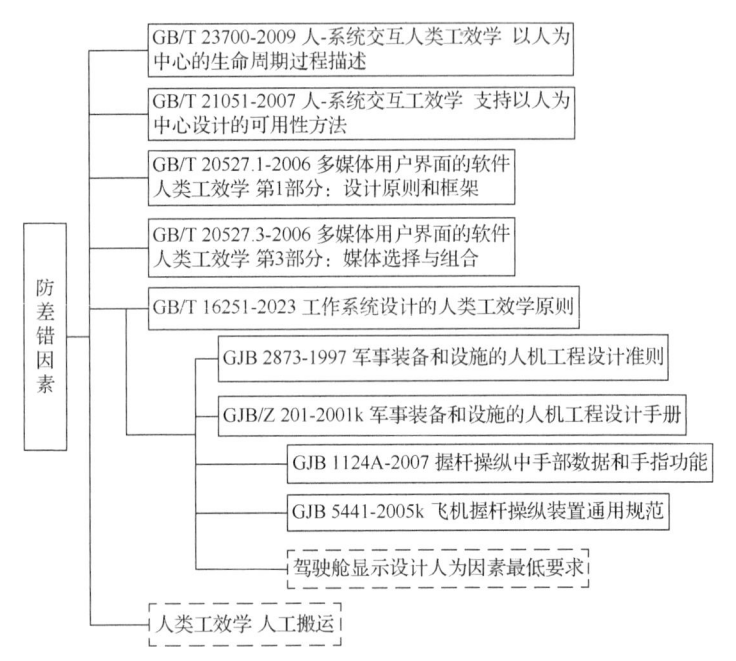

防差错因素
- GB/T 23700-2009 人-系统交互人类工效学 以人为中心的生命周期过程描述
- GB/T 21051-2007 人-系统交互工效学 支持以人为中心设计的可用性方法
- GB/T 20527.1-2006 多媒体用户界面的软件人类工效学 第1部分：设计原则和框架
- GB/T 20527.3-2006 多媒体用户界面的软件人类工效学 第3部分：媒体选择与组合
- GB/T 16251-2023 工作系统设计的人类工效学原则
- GJB 2873-1997 军事装备和设施的人机工程设计准则
- GJB/Z 201-2001k 军事装备和设施的人机工程设计手册
- GJB 1124A-2007 握杆操纵中手部数据和手指功能
- GJB 5441-2005k 飞机握杆操纵装置通用规范
- 驾驶舱显示设计人为因素最低要求
- 人类工效学 人工搬运

图 2.19 我国飞机座舱防差错因素相关标准体系结构

2.8 工作负荷及最小工作机组

工作负荷及最小工作机组标准体系包括心理负荷、骨骼肌负荷、飞行机组等方面，相关标准对比如图 2.20 所示。

ISO 人机工效标准对飞行员心理负荷、骨骼肌负荷作出了相关要求，而国家标准体系中只有飞行员心理负荷方面的标准与之对应。FAR-25.1523 及其附录 D 则对最小飞行机组作出相关规定，与之对应的国内标准是 CCAR-25.1523 及其附录 D。而与 FAR 相对应的咨询通告对最小飞行机组作了比较详细的要求。SAE ARP 5056 Flight Crew Interface Considerations in the Flight Deck Design Process for Part 25 Aircraft 给出了飞行机组界面设计方面的要求。

因此，我国人机工效标准体系中，除飞行员心理负荷外，其他方面(如骨骼肌负荷、飞行机组界面设计等)尚待补充完善。

我国相关标准	国外相关标准
GB/T 15241.1-2023 与心理负荷相关的工效学原则 第1部分：心理负荷术语与测评方法	ISO 10075-1:2017 Ergonomic principles related to mental work-load — General terms and definitions
	ISO 10075-2:2024 Ergonomic principles related to mental workload — Part 2: Design principles
GB/T 15241.2-1999 与心理负荷相关的工效学原则 第2部分：设计原则	ISO 10075-3:2004 Ergonomic principles related to mental workload — Part 3: Principles and requirements concerning methods for measuring and assessing mental workload
	ISO/TS 20646:2014 Ergonomics guidelines for the optimization of musculoskeletal workload
CCAR-25.1523、CCAR-25附录D	FAR-25.1523
	PS-ANM111-1999-99-2 Guidance for Reviewing Certification Plans to Address Human Factors for Certification of Transport Airplane Flight Decks
供飞行机组人员使用的系统和设备安装	PS-ANM100-01-03A Factors to Consider When Reviewing an Applicant's Proposed Human Factors Methods of Compliance for Flight Deck Certification
	AC-25.1302-1 Installed Systems and Equipment for Use by the Flightcrew
骨骼肌负荷	AC-25.1523-1 Minimum Flightcrew
	AC-25.1322-1 Flightcrew Alerting
	AC-23-1523 Minimum Flight Crew
飞行机组界面设计	SAE ARP5056A Flight Crew Interface Considerations in the Flight Deck Design Process for Part 25 Aircraft

图 2.20 工作负荷及最小工作机组相关标准对比

通过对中外工作负荷及最小工作机组相关标准的对比分析，构建的相关标准体系结构如图 2.21 所示。目前，明确给出工作负荷及最小工作机组相关要求的标准规范有 CCAR-25.1523、CCAR-25 附录 D、GB/T 15241 人类工效学 与心理负荷相关的术语、GB/T 15241.2-1999 与心理负荷相关的工效学原则 第 2 部分：设计原则。此处仅列出了 CAAC 的适航要求作为代表，国外民航局方 FAA、EASA 也有相同适航要求。

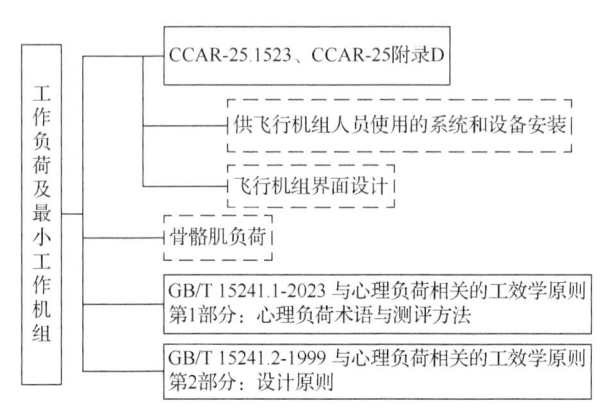

图 2.21 我国飞机座舱工作负荷及最小工作机组相关标准体系结构

2.9 本章小结

本章将我国人机工效标准体系与美国人机工效标准体系、ISO 标准体系进行对比分析，给出了我国飞机座舱人机工效标准体系结构。基于工效学体系及国内外标准体系的整体对比分析可以发现，在座舱物理环境和座舱空间布局两个方面，我国的标准体系比较完备；而在术语与规范、人体基本数据、信息显示、防差错因素、工作负荷及最小机组等方面，我国现有标准体系还有待完善和更新，需要完善的标准内容如表 2.1 所示。此外，GB/T 22187-2008 建立人体测量数据库的一般要求和 GB/T 16440-1996 振动与冲击 人体的机械驱动点阻抗这两个国家标准需要进行更新；GJB 2873-1997 是参照美军标 MIL-STD-1472D 编制的，有些方面需要根据该标准的最新版本进行更新。

表 2.1 我国标准体系待完善内容

类别	待完善内容
术语与规范	航空人机工效术语
人体基本数据	飞行员操作力与反应时间 飞行员视力、听力限值
信息显示	分系统的显示信息/内容要求 集成符号/信息的显示 大屏显示人机界面设计要求
防差错因素	驾驶舱显示设计人为因素最低要求 人类工效学、人工搬运
工作负荷及最小机组	骨骼肌负荷 飞行机组界面设计 供飞行机组人员使用的系统和设备安装

第3章 飞机座舱人为因素设计准则

3.1 以飞行员为中心的设计准则

基于现代军机新技术、复杂系统及其运行环境的背景，飞行员/机组与系统共同工作模式、飞行员/机组人力资源或功能自动化(如沟通、协作、功能分配)等是飞机座舱设计要解决的主要问题。座舱资源管理(cockpit resource management，CRM)的出现是因为航空业认识到飞行机组之间的沟通和协作出现问题将导致大量的飞行灾难和飞行事故，而这样的沟通和协作也不仅限于飞行机组成员之间，飞行机组与空管之间的沟通出现问题而导致的飞行事故也频频出现在航空安全事故报告中，飞行员/机组对自动化系统(如飞行管理系统(flight management system，FMS)、自动驾驶(auto pilot，AP))的误解或不理解也经常出现。

基于飞行员/机组对飞行任务负主要责任，以人为中心的设计原理强调人的权威性，这也是设计时进行座舱功能分配的主要动因。除单座军机外，在不同飞行时段和特殊的运行环境，飞行机组的任务本身就是需要飞行员及飞行机组之间承担交叉和重叠的角色。将飞行员作为一个独立的个体分析也是人为因素的重要关注点，设计师必须完全解释飞行员(机组)是如何去完成其任务的。因此将飞行机组的不同角色分别列举出是非常重要的，飞行机组的不同角色定义如下。

飞行员作为个体操作员：飞行员作为个体的人(操作员)，与复杂的控制和显示系统一起工作。这涉及传统的人为因素领域，如人体测量学、控制与显示匹配以及人的认知处理过程等。

飞行员作为团队成员：飞行员的角色定义为团队成员之一，团队不仅包括机组，也应包括自动化设备(系统)，还涉及地面信息支持和管理机构。团队成员为成功完成任务，需要相互沟通、合作以及分享。

飞行员作为决策者：飞行员对成功完成每一个飞行任务负直接责任，包括飞行员对座舱自动化使用操控的权威性(水平)，也包括飞行员指派(委托)任务的能力。

飞行员作为座舱占用者：飞行员作为座舱(环境)的占用者，涉及座舱进出通道能力、大气/辐射环境保护以及座椅、照明等设施。

本节准则适用于大型运输机、轰炸机以及双座歼击机等需要多名机组人员协同完成任务的飞机座舱人为因素设计，并为单座飞机座舱人为因素的设计提供参考。

3.1.1 飞行员作为个体操作员

1. 相关要求

当飞行员同时执行多于一个工作任务时，程序的设计和座舱设备的布局设计应避免引发冲突。如在物理布局层面，飞行控制器件(如油门杆)的使用一定不要造成飞行员的手挡住需要看的信息或其他在使用的器件。在操作程序层面，需要同时或接近同一时间完成的工作不要存在冲突性的动作(如前个程序启动某子系统，而另一个程序关闭同一子系统)。

(1) 飞行员对所有分配的功能或任务能够合理介入。

因为情景感知某种程度上依赖于飞行员的主动介入，所以对于飞行员当下负责的所有关键飞行功能或任务，设计者必须保证飞行员能够介入的层次(程度)是合适的。如果由自动化执行关键的飞行任务，飞行员作为备份，在正常飞行情况下必须维持一定程度的介入，以便于做好在非正常情况下接手相关功能的准备。

(2) 实现任务目标需要不同的策略支持。

实现某特定任务目标，由于不同的飞行环境、飞行员和任务因素，可能需要不同的方法、实现途径以及自动化水平。设计者需要确保对飞行员的设定程序及自动化选择模式不能僵化，以至于对于一种功能或任务只有一种策略存在。例如：对某功能或任务的自动化应用水平，可能依赖于飞行员的工作负荷，在低负荷的情况也许需要较低的自动化水平，高负荷的情况需要较高的自动化水平；另对于潜在的飞行员人群，存在飞行经验、飞行技术和认知能力的差异，座舱设计必须考虑这些差异，而不是简单地依赖一个"平均"或"最坏可能"的飞行员定义去设计。

(3) 提供给飞行员的信息的集成内容和程度，必须与其执行的功能或任务以及自动化支持或应用水平相适应。

对于完成任务所必需的原始数据，必须正确处理和集成到一定程度才能提供给飞行员。尽管飞行员能够根据其操作技能和知识经验，在原始数据基础上进行推理和理解，但提供给飞行员推理所需的信息，必须在不同层次上进行抽象或集成。数据集成度与飞行任务的适应性是非常重要的，如1982年1月13日，佛罗里达航空90号航班波音737飞机在起飞阶段撞上华盛顿特区的第十四街大桥，该事故的致因之一是飞机结冰探测器故障，主推力设置的参数给出了虚假数据，而其他的发动机仪表给出了发动机推力不够的正确指示。随后事故调查组在飞行模拟器上证明，如果集成数据以与任务匹配的方式给出，这次事故完全可以避免。

(4) 完成所有功能和任务的方法必须与任务目标一致。

依据任务目标，飞行员的操作程序和操作工作必须是有意义的，并且是按逻辑顺序的操作流。飞行员不能够"欺骗"机载系统去执行一个想要的功能，比如输入假想的风向数据以改变飞机下降的最高点。

(5) 不同的系统或任务目标，对相同部件或目标的操作程序和工作应采用一致的方式。

当面对相同目标时，飞行员的操作程序和工作应一致，这样某一特定的动作步骤就不依赖于当前的任务背景，从而避免对系统状态造成完全不同的意义和效果。例如，自动飞行模式转换时对自动油门的解除方法或自动驾驶仪的解除方法应一致。

(6) 不同的系统或任务目标，对不同的部件的操作程序和工作应采用区别的方式。

当面对不同目标时，飞行员的操作程序和工作应有区别，专门的动作产生不同的效果。例如，MD-11 的自动飞行接口是，在自动驾驶接通时需要离开目前的稳定状态值，用旋转按钮的方式进行速度、方向或高度的干预，当需要停在某一瞬时状态值时，用按下旋钮的方式引发相应的保持模式。

(7) 设计应促进飞行员形成关于目标任务的概念性模型，并使系统功能既有用又与现实一致。

飞行员如何形成关于座舱系统及自动化的概念模型、飞行员为什么会这样工作，完全是由设计确定。设计者应清晰地认识到这个事实，并促进飞行员概念模型的形成，使概念模型实现有用和与现实一致的双重目标。例如，现实的飞机设计中，大量监测和报告所提到的对指定高度偏离的事实表明，飞行机组很难理解自动飞行系统的不同速度与垂直控制模式的关系。

(8) 设计应保证基本的人力限制不被超过(记忆力、计算能力、注意力、决策偏差以及同时做多件事的能力等)。

虽然个体能力存在差异，但人类群体所具备的基本的特征，限制了其工作表现的上限。在设计时，需要这些"人的能力"的工作不能简单地汇总并分配给自动化系统，而且设计人员必须认识到"人的能力"的这些局限并保证不被超越。

(9) 设计应优先利用人固有能力(如解决问题、逻辑推理)的发挥。

就如人有天生的局限，人也有固有的力量，包括面对新情况解决问题的能力、逻辑推理的能力以及纠正错误的能力等。并不是设计时对这些能力的应用有要求，对设计者非常重要的是要意识到这些能力的存在，将在必要时发挥其用途。

(10) 设计应尽可能减少操作者可能同时执行的任务或工作之间的干扰。

2. 设计准则

根据相关要求分析，结合专家建议，提出以下设计准则。

(1) 飞行员对于所有分配的职责或任务能够合理地介入。

(2) 实现任务目标需要不同的策略支持。

(3) 提供给飞行员的信息的集成内容和程度必须与其执行的功能或任务以及自动化支持或应用的水平相适应。

(4) 完成所有功能和任务的方法必须与任务目标一致。

(5) 不同的系统或任务目标，对相同部件或目标的操作程序和工作应采用一致的方式。

(6) 不同的系统或任务目标，对不同部件的操作程序和工作应采用区别的方式。

(7) 设计应促进飞行员形成关于目标任务的概念性模型，并使系统功能既有用又与现实一致。

(8) 设计应保证基本的人力限制不被超过(记忆力、计算能力、注意力、决策偏差以及同时做多件事的能力等)。

(9) 设计应优先利用人固有能力(如解决问题、逻辑推理)的发挥。

(10) 设计应尽可能减少操作者可能同时执行的任务或工作之间的干扰。

3.1.2 飞行员作为团队成员

设计应保证人和系统协同工作，杜绝由于单个系统失效或人为错误而造成灾难性事件。系统失效或人为错误必然发生是客观事实，准则的目标是提供错误避免技术、冗余设计以及机组成员之间错误的交叉检查等措施，使在发生灾难性事件前某些错误或失效能被防止或能容错、跟踪及被纠错。

另外，设计者必须确保飞行机组的错误操作是可干预的，或错误操作的影响是可控的，并且座舱的设计不应助长人为差错的出现频次，不应恶化人为差错的影响效果。特别注意的是，某些失效情况的检测和处理需要非常快速，靠机组是不能解决的。如运输类飞机因缺油而造成的固有非稳定性需要及时自动处理，是飞行机组的能力不能实现的。

1. 相关要求

(1) 设计应能促进飞行员意识到他的职责、其他人的职责以及自动化系统的职责，从而完成当下飞行的目标任务。

座舱的设计应确保飞行员/机组的每一个成员清晰地知晓成员或某些系统的配置(分配)情况，知道哪些功能或任务正在实际执行中。另外飞行员必须非常熟悉自动化系统的功能及功能局限，增强对机组责任和自动化系统能力局限的意识以确保阻止"无人看管"的境况。

(2) 设计应能促进飞行机组之间、飞行机组与自动化系统之间关于飞行活动、任务状态、模式转换、当下任务的目标等事件的交流。

座舱的自动化(功能)应设计成能及时主动地告知飞行员/机组它正在做什么、怎样做、为什么这样做，以促进机组和自动化之间的沟通以及支持飞行员充当决策者角色时决策介入的必要性。如反馈需关注的模式状态、人或自动化启动的模式转换(飞行员预设置可能以自动化启动的形式实现模式转换)。

(3) 设计应能支持机组成员之间以及机组成员与自动化系统之间的功能和任务的动态分配。

座舱的设计应方便飞行员作出合理的任务分解和动态分配。如现代飞机的自动飞行系统将方向和速度控制功能分离，飞行机组可非常容易地实现人工控制飞行航迹而同时将速度控制交给自动油门，这样解决了飞行机组要么全部操纵要么无事可做(all-or-nothing)的问题。设计的目标是确保功能的分解和分配可行且飞行机组能够快速、方便和无误地执行。

(4) 设计应保证不突破机组能力的限制。

飞行机组作为团队工作的效能受制于机组构成情况和人为表现，如团队往往因个性冲突、解决问题途径、领导方式的差异等造成集体偏差。设计者要清楚，如果系统的子系统潜在故障以不适宜的方式显示为警告或警示信息，飞行机组可能被诱导按建议的诊断方法(可能是不确定的)去维修或解决，而忽略其他的可能性。

(5) 必要时应优先使用团队合作能力(使用多样化资源和合作解决问题)的设计。

就如团队具备先天性的局限，团队也具备先天性的力量，如头脑风暴、合作解决问题的能力。同样，机组与自动化系统天生的互补性有利于把机组成员与系统形成一个团队。

(6) 设计时应尽可能减少飞行机组成员之间或人与自动化系统之间同时执行的多个功能或任务之间的干扰。

当多个机组成员或自动化系统正在同时执行任务的时候，设计者应确保不会发生机组注意力、脑力活动或肢体动作的冲突。如设计某自动化系统在执行任务时所要求的监控既不能侵占飞行机组注意力又不能干扰飞行机组可能要执行的其他任务。

(7) 设计时应利用飞行机组和自动化系统的能力，以便于阻止、容忍、检测和纠正飞行机组及系统的错误。

2. 设计准则

根据相关要求分析，结合专家建议，提出以下设计准则。

(1) 设计应能促进飞行员意识到他的职责、其他人的职责以及自动化系统的职责，从而完成当下飞行的目标任务。

(2) 设计应能促进飞行机组之间、飞行机组与自动化系统之间关于飞行活动、任务状态、模式转换、当下任务的目标等事件的交流。

(3) 设计应能支持机组成员之间以及机组成员与自动化系统之间的功能和任务的动态分配。

(4) 设计应保证不突破机组能力的限制。

(5) 必要时应优先使用团队合作能力(使用多样化资源和合作解决问题)的设计。

(6) 设计时应尽可能减少飞行机组成员之间或人与自动化系统之间同时执行的多个功能或任务之间的干扰。

(7) 设计时应利用飞行机组和自动化系统的能力，以便于阻止、容忍、检测和纠正飞行机组及系统的错误。

3.1.3 飞行员作为决策者

1. 相关要求

(1) 飞行员对于所有关键飞行功能和任务都具备最终决策权。

飞行员是飞机安全的直接责任人。基于目前的技术水平，在一个复杂、动态变化的环境中由人作出最终裁决可提高安全性，这意味着对于影响安全的任一关键功能或任务，飞行员都能进行人工干预。这些决策包括了主动控制、操控能力，或者指挥不同级别的自动运行或自动运行模式的能力。

(2) 飞行员必须得到可获得的关于飞机状态、系统以及飞行进程的所有信息。

飞行员必须能够得到他们认为对安全飞行关键的可获信息。所有可用的信息在正常运行中必须连续或稳定地提供，对于解决细节问题可能有用的特殊信息也必须提供，飞行中飞行控制的信息必须展示给飞行员。例如，正常只用于维护使用的子系统详细信息，即使在飞行程序或检查单里没有明确提出用途，如果在极少的情况下隐含了实际运行的信息，也应报告给飞行员。

(3) 飞行员对于所有动态功能和任务分配都具备最终决策权。

由于飞行员负有安全责任，现代的自动化不能够完全地评估飞行员的动机和外部环境，飞行员必须具有动态功能分配的最终权限。除非不工作，否则自动化设备(或系统)不能分配功能或任务给飞行员，并且不能拒绝执行飞行员指派的功能或任务，不能在飞行员不同意的情况下控制或执行任务。如自动化不能从飞行员手中拿走飞机的控制权，即使自动化探测到飞行员已处于高负荷工作状况。同样，抖杆器或其他自动化设备的控制力不能设计超过飞行员的体力限度，以保证飞行员在必要的情况下能够操控。

(4) 为了飞行安全的需要，飞行员具有超范围使用已知系统极限功能的权限。

虽然某些动作将造成飞机系统或部件的物理损害，但在某些特殊情况下，为完成作战任务，避免造成机毁人亡的后果，飞行员认为对整体安全有利时可以超范围使用对系统或部件有损害的动作。设计时不能限制功能的使用。

2. 设计准则

根据相关要求分析，结合专家建议，提出以下设计准则。
(1) 飞行员对于所有关键飞行功能和任务都具备最终决策权。
(2) 飞行员必须得到可获得的关于飞机状态、系统以及飞行进程的所有信息。
(3) 飞行员对于所有动态功能和任务分配都具备最终决策权。
(4) 当维持飞行安全必需时，飞行员具有超范围使用已知系统极限功能的权限。

3.1.4　飞行员作为座舱占用者

1. 相关要求

(1) 飞行员远离潜在的危险性工作环境。
座舱的设计应使占用者免于危险的工作环境。如缺氧、失压、大剂量辐射、振动、座位安装提供的进出通道等。
(2) 设计应满足飞行员基本的物理特征要求。
人类如身高、体重、手长等物理特征是不同的。设计时尽量利用特定人群物理特征数据库，满足相关的要求。如座舱的座椅和操纵可达不能简单地理解为满足 5ft[①]2in[②]到 6ft3in 高度的人需求即可，而应考虑这个高度范围内人群腿长度范围、手长度范围以及躯干长度范围。
(3) 设计应考虑提供对飞行员/机组与飞行目标不直接相关活动的支持。
飞行机组从事相关活动可能会影响飞行安全、飞行效率和飞行舒适。

2. 设计准则

根据相关要求分析，结合专家建议，提出以下设计准则。
(1) 飞行员远离潜在的危险性工作环境。
(2) 设计应满足飞行员基本的物理特征要求。
(3) 设计应考虑提供对飞行员/机组与飞行目标不直接相关活动的支持。

---

① 1ft=0.3048m。
② 1in=0.0254m。

3.2 工作负荷及最小机组设计准则

3.2.1 工作负荷

军机飞行员工作负荷包括飞行员生理负荷和心理负荷。温度、照明、噪声等环境因素和工作强度、工作时间、工作内容等因素都会引起飞行员的生理和心理应激。合理设计座舱环境、飞行任务和信息提示，可以有效降低飞行员工作负荷，保证飞行员工作效率。

1. 相关标准

针对工作系统设计中涉及的心理负荷及其影响，与心理负荷相关的工效学原则系列标准包括 GB/T 15241.1-2023 与心理负荷相关的工效学原则 第 1 部分：心理负荷术语与测评方法、GB/T 15241.2-2023 与心理负荷相关的工效学原则 第 2 部分：设计原则等，这些标准从工作负荷的定义、设计原则和测量评估等方面提出了设计时应当注意的方面和可参考的方法，为飞机座舱工作负荷设计和控制提供了依据。

2. 设计准则

根据相关标准对比分析结论结合国内外研究成果综合分析，提出飞机座舱工作负荷设计准则如下。

(1) 座舱设计应考虑飞行员/机组能力、技巧、经验等因素。确定座舱系统与子系统功能及人机功能分配和飞行员/机组间的分工应考虑飞行员的特性和能力。

(2) 心理负荷强度要求。

① 尽可能地明确任务目标。若配备机组，或多名飞行员协作时，应保证分工明确。

② 座舱设计应考虑飞行员/机组任务的复杂性，避免操作过多或任务过分单调。

③ 座舱设计应为飞行员/机组提供适量的信息显示，保证完成任务的必需信息，同时避免过量信息产生的心理负荷。

④ 信号的可区别性。保证信息的有效辨识，利用形状、颜色、持续时间、时间特性进行编码。

⑤ 并行与顺序处理。顺序处理通常优于并行处理。但对不同来源的信息进行比较，则应优先采用并行方式显示信息。如有方位要求时，则并行显示优于顺序显示。

⑥ 尽可能避免飞行员/机组在某一时刻同时做两件或两件以上的任务。可采用一致性对应训练减少飞行员/机组对注意力的控制，减轻心理负荷。

⑦ 时间延迟。应避免时间延迟。如果时间延迟不可避免，应使用快速的或超前显示器。

⑧ 工作记忆负荷。在顺序显示信息时，信息停留的时间应适当，避免飞行员/机组在选择和记忆有用的信息时短时记忆超载。

⑨ 长时记忆负荷。应提供适当的信息恢复装置来避免不必要的长时记忆负荷，以减轻飞行员/机组在记忆或回忆不同的信息或复杂的信息时所产生的心理负荷。

⑩ 座舱控制器设计应尽量减少同时多动作的协调，将动作维度减少到最低水平，并注意不同维度之间的协调。

⑪ 容错度。座舱设计应具有一定的容错度，即使飞行员/机组发生明显错误也不导致严重后果，且对关键性操作，应提示操作可能产生的后果，并要求飞行员/机组确认。

⑫ 环境。座舱设计应提供良好的环境，为信息接收和处理提供良好的条件，以降低飞行员/机组心理负荷强度。

(3) 单调。

为避免在长时间、窄范围内，飞行员因注意集中而产生单调情绪，座舱设计应：

① 扩大飞行员/机组应注意的范围；

② 合理设计座舱环境条件；

③ 减少噪声和单调的声音；

④ 提供合适的照明；

⑤ 提供合适的通信/交流工具。

(4) 警觉性。

为避免飞行员/机组警觉性下降，对信号识别和判断的可靠性降低，应合理设计飞行任务和座舱设备，特别应注意：

① 在观察重要信息时，应尽量避免持续高度集中注意力。

② 避免持续长时间地集中注意力。这个时间界限取决于事件出现的频率、信号的可识别性、信号的概率、重要信号的概率、无关信号的概率等。

③ 保证信号有较好的识别性，这可以通过显示设计或改善工作环境条件(适宜的照明、降低噪声)来达到。

④ 对那些需要记住参考标准并同时作出判断的地方，应避免对连续的信号作判断。用适当的设计把参照标准也同时显示出来。

⑤ 减少信号(时间上、空间上或可见程度上)的不确定性，改善信号的可辨别

性。用反馈可以达到这个目标。

⑥ 避免导致单调的条件。

(5) 信息和培训。

应充分考虑飞行员个体之间的差异，应考虑变化工作要求和操作者业绩信息的必要性。为了实现系统的功能并使心理负荷保持在适当的水平，设计者应指出飞行员/机组所需要的信息的种类、质量、数量以及所需要的培训。

[GB/T 15241.1-2023 与心理负荷相关的工效学原则 第 1 部分：心理负荷术语与测评方法、GB/T 15241.2-2023 与心理负荷相关的工效学原则 第 2 部分：设计原则，及相关研究成果综合制定]

3.2.2 最小机组

1. 相关标准

CCAR/FAR/CS-25.1523 条及其附录 D 给出了大型运输类飞机座舱设计最小机组要求，其目的在于保证飞机安全运行，并提供最小机组的确定方法。对军机，座舱设计自动化程度、飞行任务时间及强度都影响到最小机组的确定。CCAR/FAR/CS 25 部运输类飞机的最小机组相关标准，可作为飞机座舱设计最小机组相关因素的有效参考。

2. 设计准则

根据相关标准对比分析结论结合国内外研究成果综合分析，提出飞机座舱最小机组设计准则如下。

飞机座舱设计应考虑最小飞行机组相关因素：

(1) 每个机组成员/飞行员的工作量。

(2) 有关机组成员/飞行员对必需的操纵器件的可达性和操作简易性。

飞机座舱最小飞行机组确定准则：

(1) 考虑基本工作任务。

① 飞行航迹和姿态控制。

② 通信和导航。

③ 飞机发动机和系统的操作和监控。

④ 瞄准/攻击/投放等作战任务。

(2) 工作量因素。

为确定最小飞行机组而分析和验证工作量时，主要考虑下列工作量因素。

① 对所有必需的飞行、动力装置和设备操纵器件(包括燃油应急切断阀、电气控制器件、电子控制器件、增压系统操纵器件、发动机操纵器件和武器火控设

备)进行操作的可达性和简便程度。

② 所有必需的仪表和故障警告装置(如火警、电气系统故障和其他故障的指示器或告戒指示器)的可达性和醒目程度。并考虑这些仪表或装置引导进行适当纠正的程度。

③ 操作程序的数量、紧迫性和复杂性。

④ 在正常操作以及判断、处理故障或应急情况时，消耗精力和体力的大小和持续时间。

⑤ 在航路飞行中，需对燃油、液压、增压、电气、电子、除冰和其他系统进行监控的程度。

⑥ 需要机组成员/飞行员离开原定工作岗位才能完成的动作，包括查看飞机的系统、应急操作操纵器件和处理任何隔舱的应急情况。

⑦ 飞机系统的自动化程度，系统在发生故障或失效后，要能自动切断、自动隔离由此引起的障碍，从而减少飞行机组/飞行员为防止丧失能源(飞行操纵系统或其他主要系统的液压源、电源)所需的动作。

⑧ 通信和导航的工作量。

⑨ 作战、投放等特定任务的工作量。

⑩ 由于任一应急情况可导致其他应急情况而增加工作量的可能性。

[参考 CS-25.1302、CCAR/FAR/CS-25.1523 条和相关研究成果综合制定]

3.3 本章小结

本章通过对人为因素相关要求和标准的分析，结合相关研究成果，提出了飞机座舱人为因素设计准则，包括以飞行员为中心的设计准则、工作负荷及最小机组设计准则。主要根据飞行员在飞行过程中的不同角色，即飞行员作为个体操作员、团队成员、决策者以及座舱占用者这四个不同的角色，提出了以飞行员为中心的设计准则。以 GB 和相关 CCAR/FAR/CS 运输类飞机适航标准为基础，综合考虑军机新技术、复杂系统及其运行环境的背景，提出了工作负荷及最小机组设计准则。

第4章 飞机座舱环境控制设计准则

军机在不同飞行阶段，会暴露在低压、低温、过载、噪声等不同的严酷环境中。飞机座舱环境直接影响飞行员的生命安全、工作效率和舒适度，包括座舱空气环境、声环境、光环境、动力环境和电磁环境和内部装饰。对飞机座舱环境控制设计进行规范有利于优化飞行员工作环境，提高飞行员生命保障能力和工作效率。

4.1 座舱空气环境

座舱空气环境包括座舱压力、通风和温度等。座舱空气环境直接影响飞行员的呼吸、体感温度和人体代谢。良好的座舱空气环境可以保证飞行员的生存要求，提高舒适性，降低操作疲劳。

4.1.1 座舱压力

座舱压力包括座舱高度、压差、压力变化率及压力制度等影响飞行员生理安全和工作效率的压力相关因素。

1. 相关标准

座舱压力相关标准如表 4.1 所示。

表 4.1 座舱压力相关标准

标准编号	标准名称	对座舱压力的要求
SAE ARP1270B	Aircraft Cabin Pressurization Criteria	从飞机座舱压力控制系统的安全、舒适、自动化和技术设计方面为航空工业提供指导方针，是座舱压力控制系统设计的基本标准，它适用于通用飞机、商业飞机和军用飞机
GJB 1193-1991	飞机环境控制系统通用规范	该标准适用于军用飞机的座舱压力调节系统、座舱空气调节系统、设备和设备舱空气调节系统、环境防护(防雾、防雨和防冰)系统、飞机引气系统

续表

标准编号	标准名称	对座舱压力的要求
GJB 305-1987	飞行员飞行中肺通气参数	该标准是设计、鉴定军用飞机供氧和生命保障系统的基础依据,标准给出了各状态下飞行员肺通气参数值,适用于设计飞机供氧装备平均流量和最大流通能力,制定军用飞机供氧和生命保障系统人体生理卫生学要求
GJB 306A-1997	飞行员肺通气参数	该标准规定了飞行员肺通气参数的正常值,适用于飞机氧气系统的设计,也适用于飞行员的肺功能鉴定
GJB 2193-1994	飞行人员加压供氧系统规范	该标准规定了飞机升限超过12km的飞行人员加压供氧系统的通用技术要求,适用于飞行人员加压供氧系统、成品和附件
GJB 3815-1999	飞机气密舱设计要求	该标准规定了军用飞机气密舱的总体、结构、强度、刚度和环境控制的设计要求及试验要求,给出了基于人机工效学的基本原理,座舱压力、温度和湿度等座舱环境基本要求
GJB 646-1988	座舱压力制度生理要求	该标准包括座舱压力变化的生理限值和座舱高度(压力)的生理限值两个部分,座舱压力制度生理要求属于基础标准,适用于制定军用飞机、民用客机座舱压力制度规范
GJB 690-1990	飞行员肺脏对减压峰值的生理耐限	该标准给出了飞机座舱增压舱迅速减压时人肺对减压峰值的生理限值,适用于设计、研制航空供氧装备及鉴定其性能,也适用于制定飞行员迅速减压生理训练制度,是军用飞机座舱压力设计的基础依据

　　根据相关标准背景和内容分析,SAE ARP1270B、GJB 1193-1991、GJB 3815-1999 直接给出了飞机座舱环境压力相关要求,可以直接指导设计准则的制定,其中 SAE ARP1270B 给出了各款要求的编制依据和人体生理反应的基本原理,可作为不同标准要求间协调的依据。其他生理参数基本标准(如 GJB 305-1987、GJB 306A-1997、GJB 690-1990)和设备规范(如 GJB 2193-1994)可作为准则要求具体数据调整的基础依据和参考。

2. 国内外研究成果

　　气压对人体生理的影响主要在于人体内氧气的供应。当自然界气压下降时,大气中氧分压、肺泡的氧分压和动脉血氧饱和度都随之下降,导致人体出现呼吸急促、心率加快，甚至头晕、头痛、恶心、呕吐和无力等症状，直接影响人的工作效率和生命安全。

高空低氧环境下，缺氧主要导致空勤人员大脑皮层高级智力活动首先受到影响，失去正常理解、分析、判断能力。飞行人员往往会丧失对环境、自身状态的正确判断能力，甚至对缺氧产生的症状和损害的严重水平呈无意识状态。缺氧对视觉工效影响的研究比较多，基本认为缺氧高度达到1200m时，夜间视力就开始降低，相应的夜间视觉工效也有所降低；在3000～5000m高度完成复杂任务及精细辨别工作的能力下降；在5000～7000m高度是人各项功能的障碍区，对视觉来讲会出现视力模糊、视觉通道传入工效明显下降等。

飞机座舱高度是指座舱内绝对压力值所对应的高度。为了保证空勤人员正常生活和工作能力，并减少飞机上升或下降所引起的压力变化速度对人体的影响，理想的座舱高度应始终与地面保持一样，但这样会使飞机结构质量增加，同时会增大飞机结构损坏时所造成的爆炸减压的危险性，为此应根据人体生理卫生允许的标准制定座舱高度。

对于座舱压力制度，应使压力变化引起空勤人员的不舒适感减到最低程度并防止缺氧。增压系统必须能快速反映飞行状态和空气调节流量等变化，以保持压力制度和避免使人烦恼的压力波动。对于战斗机和战斗教练机，理想的压力制度是从海平面到8000ft不增压，然后以8000ft不变压力直至使用升限。对于高空高性能战斗机或拦截机，保持一个8000ft的压力制度直至工作升限，会招致高压差而使结构重量显著增大。因此使用升限超过23000ft(7010.4m)的飞机，通常使用压差为5lb[①]/in^2(34.5kPa)的压力制度。飞机高度超过27000ft(8229.6m)，座舱高度超过10000ft以后，必须使用补充氧气。压差通常选定为5lb/in^{2}以便保持座舱压力高度低于开始产生严重减压症的30000ft。根据具体系统的座舱压力要求，可选择其他压力制度，使得飞机具有最小性能代偿损失，同时满足人体最低生理要求。对于其他座舱高度,增压系统应使得座舱高度可由空勤人员在−1000～+10000ft任意选择。所选择的最大高度为10000ft是因为通常在此高度以下不要求或不设置供氧系统(应急使用除外)。采用这种压力制度的飞机增压系统通常设计成座舱压力差为8～9lb/in^2(55～62kPa)。该最大压差是当飞机处于最大巡航高度而保持8000ft的座舱高度时所建立的压差。

飞机爬升和下降过程及发动机的供气量变化都会使座舱压力发生变化。座舱压力变化对人体造成的不舒适感首先起因于它对中耳的影响。当压力迅速变化时，耳膜两侧压差会使人感觉不适，疼痛直至破裂。这是由于耳咽管的特点造成的。中耳腔附近的耳咽管由耳骨围成，并保持打开状态，鼻道附近的耳咽管通常由四

---

① 1lb=0.4536kg。

周薄膜组织封闭着。当中耳室内压力较外界压力大时，薄膜组织容易张开，使中耳腔泄压来恢复鼓膜两边压力平衡；反之，当外界压力较中耳室内压力大时，除了有意识地进行吞咽、打呵欠等动作外，鼻道附近的耳咽管组织不易打开。故从生理上讲，人体耐受压力降低速度的能力比耐受压力增加速度大得多。压力变化速率以耳朵补偿压力变化的能力为基础。对压力变化速率进行规定，以确保压力冲击和压力变化得以调节，减少或避免空勤人员的不舒适感。一般人在无意识情况下就能够补偿的压力增长速率为每秒 $0.2\text{lb/in}^2(1.4\text{kPa})$，大于 0.2lb/in^2 的速率需要一些有意识的动作来保持平衡，对于每秒 0.5lb/in^2 和更高的速率，即使有经验的空勤人员在试图使鼓膜两边压力保持平衡时也会感到不适。因此包括所有瞬态在内的正常工作时，允许的最大压力变化速率一般是每秒 0.2lb/in^2。应急工作时，最大压力增长速率可达每秒 0.5lb/in^2，最大压力下降速率可达每秒 $1.0\text{lb/in}^2(7\text{kPa})$。

因此，对运输机，座舱高度可在 −0.3～3km 进行选择，一般可将座舱高度定为 2.4km。其原因为：2.4km 是作长时间飞行不会因轻度缺氧而过度疲劳的最大高度，3km 是逐渐加重缺氧的起始高度。在此高度以下可以不要求或不设置供氧系统(应急使用除外)。其他低于 2.4km 高度的选择，通常用在频繁运送未经正规训练人员的飞机或伤病员的飞机，以减轻乘员的不舒适感。特别是部分伤病员在环境压力低的医疗条件下，可能会遭致病情恶化甚至生命危险。

对于军用飞机，当续航时间小于 4h(如战斗机)，座舱高度不超过 8km；当续航时间大于 4h(如轰炸机)，座舱高度不超过 7km。生理卫生研究表明，如呼吸纯氧，当座舱高度在 10～12km 时，其血氧饱和度仍可相应维持在 90%～95%的范围内，当座舱高度在 9km 以上，已开始出现减压症的高发病率，综合两者，将座舱高度取在 8km 以下。

对于座舱压力差，战斗机应考虑到在最大飞行高度上，当座舱失去气密时，舱内外的压力差不致给飞行员造成破坏性损伤。原苏联、英、法等国的生理实验得出 29.4kPa 是最合适的压差值，最大不要超过 32.4kPa；美国则认为最适宜的值应为 34.5kPa。美国规范对此值的规定为 $34.5±0.7\text{kPa}(5.0±0.1\text{ lb/in}^2)$，而原苏联、英、法和我国则采用 29.4±1.3kPa。

对轰炸机一般都采用双压差制度。正常飞行时采用高压差制度，进入战斗时，为减少由于结构损坏带来的爆炸减压的危险性，用低压差，一般取正常压差的一半。

3. 标准对比分析

SAE ARP1270B 和 GJB 1193-1991 都给出了座舱压力制度的相关设计要求。对于战斗机，这两项标准均建议从海平面到 2400m 不增压，然后逐渐增大座舱压力差至座舱最大压差。虽然对增压上限给出了不同的建议，但基本原则相同，即考虑座舱结构强度和人体生理需求，且数据差别不大。故可以直接采用我国军用标准作为飞机座舱设计准则。针对其他类型军机，座舱高度可根据不同任务需求在–300～3000m进行选择。

SAE ARP1270B、GJB 646-1988、GJB 3815-1999 和 GJB 1193-1991 都给出了座舱压力变化率的相应要求，其中 GJB 646-1988、GJB 3815-1999 和 GJB 1193-1991 对压力变化率的要求互为补充，全面规定了飞机座舱的压力设计。SAE ARP1270B 也给出了座舱增压变化率和减压变化率的要求，与 GJB 1193-1991 要求基本一致，增压率和减压率数值由于单位转换稍有区别，但差别极小，且国军标要求更为严格，故直接采用 GJB 1193-1991 相关要求作为飞机座舱压力变化率设计准则。

4. 设计准则

根据相关标准对比分析结论结合国内外研究成果综合分析，提出飞机座舱压力环境设计准则如下。

1) 压力制度

座舱压力调节系统应能自动地保持如下正常的压力制度。

(1) 战斗机和战斗教练机的座舱通常使用从海平面到2400m不增压，然后逐渐增大座舱压力差至30～35kPa 的压力制度。允许采用其他压力制度，但必须保证飞机座舱高度不超过 8000m。

(2) 运输机、预警机的座舱高度可由空勤人员在–300～3000m 任意选择。在最大升限时，应该具有保持飞机座舱高度相当于 2400m 的最大压差。

(3) 座舱压力调节系统应保证所选用的正常压力制度在下述可接受的公差范围内。

增压区：±1.33kPa。

非增压区：0～3.33kPa。

2) 压力变化率

对于战斗机，座舱压力调节器控制的座舱压力变化率规定如下。

(1) 包括瞬态条件在内的所有正常工作状态，座舱最大压力降低率不超过 1.33kPa/s；座舱最大压力增长率不超过 0.67kPa/s。

(2) 应急卸压时，座舱瞬态最大压力降低率不超过 6.67kPa/s。

(3) 应急再增压时，座舱瞬态最大压力增长率不超过 3.33kPa/s。

对于运输机、预警机，座舱压力调节器控制的座舱压力变化率规定如下。

(1) 包括瞬态条件在内的所有正常工作状态，座舱压力降低率设计值为152m/min(相当于海平面 1.83kPa/min)；压力增长率设计值为91m/min(相当于海平面 1.09kPa/min)。

(2) 座舱压力调节器应允许座舱压力变化率可在 30m/min 至 600m/min 的范

围内任意选择和控制。

3) 正、负释压

应采取措施，以防止座舱内正、负超压所造成的结构损伤破坏。对于有多个增压气密舱的飞机，应采取措施防止因任何一个气密舱的爆炸减压造成其他舱的空勤人员损伤和结构损伤破坏。

4) 卸压

座舱应具有正常和应急两种卸压装置，正常卸压是指能够解除压力而不必关闭增压气源。应急卸压则是在增压气源关闭的条件下，开始放气。

(1) 对于小容积增压舱的飞机，从最大压差降到表压为 6.9kPa 期间，减压率应在 3.33～6.67kPa/s 的范围内。

(2) 应采取措施，保证飞机着陆卸压之后，由于增压气源工作所产生的压差不应导致在打开舱门、舱盖时使人员损伤或结构损伤破坏。

5) 泄漏量

包括 ECS 在内的座舱允许的最大泄漏量，应选用下列较小者。

(1) 在发动机处于无推力或慢车状态下，飞机从最大使用升限以最大速率下滑时，座舱允许的最大泄漏量应小于气密舱初始压力降到座舱高度为 12000m 时所要求的泄漏量的一半。

(2) 当发动机处于慢车状态时，座舱允许的最大泄漏量应小于为维持座舱压力制度所要求的泄漏量的一半。

(3) 对于有多个空调装置向座舱供气的飞机，当一个空调装置不工作时，座舱允许的最大泄漏量应小于为维持座舱压力制度所要求的泄漏量的一半。

(4) 对于具有大容积增压舱的飞机，座舱允许的最大泄漏量为

$$0.342V^{0.667}+0.227(\text{kg/min})$$

式中，V 为增压舱容积(m^3)。

[引自 GJB 1193-1991 飞机环境控制系统通用规范]

4.1.2 座舱通风

1. 相关标准

座舱通风相关标准如表 4.2 所示。

表 4.2 座舱通风相关标准

标准编号	标准名称	对座舱通风的要求
JSSG 2010	乘员系统	该标准中的 JSSG 2010-10 氧气系统手册为飞机氧气系统及其组件的研制和验证提供指导，手册给出了空气污染的要求，在附录部分给出了呼吸空

续表

标准编号	标准名称	对座舱通风的要求
JSSG 2010	乘员系统	该标准气的成分和肺部空气的成分及各成分所占比值,可作为座舱通风中污染物控制的参考标准
GJB 2873-1997	军事装备和设施的人机工程设计准则	该标准给出了不同环境容积下具体通风量数值、空气各组分含量的要求以及气流速度的具体数值要求,适用于所有的军事系统、子系统、装备和设施的设计,是基本的人机工效设计准则
GJB/Z 201-2001k	军事装备和设施的人机工程设计手册	该标准为军事系统、子系统、装备和设施的设计提供人机工效设计指南和参考依据,是对 GJB 2873-1997 的补充,在 GJB 2873-1997 的基础上对通风排气孔、过滤器等的安装位置提出基本要求,增加武器烟雾、发动机燃料废气等浓度控制的一般要求
GJB 1193-1991	飞机环境控制系统通用规范	该标准规定了飞机 ECS 的技术性能、设计标准和验证要求,标准给出了座舱压力、座舱制冷加温、空气分配的具体要求,正常通风、应急通风和飞行服通风的基本要求以及对污染物浓度控制的具体限值。该规范是飞机 ECS 设计和验证的依据
GJB 1129-1991	军用飞机座舱温度评定的方法和生理学要求	该标准给出了座舱气流方向和座舱内风速等要求
GJB 305-1987	飞行员飞行中肺通气参数	该标准是设计、鉴定军用飞机供氧和生命保障系统的基础依据,标准给出了各状态下飞行员肺通气参数值,适用于设计飞机供氧装备平均流量和最大流通能力,制定军用飞机供氧和生命保障系统人体生理卫生学要求
GJB 306A-1997	飞行员肺通气参数	该标准是设计、研制飞机供氧装备的生理学基础依据,标准给出了飞行员肺通气参数的正常值,可作为军用飞机座舱氧气系统设计和飞行员的肺功能鉴定的基础依据
GJB 3815-1999	飞机气密舱设计要求	该标准规定了军用飞机气密舱的总体、结构、强度、刚度和环境控制的设计要求及试验要求,给出了基于人机工效学的基本原理,座舱压力、温度、湿度和通风等座舱环境基本要求,适用于军用飞机的气密舱(包括有气密性要求的座舱、乘员舱和货舱等)
GJB 3101-1997	飞机加温和通风系统通用规范	该标准规定了军用飞机加温和通风系统的技术要求、试验方法和检验规则,给出了军用飞机正常通风和应急通风的基本要求,不同舱内混合气体的爆炸下限值以及设备的加温和通风要求

根据相关标准背景和内容分析，GJB 2873-1997、GJB/Z 201-2001k、GJB 1193-1991 和 GJB 3101-1997 直接给出了飞机座舱通风相关要求，可以直接指导设计准则的制定，其中 GJB 1193-1991 和 GJB 3101-1997 给出了座舱通风及污染物控制要求的编制依据和详细参考数值，可作为不同标准要求间协调的依据。GJB 3815-1999 给出了对座舱气流方向和风速的要求，可作参考以制定相关气流准则。其他生理参数基本标准(如 GJB 305-1987、GJB 306A-1997)以及 JSSG 2010 乘员系统可作为准则要求具体数据调整的基础依据和参考。

2. 国内外研究成果

供给座舱的供气量应满足座舱增压、通风换气和热力状态三项要求。总的来看，满足座舱增压即使其供气量不小于泄漏量是一项最基本的要求，但要求的供气量远少于其他两项。座舱通风换气要求及热力状态的要求视机种而定。对高性能战斗机来说，根据热载荷确定的供气量，完全能够满足座舱通风换气的要求。

新鲜通风空气要求保证必要的含氧量，以防止二氧化碳浓度过大，去湿和排除有害气味。

污染可能影响空勤人员的安全，高浓度污染能够使人产生眩晕、头疼、恶心、眼睛和上呼吸道发炎等症状。应防止由辅助发动机排气系统、飞机燃油系统、火炮排气、燃烧式加热排气、弹药动作装置、液压油、滑油、过热电绝缘、制冷流体、灭火剂、发动机液料油箱、干冰、电子设备冷却空气排气等引起的烟雾进入座舱。如果不能阻止进入座舱，应提供足够的通风以防止在增压、非增压和减压期间因气体浓度超标而引起的爆炸危险。

3. 标准对比分析

GJB/Z 201-2001k 要求对飞机座舱提供通风以保持空气新鲜；GJB 2873-1997 给出了一般密闭环境的人均通风量，可用作飞机座舱参考，但不能直接作为飞机座舱通风设计要求；GJB 1193-1991 分别给出了正常和应急情况下的通风要求和规定；GJB 3101-1997 给出了乘员的具体通风量，要求其通风量应不少于每个乘员 1kg/min；GJB 1129-1991 和 GJB 3815-1999 都给出了座舱气流方向和风速的相关要求，其中 GJB 1129-1991 更为具体地针对着装和脸部风速分别进行了规定，故可以参考 GJB 1129-1991 制定气流的相关准则。

4. 设计准则

根据相关标准对比分析结论结合国内外研究成果综合分析，提出飞机座舱通风设计准则如下。

1) 正常通风

(1) 在所有飞行和地面状态下,为了排除污染和气味,应向座舱提供新鲜通风空气。

(2) 如果需要,应向抗荷服、加压服和通风服提供气源。

[(1)、(2)引自 GJB 1193-1991 飞机环境控制系统通用规范]

(3) 座舱气流方向:座舱的空气分配系统应防止气流直接吹向飞行人员的脸部。并备有可调气流方向和流量的喷头。[引自 GJB 1129-1991 军用飞机座舱温度评定的方法和生理学要求]

(4) 座舱内风速:

① 应给飞行员和乘员设置流量和方向可调节的供气喷嘴,以限制流经飞行员和乘员的气流速度。[引自 GJB 1193-1991 飞机环境控制系统通用规范]

② 飞行人员着装部位的风速不应超过 3m/s,脸部风速不应超过 1.5m/s。[引自 GJB 1129-1991 军用飞机座舱温度评定的方法和生理学要求]

2) 污染物控制

(1) 在座舱空气调节系统损坏,或者正常供气受污染而关闭期间,应向座舱提供应急通风用的新鲜空气,应采取措施排除烟雾或者由于火和烟在座舱内产生的气味。

(2) 在增压、非增压和减压期间应避免可能引起爆炸危险的气体浓度。在地面和飞行工作期间,座舱内的空气应满足如下的污染程度。

① 一氧化碳应低 $0.03g/m^3$;

② 二氧化碳应低于 0.5%的体积含量(海平面当量);少于 30min 允许不超过 3%的体积含量(海平面当量);

③ 一氧化氮应低 $0.005g/m^3$;

④ 燃油(汽油、煤油)蒸汽换算成碳应低于 $0.3g/m^3$;

⑤ 丁醇、戊醇、丙醇应低于 $0.1g/m^3$;

⑥ 乙二醇应低于 $0.3g/m^3$;

⑦ 苯应低于 $0.1g/m^3$;

⑧ 特灵抗震剂和二甲苯胺应低于 $0.005g/m^3$;

⑨ 铅及其化合物应低于 $0.001×10^{-3}g/m^3$;

⑩ 无特种添加剂的滑油和燃油的热分解产物(高温分解)应低于 $0.02g/m^3$;

⑪ 含有各种添加剂的滑油和燃油的紊热分解产物应低于 $0.01g/m^3$。

[引自 GJB 1193-1991 飞机环境控制系统通用规范]

4.1.3 座舱温度

1. 相关标准

座舱温度相关标准如表 4.3 所示。

表 4.3　座舱温度相关标准

标准编号	标准名称	对座舱温度的要求
MIL-E-18927E	Militrary Specification Environmental Control Systrms, Aircraft, General Requiremens for	该标准给出了表面温度、温度变化范围等具体要求，首次提出利用三球温度 WBGT 作为在热环境下的应激指数，规定了热环境下该值的变化范围，该标准重视人体热生理参数、舒适性标准和工作效能方面的研究，是飞机 ECS 的通用设计标准
MIL-STD-1472H	Human Engineering	该标准是 2020 年 9 月由 DoD 修订的人机工效方面的设计标准，主要用于军用和民用系统、子系统及设备通用的人机工效设计，给出了座舱温度、通风、空气调节、适度、温度均匀性、个人装备温度控制器、耐热性和舒适度、受限耐热区等具体要求，旨在整合人与系统之间的关系，优化系统性能，提高人的作业效率
GJB 2873-1997	军事装备和设施的人机工程设计准则	该标准给出了热舒适性、湿度、温度均匀度、加温和制冷等具体数值要求
GJB/Z 201-2001k	军事装备和设施的人机工程设计手册	该标准在 GJB 2873-1997 的基础上给出了有效温度范围、温度测量的方法(三球温度)和舒适区最佳温度的具体要求
GJB 1193-1991	飞机环境控制系统通用规范	该标准规定了飞机 ECS 的技术性能、设计标准和验证要求，标准给出了座舱压力、战斗机飞行中和地面座舱制冷加温、座舱温差、温度控制、表面温度、湿度控制及空气分配的具体数值要求，是飞机 ECS 设计和验证的依据
GJB 3815-1999	飞机气密舱设计要求	该标准规定了军用飞机气密舱的总体、结构、强度、刚度和环境控制的设计要求及试验要求。给出了基于人机工效学的基本原理，座舱压力、制冷和加温、温差、湿度及通风等座舱环境的具体要求，适用于基于人体生理要求的军用飞机的气密舱(包括有气密性要求的座舱、乘员舱和货舱等)
GJB 3101-1997	飞机加温和通风系统通用规范	该标准规定了军用飞机加温和通风系统的技术要求、试验方法和检验规则，给出了军用飞机不同外界温度飞行时的加温要求、温度差和隔热的基本要求、加温设备、温度控制装置以及设备的温度调节的相关要求
HB 7788-2020	飞机增压座舱温度控制系统通用规范	该规范规定了飞机增压座舱温度控制系统的通用技术要求、质量保证规定等，分别针对战斗机、轰炸机和运输机给出了座舱温度范围及精度、供气温度、表面温度、温度均匀度的具体要求，对座舱表面温度、控制稳定性、控制响应性也有相应要求，是军用飞机温度控制系统的主要设计依据

续表

标准编号	标准名称	对座舱温度的要求
GJB 1129-1991	军用飞机座舱温度评定的方法和生理学要求	该标准给出了座舱温度控制、座舱气流方向、座舱内风速、温差等方面的评定方法和生理学要求，适用于歼击机、强击机、轰炸机、运输机及教练机座舱 ECS 的生理学评价，是座舱 ECS 的设计、生产和试飞鉴定的依据

根据相关标准背景和内容分析，以上标准都直接给出了飞机座舱环境温度的相关要求，可以直接指导设计准则的制定。其中，GJB 1193-1991、HB 7788-2020 和 GJB 3101-1997 比较全面地给出了座舱温度要求的编制依据和详细参考数值，可作为不同标准要求间协调的依据。MIL-STD-1472H、GJB 2873-1997 和 GJB/Z 201-2001k 提供人机工效学设计标准，可作为准则调整的基础依据和参考。

2. 国内外研究成果

分析表明，可将人体视为一个通过对流、蒸发、辐射和导热而与环境相互传热的热交换器。人体靠食物的化学能来补偿因机体活动(做功)所消耗的能量，并将多余的能量以热的形式排出至体外，保持热平衡。

高温负荷可引起一系列生理变化：使汗腺活动增强并使体温上升；引起心输出量增加及皮肤血管扩张又使心率加快；由于心脏、呼吸肌和汗腺活动加强及体温升高引起的细胞代谢增强而使机体耗氧量增加；消化功能及神经中枢系统功能失调。如环境温度升高超过人体所能调节的能力，则出现体内热积。身体的热积速率通常与热负荷程度成正比，即环境温度越高，热积速率越快。当达到一定热积值时，人体会处于耐受状态。当热积为 127、203、305kJ/m^2 时，机体会分别处于Ⅰ、Ⅱ、Ⅲ度不适状态。当热积为 352kJ/m^2 时，人体即不能承受，故一般将此值视为"生理限值"。

人体遇到寒冷时，即出现一系列代偿性生理功能变化，如外围血管收缩、代谢增加等。皮肤血管收缩可使体表温度降至接近周围冷空气的水平，以缩小人体表面与环境间的温度梯度，使辐射、传导和对流换热作用降到最低程度。其次在冷暴露中，骨骼肌的活动水平增强，这是机体增加产热量的主要途径。人体变冷时，初期可发生局部寒颤，随着体温下降逐渐扩展成为全身性的反应。最强寒颤可产生 407~465W 的热量，使代谢水平提高到静止时的 5 倍。冷暴露时，心率、脉搏输出量、血压、呼吸频率和肺通气量等通常都有所增加和升高，以与人体代谢率升高相适应。低温使得人体散热量超过产热量，体热不能保持平衡，机体出现热债。人体对低温的耐受限度与机体的热债密切相关。当热债为 168kJ/m^2 时即感到不舒适、工作效率降低、主观上有不能耐受的感觉。热债为 335kJ/m^2 时，有严重的不舒适感觉，是人体所能耐受的最大热债。419kJ/m² 的热债是机体对低温耐受的临界指标。因此，座舱必须进行冷却，为空勤人员创造一个合适的热力环境，以防止或减少因热应激造成的工作效能的降低。

对于战斗机等小容积飞机，研究表明飞行员更喜欢冷却空气流经人体周围而且气流方向可人工控制的冷却系统。

对表面温度，过高或过低的表面温度不仅会带来飞行员的不舒适感和损伤，也会产生热辐射使飞行员感到不舒适。热辐射是影响飞行员舒适性的主要因素，尽管空气调节合适，但和热的或冷的壁面产生辐射热交换时，飞行员仍感到不适。研究表明，稳态时，这些表面不应超过 105°F[①]，因为高于 105°F 的表面温度开始显著地对人体产生辐射换热作用。对于典型的 30min 或更短时间的瞬态期间，要求可放宽到最高 160°F。

3. 标准对比分析

在座舱制冷和加温方面，GJB 1193-1991 飞机环境控制系统通用规范，从飞机座舱温度控制系统设计的角度，分别针对战斗机、运输机和预警机在飞行中和地面的工作状态，给出了制冷和加温的要求；GJB 3815-1999 飞机气密舱设计要求，也给出了座舱空气温度要求，且与 GJB 1193-1991 基本一致。其中，对于瞬态加温和制冷，GJB 3815-1999 要求"在短时间内(10min)，允许座舱温度达到 32℃(制冷时)或 10℃(加温时)"，而 GJB 1193-1991 对相同温度的极限时间是 30min。为保证飞行员工作的舒适性和工作效率，采用较为严格的标准作为飞机座舱制冷和加温设计准则。

在座舱温差方面，GJB 1129-1991 军用飞机座舱温度评定的方法和生理学要求，给出了座舱的垂直温差和水平温差要求；GJB 1193-1991 给出了飞行员周围温度的要求；GJB 3815-1999 给出了飞行员头脚、左右和前后的温差，相比于 GJB 1129-1991，更贴近飞行员体感，更适用于飞行员工效设计；GJB 3101-1997 飞机加温和通风系统通用规范给出了加温空间温度要求，但要求相对宽松。

在座舱温度控制方面，GJB 1193-1991 规定了正常工作和单点故障下的座舱温度要求，并规定了温度控制器和温度选择器的温差控制要求。HB 7788-2020 飞机增压座舱温度控制系统通用规范与 GJB 1193-1991 的要求基本一致，GJB 1193-1991 的要求更为详细和全面，故可以参考 GJB 1193-1991 的要求作为军用飞机座舱温度控制设计准则。

在座舱表面温度方面，GJB 1193-1991 和 HB 7788-2020 的要求完全一致，对接触表面和非接触表面的最高和最低温度进行了规定。可借鉴用于军用飞机座舱

---

① 摄氏度(C)与华氏度(F)的换算关系为：C=(F−32)÷1.8。

表面温度设计准则。

4. 设计准则

根据相关标准对比分析结论结合国内外研究成果综合分析，提出飞机座舱温度设计准则如下。

1) 座舱制冷和加温

(1) 飞行中制冷和加温。

对于战斗机，飞行中制冷和加温的要求为：

① 座舱空气调节系统应具有保持飞行员周围温度为 15~27℃，少于 10min 允许飞行员周围温度为 27~32℃；

② 座舱空气调节系统应具有保持飞行员周围温度为 15~27℃的加温能力。

对于运输机和预警机，座舱空气调节系统应具有保持客舱和驾驶舱平均温度为 24~27℃的制冷能力和 21~24℃的加温能力。

(2) 地面制冷和加温。

对于战斗机，地面制冷和加温要求为：

① 地面稳态制冷：机上或地面空调系统应具有保持飞行员周围温度为 29~35℃的制冷能力；

② 地面瞬态制冷：在海平面 38℃、座舱初始温度为 46℃的情况下，机上或地面空调系统应能于 30min 内使座舱平均温度由 46℃降至 35℃；

③ 地面稳态加温：机上或地面空调系统应能保持飞行员周围温度为 15~27℃；

④ 地面瞬态加温：在海平面–40℃、座舱初始温度为–32℃的情况下，机上或地面空调系统应能于 30min 内使座舱平均温度由–32℃升至 15℃。

对于运输机、预警机，地面制冷和加温要求为：

① 地面稳态制冷：当满载客和所有外部门窗全部关闭时，机上或地面空调系统应具有保持客舱和驾驶舱平均温度为 27℃的制冷能力；

② 地面瞬态制冷：在海平面 38℃、座舱初始温度为 38℃情况下，当无乘员且灯关闭时机上或地面空调系统应能于 30min 内使客舱和驾驶舱平均温度由 38℃降至 27℃；

③ 地面稳态加温：在 20%客载和所有外部门窗关闭的情况下，机上或地面空调系统应具有保持客舱和驾驶舱平均温度为 21℃的加温能力；

④ 地面瞬态加温：在无客载或其他内部热载荷及所有外部门窗全关闭时，在海平面–23℃以及座舱初始温度为–23℃的情况下，机上或地面空调系统应能于 30min 内使客舱和驾驶舱的平均温度由–23℃升至 21℃。

[参考 GJB 1193-1991 飞机环境控制系统通用规范和 GJB 3815-1999 飞机气密

舱设计要求综合制定]

2) 座舱温差

(1) 飞行员和乘员，其头部和脚部之间的温差不得超过 3℃，左右温差不得超过 2℃，前后温差不得超过 5℃。[引自 GJB 1193-1991 飞机环境控制系统通用规范]

(2) 飞行员周围任意点温度偏离"飞行员周围温度"不得超过±3℃。[引自 GJB 3815-1999 飞机气密舱设计要求]

3) 温度控制

每个座舱应具有手动操控的温度自动控制器。在正常工作状态下，从任一供气口进入座舱的空气温度不得超过 93℃；在任何单个故障时，从任一供气口进入座舱的空气温度不得超过 120~150℃，并能在 10s 内手动操控到正常工作范围内。温度控制器应自动保持"飞行员周围温度"或"座舱平均温度"在乘员所选定温度值的±2℃公差范围内，温度选择器的可调范围通常为 18~27℃。

[引自 GJB 1193-1991 飞机环境控制系统通用规范]

4) 表面温度

对于所有稳态飞行，应保持空勤人员经常接触的地板区域的表面温度不低于 4℃；应保持其余地板区域的表面温度不低于 0℃；参与乘员辐射热交换的所有表面温度应保持对人体舒适性无不利影响的水平，乘员能够接触到的所有表面温度不得超过 45℃。

[引自 GJB 1193-1991 飞机环境控制系统通用规范]

4.2 座舱声环境

4.2.1 相关标准

座舱声环境相关标准如表 4.4 所示。

表 4.4 座舱声环境相关标准

标准编号	标准名称	对座舱声环境的要求
MIL-STD-1472H	Human Engineering	该标准给出了不同工作场所的噪声限值、设备和系统噪声、听力保护最小衰减值、有害性噪声和无害性噪声、说话者之间的距离等具体要求
GJB 2873-1997	军事装备和设施的人机工程设计准则	该标准给出了不同工作场所的噪声限值、设备和系统噪声、有害性噪声和无害性噪声、说话者之间的距离等具体数值要求
GJB/Z 201-2001k	军事装备和设施的人机工程设计手册	该标准对座舱声环境方面的要求与 GJB 2873-1997 完全一致，没有额外的补充

续表

标准编号	标准名称	对座舱声环境的要求
GJB 50A-2011	军事作业噪声容许限值及测量	该标准规定了军事作业噪声容许限值及测量方法，适用于军事作业环境中噪声的听力保护要求，也适用于军事作业中稳态噪声及非稳态噪声的测量
GJB 565A-2009	歼(强)击机座舱噪声限值	该标准规定了歼(强)击机座舱噪声限值、保护头盔声衰减值、DRT得分要求和地勤人员的听力防护要求，以及座舱噪声测量、保护头盔衰减值测试和DRT的要求，适用于歼击机、强击机、歼击轰炸机及其同型教练机座舱噪声控制设计、保护头盔、氧气面罩的研制及定型鉴定
GJB 1357-1992	飞机内噪声级	该标准规定了各种军用飞机(含直升机)的驾驶舱(座舱)、乘员舱、特种设备操作舱等机上人员舱内的最大容许噪声级，给出了噪声暴露极限、DRT的具体数值要求和噪声测量的相关要求，附录给出了日暴露允许时间和语言干扰级标准，该标准适用于评价各种飞机内噪声对机上人员安全和通信的影响
GJB 2782-1996	军用飞机听觉告警系统汉语语音工学要求	该标准规定了军用飞机听觉告警系统汉语话音的语声、结构参数、适宜音量等工效学要求
JSSG 2010	乘员系统	该标准中的JSSG 2010-10氧气系统手册在附录中给出了人耳正常听力范围、噪声对人体的影响、声压的计量方法、不同位置上飞行器所能产生噪声范围，该标准可作为采取噪声保护措施的生理学依据

根据相关标准背景和内容分析，初步确定MIL-STD-1472H、GJB 2873-1997、GJB/Z 201-2001k、GJB 50A-2011、GJB 565A-2009和GJB 1357-1992都给出了飞机座舱声环境的相关要求，可以直接指导设计准则的制定。其中，GJB 565A-2009和MIL-STD-1472H比较全面地给出了座舱声环境要求的编制依据和详细参考数值，可作为不同标准要求间协调的依据。GJB 1357-1992和GJB 50A-2011是设计飞机和座舱设施、评价其性能和采取噪声控制措施的依据。GJB 2782-1996和JSSG 2010可作为准则要求具体数据调整的基础依据和参考。

4.2.2 国内外研究成果

强噪声对人的听觉的损害是一个积累过程。每次强噪声只引起短时间的听力损失，但若经常发生短时间的听力损失，就会导致永久性的听觉丧失，称为噪声聋。

在噪声作用下，人的听觉敏感性降低而变得迟钝，表现为听阈提高，当离开噪声环境几分钟后又可恢复，这种现象称为听觉适应。听觉适应有一定的限度，在强噪声长期作用下，听力减弱，听觉敏感进一步降低，听阈提高 15dB 以上，离开噪声后需要较长时间才能恢复，这种现象叫做听觉疲劳，属于病理前状态。长期在噪声环境下工作产生的听觉疲劳不能及时恢复，出现永久性听阈位移并超过一定限度时，将导致噪声性耳聋。听觉器官遭受巨大声压而伴有强烈的冲击波作用时，鼓膜内外产生较大的压差，导致鼓膜破裂，双耳完全失听。听力丧失过程与频率有关，在一般情况下，人先丧失对 4000Hz 以上声音成分的听力，然后才逐渐丧失对低频声音的听力。受到损害的人一般要等出现对低频声音的听力丧失，才会察觉到听觉困难。

噪声强度达到 70dB 以上时，人的自律神经系统开始作出反应。为了抑制这些反应以保持体内平衡使人产生不快感，此时人体内脏机能的变化还非常小；但已会使人注意力分散、思维能力降低、动作的敏捷性减退、作业效率降低。噪声强度超过 90dB 及长时间受其影响下，将会使机体遭受更严重的损伤。即使噪声没被意识到也会发生影响，例如，噪声会影响人的睡眠质量和数量。噪声会使人多梦、熟睡时间缩短、睡眠质量不高，导致体力恢复不足，降低人的作业效能，甚至健康。

噪声对人的情绪影响很大，这种情绪引起强烈的心理作用，其主要表现是烦恼、焦急、讨厌、生气等各种不愉快的情绪。烦恼是一种情绪表现，它与噪声级相关。噪声越强，引起烦恼的可能性就越大。但不同地区的环境噪声使居民引起烦恼的反应是不同的，在住宅区，60dB 的噪声级即可引起相当多的申诉，但在工厂区，噪声级可能要高一些。此外，高调噪声比响度相等的低调噪声更为恼人。间断、脉冲和连续的混合噪声会使人产生较大的烦恼情绪，脉冲噪声比连续噪声的影响更大，且响度越大影响越大。

在一定条件下，噪声可降低人的工作效率，但噪声对工效的影响，目前还不能定量描述。许多研究表明，噪声对工效的影响，与噪声特性及工作的性质有关。90dB(A)以上的噪声作用下，可使人的工作效率降低，尤其频率在 2000Hz 以上不规律出现的噪声对工效的影响，比低频、稳态、规律出现的噪声影响要大。较简单的工作，即使是 100dB(A)噪声也不会出现明显的影响。但对于复杂的智力活动和要求注意力高度集中，以及需要记忆、辨别和精细操作的作业，即使 70~80dB(A)的声压级也可产生有害的影响。警戒监视、反应时间和心算等能力与飞行工作密切相关，实验证明，90dB(A)以上噪声可使受试者反应时间延长，信号脱漏及差错增多，可见一定强度的噪声对飞行员工作效率的影响不容忽视。

4.2.3 标准对比分析

座舱噪声指飞行员不需要的声音。飞机座舱噪声对飞行员的影响包括听力损伤、工效降低和通信困难。对座舱声环境进行控制可以保护飞行员听力，防止慢性疲劳，提高通讯质量。

GJB 2873-1997 军事装备和设施的人机工程设计准则与 MIL-STD-1472H Human Engineering 针对歼击机的工作场所声学环境进行了要求；GJB 565A-2009 歼(强)击机座舱噪声限值，规定了噪声限值、保护头盔声衰减值和 DRT 得分要求，保证歼(强)击机飞行员特殊工作条件和工作状态下的听力及通信质量。

4.2.4 设计准则

根据相关标准对比分析结论结合国内外研究成果综合分析，提出飞机座舱声环境设计准则如下。

1. 一般要求

飞机座舱应当为飞行员提供理想的声学环境，这个环境不会造成飞行员的听力损伤，不会对声音或其他任何类型的通信或报警产生干扰。不导致疲劳，不以任何方式降低整个系统的工作效率。对会产生噪声的组件应配置可控制的设备。

[引自 GJB 2873-1997 军事装备和设施的人机工程设计准则]

2. 座舱噪声限值

飞机地面试车(座舱盖关闭密封)时，在最大工作状态下，座舱内噪声级应不超过 115dB(A)，其噪声容许限值应不超过表 4.5 的规定。如果座舱内噪声含有纯音或窄带噪声，其相应倍频带噪声限值降低 5dB(A)。(飞机座舱噪声测量应按 GJB 50A 的规定执行)

表 4.5 噪声暴露不同时间容许限值

每日连续暴露时间/h	容许声级/dB(A)
8	95
4	94
2	100
1	98
1/2	103
1/4	102
1/8	96
1/16	95
1/32	91

3. 保护头盔声衰减值

保护头盔的声衰减均值应不低于 25dB，倍频带声衰减值应不低于表 4.6 的规定。(保护头盔声衰减值测试应按 GJB 4286 的规定执行)

表 4.6　保护头盔倍频带声衰减值

倍频带中心频率/Hz	声衰减值/dB
125	9
250	10
500	21
1000	25
2000	32
4000	37
8000	41

4. DRT 得分要求

在第 2 条规定的座舱内噪声背景下，使用保护头盔和氧气面罩进行通信时，DRT 的最低得分应不小于 75%。(DRT 应按 GB/T 13504 的规定执行)

[准则 2、3、4 引自 GJB 565A-2009 歼(强)击机座舱噪声限值]

4.3　座舱光环境

座舱光环境直接影响飞行员的信息获取和工效，太强或太弱的照明都会引起视觉功能的下降。座舱内部颜色直接影响信息的显示和飞行员心理感受。对飞机座舱照明和颜色等光环境设计进行规范，为飞机座舱控制器、显示器及指示器提供合理的光环境是极为重要的。

4.3.1　照明

1. 相关标准

座舱照明相关标准如表 4.7 所示。

表 4.7　座舱照明相关标准

标准编号	标准名称	对座舱照明的要求
MIL-STD-1472H	Human Engineering	该标准给出了特种作业照度水平、显示器照明(包括标记亮度、亮度调节和照明颜色)、对比度、眩光、暗适应和漫反射等具体要求

续表

标准编号	标准名称	对座舱照明的要求
GJB 2873-1997	军事装备和设施的人机工程设计准则	该标准给出了特种作业照度水平、显示器照明(包括标记亮度、亮度调节和照明颜色)、应急照明等具体数值要求
GJB/Z 201-2001k	军事装备和设施的人机工程设计手册	该标准在 GJB 2873-1997 基础上增加了照明的亮度比、眩光、漫反射和暗适应等具体要求
JSSG 2010-5	乘员系统照明手册	该标准提供了对研制要求的指导及内外照明设备的验证,包含了与Ⅰ型、Ⅱ型和 A 类、B 类 NVIS 兼容的机内照明的特殊要求,包括照明颜色、亮度、均匀度、眩光和反射光等具体数值要求,该标准可作为座舱照明的重要指导依据
GJB 455-1988	飞机座舱照明基本技术要求及测试方法	该标准规定了飞机座舱照明的基本技术要求及其测量试验方法和检验项目,包括对座舱照明的颜色、亮度、均匀度的具体数值要求以及标记、背景表面的漫反射系数、标记与背景之间的对比度、仪表照明散射光的基本要求,该标准提出的座舱照明基本技术要求比较全面合理,对保障飞行员的视觉舒适性和工效具有实用性
HB 5520-1980	飞机座舱红光照明基本技术要求	该标准用于评价飞机座舱的红光照明,规定了飞机仪表操纵台、配电盘、控制面板和照明设备的红光照明的颜色、亮度、均匀度、仪表红光照明的散射光和亮度比的基本技术要求
HB 5885-2020	飞机座舱白光照明基本技术要求	该标准用于检查飞机座舱白光照明及有关产品的照明质量,规定了白光照明座舱内仪表的内部、外部照明,操纵台、配电盘、控制盒面板的导光板照明、泛光照明的光色、亮度、均匀度、对比度和仪表的散射光的基本技术要求
HB 7650-1999	歼击机座舱眩光基本技术要求及测试方法	该标准给出了座舱盖眩光的允许值、座舱盖眩光预防和减少、协调性的基本技术要求及座舱眩光的测试方法
GJB 1394-1992	与夜视成像系统兼容的飞机内部照明	该标准规定了与 NVIS 兼容的飞机内部照明的性能、布局、检验要求及测试方法,包括照明亮度、色度、显示器在强光环境下的对比度、亮度均匀度、反射光的具体要求,附录给出了 NVIS 照明颜色范围,适用于使用 NVIS 的驾驶舱中的所有照明系统、照明子系统及照明装置
GJB 2020A-2012	飞机内部和外部照明通用规范	该标准规定了飞机内部和外部照明设备的通用要求、质量保证规定等,包括驾驶舱照明中所有仪表、仪表板等表面涂层颜色、内(外)部照明漫反射系数、照明亮度、色度、眩光及照明均匀度的具体要求,可作为座舱照明的主要参考依据

续表

标准编号	标准名称	对座舱照明的要求
GJB 2024-1994	飞机座舱灯光告警设备通用规范	该标准给出了飞机座舱灯光告警设备的要求和质量保证规定，给出了颜色、亮度、对比度、闪烁率的要求和测试方法
GB/T 12454-2017	光环境评价方法	该标准规定了光环境质量评价的基本要求、评价指标、评价方法和步骤，适用于民用和工业建筑及室外作业场地、道路、夜景照明等室内外光环境的质量评价

根据对相关标准的内容和背景的研究，以上标准都直接给出了座舱照明的相关要求，可以直接指导设计准则的制定。JSSG 2010-5、GJB 455-1988 和 GJB 2020A-2012 对座舱照明各款要求都比较全面具体，可作为其他不同标准要求间协调的依据。HB 5520-1980、HB 5885-2020、HB 7650-1999、GJB 1394-1992 和 GJB 2024-1994 都是有所针对性的照明标准，相关方面可作重点参考。MIL-STD-1472H、GJB 2873-1997 和 GJB/Z 201-2001k 提供人机工效学设计标准，可作为准则调整的基础依据和参考。GB/T 12454-2017 可用于检测座舱照明质量是否满足人体视觉要求。

2. 国内外研究成果

飞机驾驶舱所处的光环境照度变化范围非常宽，从漆黑的夜间到夏天正午的阳光直射，甚至到强探照灯和原子弹爆炸所引起的超强闪光，其跨度可达 10～12 个数量级。驾驶舱空间狭小，设备排列紧凑，在相同的舱外光照下，舱内不同部位照度也会相差 300～800 倍[30]。而飞行员交替观察舱内外情况的周期一般是几秒甚至一秒以内，在一个不合理的照明环境下，眼睛适应如此宽的光照度变化范围需要几分钟甚至更长的时间[31]。除此之外，驾驶舱照明还面临着以下矛盾：舱内观察和舱外观察要求不同之间的矛盾；舱内不同部位和不同显示器件对观察要求不同之间的矛盾；不同的生理心理功能对光环境提出的不同要求之间的矛盾。因此，选择、设计合理的照明系统和光环境，给飞行员创造良好、舒适的工作条件与环境，使其视觉疲劳减少至最低程度，保证飞行员视觉功能充分发挥，是保证飞机全天候飞行的必要条件，是驾驶舱光环境设计的根本任务。驾驶舱光环境向来都是影响飞行员绩效和飞行安全的重大问题，而这一问题近年来又随着航空技术的发展和显示、照明设备的更新而日益凸显。

合适的照明，能提高近视力和远视力。因为在亮光下，瞳孔缩小，视网膜上成像更为清晰，视物清楚。当照明不良时，因反复努力辨认，易使视觉疲劳，工作不能持久。眼睛疲劳的症状包括：①眼球干涩；②怕光；③眼痛；④视力模糊；⑤眼充血；⑥分泌出眼屎；⑦流泪等。视觉疲劳还会引起视力下降、眼球发胀、头痛以及其他疾病而影响健康,并会引起工作失误或造成工伤。提高照度,改善照明,对减少视觉疲劳,提高工作效率有很大影响。适当的照明可以提高工作的速度和精确度,从而提高飞行员工作效率,减少差错。舒适的光线条件,不仅对体力劳动,而且对要求紧张的记忆、逻辑思维的脑力劳动,都有助于提高工作效率。实验表明,当一个人闭目思考时,他的思考能力会有所下降。

某些依赖于视觉的工作,对照明提出的要求则更为严格。增加照明并非总是与劳动生产率的增长相联系。照明提高到一定限度,可能引起目眩,从而对工作效率产生消极影响。研究表明,随着照明增加到临界水平,工作效率便迅速得到提高;在临界水平上,工作效率平稳;超过这个水平,增加照明度对工作效率变化很小,或根本无所改善,或反而下降。图 4.1 为不同的被试人员对各种照度的满意程度,图中粗线为平均值。由图示可知,2000lx 是较理想的照度,当照度提高到 5000lx 时,因过分明亮导致满意程度下降。

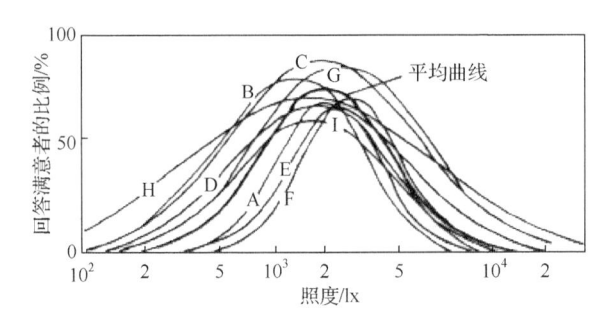

图 4.1 被试人员对各种光照度的满意度

20 世纪 40 年代以后,飞机驾驶舱照明由荧光照明系统发展为以红光为主导的照明系统,并逐步发展成为飞机驾驶舱的标准照明。许多研究表明,红光照明最有利于人保持眼睛适应。红光照明可由白炽灯和红光滤光片组成,以消除阴影和眩光。美国海军采用红光,美国空军采用一种特殊的白光,即普通白炽灯加蓝色滤光片。商用飞机多采用无滤光片的白光。三叉戟和子爵号飞机则采用红光和白光两套照明制度。低空高速飞行器一般采用平视仪,其驾驶舱宜采用双重照明系统。随着新技术的应用,航空显示器、控制器和指示器的照明也日益合理和完善。

当人的视野中出现极强的亮度对比时,由光源直射或由光滑表面反射出的强烈光线,称为眩光。眩光可使人眼感到不舒服,使可见度下降,引起注意力分散,影响视觉辨认,不利于航空飞行安全。引起眩光的物理因素主要有:周围的环境较暗,光源表面或灯光反射面的亮度高;光源距视线太近;光源位于视轴上下左右 30°范围内,在视野范围内,光源面积大、数目多;工作物光滑表面(如电镀、抛光、有光漆的表面)的反射光;强光源(如太阳光)直射照射,亮度对比度过大等。

驾驶舱内发光体多,反光面也多,飞行中可能受到舱外各种强光照射,成为失能眩光,甚至失明眩光,为防止舱外光成为失能眩光甚至失明眩光(太阳直射、探照灯),应采取措施加以防护。眩光一般分为不舒适眩光、失能和失明眩光。其中,不舒适眩光是指引起不舒适感,但不一定降低视觉功效或可见度的眩光。眩光引起不适的过程与暴露于明亮光源的瞳孔收缩有关。舒适与不舒适的界限(Borderline between Comfort and Discomfort,BCD)用作公制单位来度量由不适光源产生的不适程度或由不同人对强光的敏感度。BCD 是指刚能使人感受到不适的强光源的亮度值。BCD 越高,光源越不耀眼或人对强光的敏感度越小。背景亮度越高,BCD 越高,产生的不适感越少。不过,背景亮度、光源和视线角三因素合计只占确定 BCD 的变量因素的 28%,观察者的差异就占 55%。不舒适度随着年龄的增加而增加。年长的被调查者更容易对大部分水平的强光感觉不适。但对不舒适眩光的敏感度与年龄之间并未发现明显关系。直接干扰了能见性并最终干扰了视觉性的强光是失能眩光。

3. 标准对比分析

飞机座舱视觉工效直接依赖于照明。照明不足可引起视觉功能下降,照明太强(如眩光)或照明使用不当也会引起飞行员工效和舒适度的下降。合理的座舱照明可以使飞行员快速有效地获取信息,为飞行员完成飞行作战任务提供有效的支持。

4. 设计准则

根据相关标准对比分析结论结合国内外研究成果综合分析,提出飞机座舱照明设计准则如下。

1) 座舱照明颜色

当照明供电符合 GJB 455-1988 规定时,各类座舱照明颜色按表 4.8 要求。

表 4.8 座舱照明颜色要求

座舱照明颜色	CIE1931 色度坐标
红光	$y \leqslant 0.306$,$z \leqslant 0.001$
白光	$0.540 > x > 0.48$,$|y - y_0| < 0.010$
蓝白光	$0.460 > x > 0.420$,$0.425 > y > 0.385$

2) 座舱照明亮度

(1) 仪表照明。

① 表内照明。

当照明供电符合 GJB 455-1988 规定时,表内照明仪表的标记亮度按表 4.9 要求。

表 4.9　表内照明仪表的标记亮度

项目	亮度值/(cd/m²)
刻度线、数字、字母等一般标记的亮度	1.7～5.1(平均值)
指针、基准线、指令杆、小飞机标志等重要标记的亮度	2.4～5.8(平均值)
标记亮度最大值	6.0
标记亮度最小值	1.5

② 表外照明。

当照明供电符合 GJB 455-1988 规定时，表外照明仪表(包括导光板照明的仪表，以下同)的标记亮度根据照明颜色不同按表 4.10 要求。

表 4.10　表外照明仪表标记亮度

座舱照明颜色	标记亮度最大值/(cd/m²)	标记亮度最小值/(cd/m²)
红光	3.5	0.7
白光	7.5	1.5
蓝白光		

(2) 导光板照明。

① 白炽灯导光板。

以白炽灯为光源的导光板分为灯泡埋入式和灯泡可更换式两种。当照明供电符合 GJB 455-1988 规定时，这两种导光板的标记亮度，根据照明颜色不同按表 4.11 要求。

表 4.11　白炽灯导光板标记亮度

座舱照明颜色	灯泡埋入式/(cd/m²)	灯泡可更换式/(cd/m²)
红光	1.5～6.0	0.7～3.5
白光		1.0～5.0
蓝白光		

② 场致发光导光板。

以场致发光器件为面光源的导光板，当照明供电符合 GJB 455-1988 规定时，其标记亮度为：1.7～5.1 cd/m²。

3) 座舱照明均匀度

座舱照明均匀度用仪表照明均匀度、导光板照明均匀度、仪表板照明均匀度表征。

(1) 仪表照明均匀度。

表内照明仪表均匀度不超过 4∶1，表外照明仪表均匀度不超过 5∶1。

(2) 导光板照明均匀度。

灯泡埋入式导光板均匀度不超过 4∶1，灯泡可更换式导光板均匀度不超过 5∶1；场致发光导光板均匀度不超过 3∶1。

(3) 仪表板照明均匀度。

仪表全部采用表内照明时，仪表板照明均匀度不超过 3∶1，仪表采用表外照明时，仪表板照明均匀度不超过 5∶1，仪表采用混合照明(既有表内的，又有表外的)时，仪表板照明均匀度不超过 5∶1。

4) 漫反射系数

座舱内主要颜色(白色和黑色)标记和主要颜色背景(灰色和黑色)表面的漫反射系数按表 4.12 要求。

表 4.12 表面漫反射系数

标记、背景表面的颜色	漫反射系数
白色标记	⩾0.75
黑色标记或背景	⩽0.05
仪表用灰色背景	⩾0.30
导光板用灰色背景	⩽0.35

5) 亮度对比度

不同组合的颜色标记和背景之间的对比度应不小于表 4.13 规定值。

表 4.13 标记和背景之间对比度

标记颜色	背景颜色	对比度 C	注
白色	黑色	12	
黑色	灰色	5	用于仪表
白色	灰色	7	用于导光板

[准则 1)~5)引自 GJB 455-1988 飞机座舱照明基本技术要求及测试方法]

6) 眩光

(1) 座舱盖眩光的允许值。

在仪表板主照明状态可调范围内,座舱盖眩光最大允许值为 $0.7cd/m^2$。

(2) 座舱盖眩光预防和减少。

采用相应的眩光预防和减少措施时,不应影响飞行操作和飞行安全。

① 散射光。

仪表照明散射光,向上按 GJB 455-1988 要求,向右、向左散射光应尽可能减少。

(a) 仪表玻璃镀膜:仪表玻璃应镀氟化镁等增透膜;

(b) 灯泡位置:采用灯光照明的仪表,应合理布置灯泡的位置或采取适当措施,尽量减少散射光;

(c) 仪表照明方式:在仪表结构条件允许的情况下,尽量采用透射式照明方式;

(d) 仪表板倾角:在允许的情况下,主仪表板应有一定的倾角,通常仪表板的倾角为 10°~15°。

② 遮光罩。

(a) 仪表板整体遮光罩:沿着仪表板的上沿,应加遮光罩,用于遮挡仪表板板面发光设备向上、向左、向右的散射光。遮光罩凸出尺寸,在允许的情况下应尽可能宽。

(b) 仪表板局部遮光罩:当超过主仪表板上沿布置的显示器、信号装置、仪表等,可在这些设备边缘局部加遮光罩。遮光罩可以是固定式或推拉式的。

(c) 单个仪表或显示器的遮光罩:根据需要可设单个仪表、显示器或信号装置的遮光罩。

(3) 协调性:仪表板上的遮光罩尺寸与仪表板倾角应协调,不应影响仪表板上所有的仪表、显示器和信号装置的判读。

(4) 可采用能预防和减少座舱盖眩光的其他措施。

[引自 HB 7650-1999 歼击机座舱眩光基本技术要求及测试方法]

4.3.2 颜色

1. 相关标准

座舱颜色相关标准如表 4.14 所示。

表 4.14　座舱颜色相关标准

标准编号	标准名称	对座舱颜色的要求
MIL-STD-1472H	Human Engineering	该标准给出了编码颜色(不同颜色的波长值及其在不同装置上所代表的意义)、控制台、仪表板等表面颜色的具体要求
GJB 2873-1997	军事装备和设施的人机工程设计准则	该标准给出了表面颜色选择、显示器照明颜色等一般要求
GJB/Z 201-2001k	军事装备和设施的人机工程设计手册	该标准在 GJB 2873-1997 基础上增加了控制器及设备的颜色编码、照明颜色等具体要求
GJB 1192-1991	军用飞机内部颜色要求	该标准规定了军用飞机各舱的内部颜色和识别标记，给出了驾驶舱的配色方案选择原则以及军机驾驶舱仪表板、操纵台、驾驶杆、脚蹬、地板和座椅等结构和设备的具体颜色要求，该标准可作为座舱内部颜色设计的主要参考依据
GJB 1394-1992	与夜视成像系统兼容的飞机内部照明	该标准规定了与 NVIS 兼容的飞机内部照明的性能、布局、检验要求及测试方法，给出了仪表、显示器、操纵台及辅助照明子系统的照明色度、NVIS 照明颜色范围
GJB 2020A-2012	飞机内部和外部照明通用规范	该标准给出了飞机内部和外部照明设备的通用要求、质量保证规定等，以及仪表、仪表板、操纵台、控制板和导光板的表面涂层颜色要求(包括标志、字符和背景底色)和照明色度的具体要求
JSSG 2010-5	乘员系统照明手册	该标准给出了乘员舱信号颜色编码标准、座舱照明颜色的一般要求及照明色度的数值指导，可作为座舱照明颜色设计的指导标准

根据相关标准背景和内容分析，以上标准直接给出了飞机座舱颜色相关要求。其中，GJB 1192-1991 规定了飞机座舱内部颜色和识别标记的基本原则和具体要求，可作为座舱内部颜色设计准则的主要参考依据。其他标准(MIL-STD-1472H、GJB 2873-1997、GJB/Z 201-2001k、GJB 1394-1992、GJB 2020A-2012、JSSG 2010-5)都只是给出了照明颜色和颜色编码的相关要求，可作为座舱照明颜色设计的指导标准。

2. 国内外研究成果

环境的色彩变化和刺激有助于飞行员保持心理平衡以及正常的知觉和意识，

好的色彩设计让飞行员心情愉快，视觉良好，有利于提高工作效率。若色彩不恰当，则可能引起飞行员的视觉疲劳、心理上的反感、压抑，从而降低工作效率。

色彩在知觉的不同水平上具有各种心理语义，如色彩的温度感、轻重感、硬度感、胀缩感、远近感、情绪感，同时还与温度、空间、时间、光环境等因素相关，因此可以适当通过调节色彩来改善工作环境。

1) 色彩的组成要素

色彩体系中使用最广泛也最具代表性的就是孟塞尔颜色体系(Munsell Color System)，该体系是孟塞尔于人眼的视觉规律以及设计师的设计思维、习惯构建的表达色彩的体系，后来经过美国光学协会(The Optical Society of America，OSA)修订完善后成为了色彩设计以及色彩相关行业的执行标准。

孟塞尔颜色体系，也称为 HVC 模型，是一种基于人类视觉感知构建的色彩表示系统。它主要包括三个维度：色相(Hue)、明度(Value)和彩度(Chroma)。

(1) 色相：所谓色相就是指人们日常所说的红、橙、黄、绿、青、蓝、紫等；

(2) 明度：所谓明度是指色彩所表现的明暗程度；

(3) 彩度：所谓彩度是指色彩的锐利程度，其对应于色度学中的纯度或者饱和度。

孟塞尔颜色体系是一个色立体形象的表示：其中纵轴表示明度，圆周方向表示色调，半径方向表示彩度，中心轴上从下到上是按照理想黑色到理想白色排列的，如图 4.2 所示。

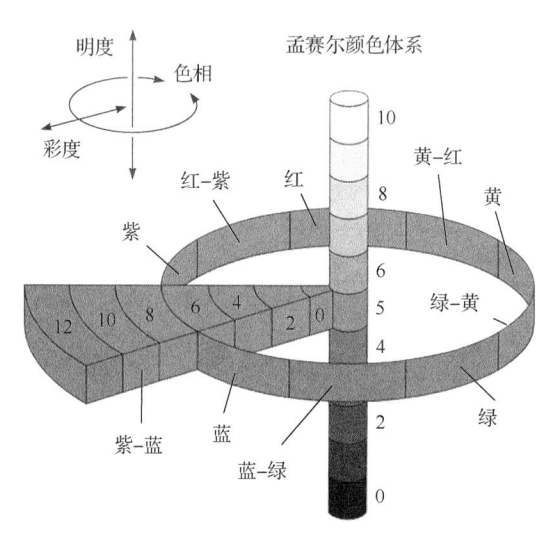

图 4.2 孟塞尔颜色体系示意图

中国颜色体系(GB/T 15608)的制定是在借鉴美国孟塞尔颜色体系、瑞典自然颜色体系(Natural Color System，NCS)及德国工业颜色标准(Deutsches Institut für

Normung，DIN)等，并将颜色以色调(色相)、明度、彩度表示。

中国颜色体系中不同空间颜色排列是依据颜色的三属性即色调、明度和彩度来排列和标定，如图4.3所示。

色调(色相)：表示红、黄、绿、蓝、紫等颜色的特性；

明度：表示物体表面颜色明亮程度的视知觉特征值，以绝对白色和绝对黑色为基准予以分度；

彩度：用以表现物体表面颜色浓淡。

2) 色彩的影响

(1) 色彩的生理影响。

色彩主要从视觉工作能力和视觉疲劳、人体机能和身体生理过程影响着生理。

① 对视觉工作能力和视觉疲劳的影响。

在颜色视觉中，根据颜色的三种特性中

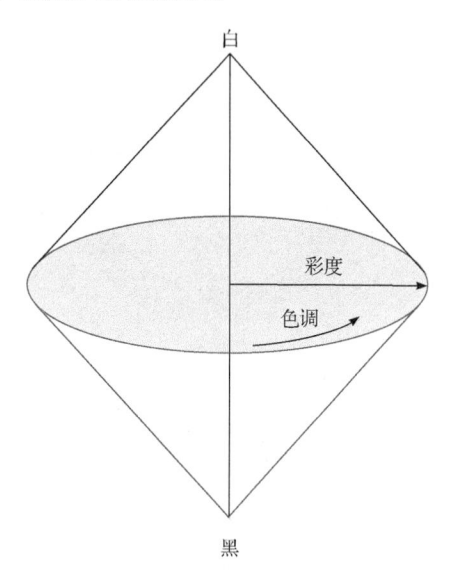

图4.3 中国颜色体系示意图

的一种或几种差别来辨识物体。当物体具有很好的颜色对比时，即使物体的亮度和亮度对比并不很大也会产生较好的视觉辨识条件，使眼睛不易疲劳。

由于人眼对明度和饱和度的分辨率较差，因此在色彩对比时，一般以色调对比为主。各种色调中，蓝、紫色最易引起视觉疲劳，其次是红、橙色。黄绿、绿、蓝绿、淡青等色引起眼睛视觉疲劳最小。

由于视觉存在游移性，在视线转移过程中，明度差异过大，人眼则要进行明暗适应与调节，引起视觉疲劳。

眼睛对于不同颜色光具有不同的敏感性，不同颜色光辨读性不一样。

② 对人体机能和生理过程的影响。

颜色除对视觉生理有很大影响外，也对人体其他生理过程产生影响。如内分泌系统、血液循环系统和血压的变化。例如，红色会使人各种器官的机能兴奋与不稳定，血压增高、脉搏加快；蓝色使人各种器官的机能稳定，降低血压及减缓脉搏。

(2) 色彩的心理影响。

色彩从温度感、距离感、重量感、硬度感、强度感影响着心理，具体心理影响如下所示。

① 色相对色彩的冷暖的影响。

如图4.4暖色系和冷色系示意图所示，橙色感觉最温暖，以它为中心的半个色环的色彩都不同程度地带有温暖感,故称为暖色或者热色(Warm Color);青色感觉最冷,以它为中心的半个色环的色彩都带有寒冷感,称为冷色或者寒色(Cold Color)。介于中间的颜色则称为中间色。在暖色系中越接近橙色的色彩就越暖,在冷色系中越接近青色的色彩就越冷。

② 彩度对色彩冷暖的影响。

彩度对冷暖感觉的表现为:当彩度降低时,所有色彩最终都将变为中间偏冷,如图4.5所示。

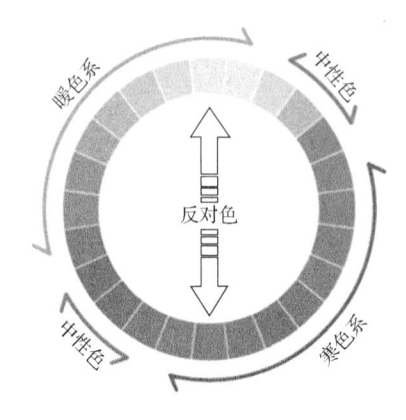

图4.4 暖色系和冷色系示意图

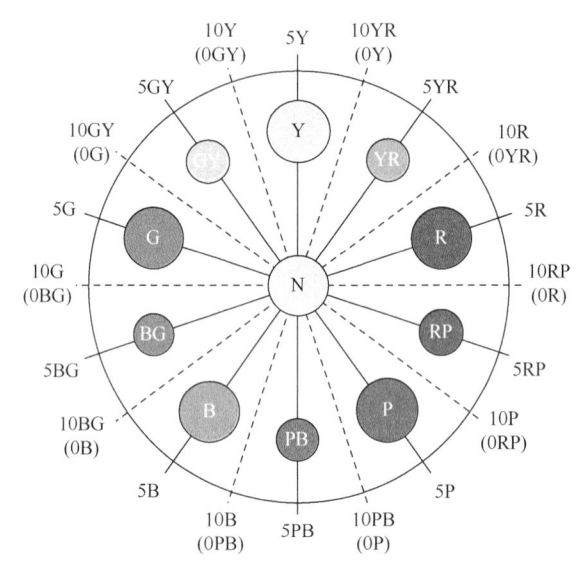

图4.5 彩度对色彩冷暖的影响

③ 明度对色彩冷暖的影响。

明度对冷暖感的影响表现为:暖色的中明色为最暖,当明度升高或者降低时,都将变冷,如图4.6所示。

④ 色彩冷暖对心理、生理的影响。

暖色使人在心理上出现明显的兴奋与积极进取的情绪,冷色会使人在心理上明显地出现压抑与消极退缩的情绪。与此同时这种温度感甚至还与真实的温度刺激一样,产生类似的生理反应。

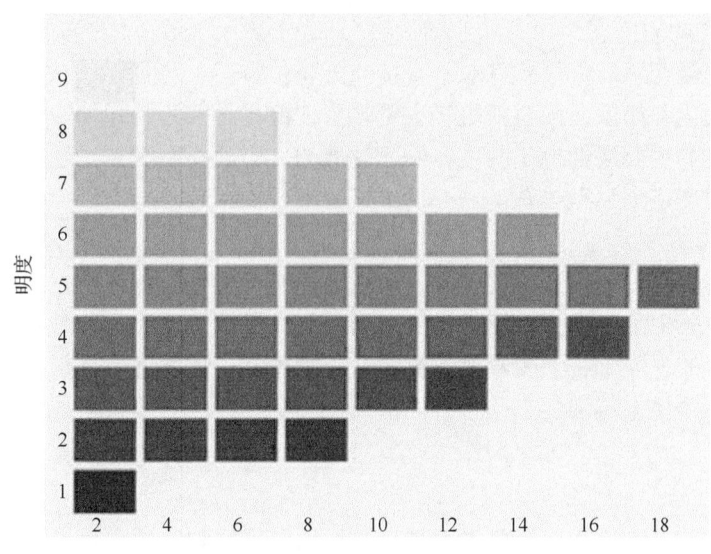

图 4.6 明度对色彩冷暖的影响

3) 色彩的距离感

在三属性中对色彩距离感影响最大的是色调(色相)，其次是明度。

(1) 色调(色相)的影响：越显得暖的色彩就越显得近，越显得冷的色彩越显得远。

(2) 明度的影响：明度越高越显得近，明度越低越显得远。

(3) 彩度的影响：彩度低的显得远，彩度高的显得近。

4) 色彩的重量感

在形成色觉的同时，还因色彩属性的不同，会形成不同的重量感。使得一些色彩显得重，一些色彩显得轻。对重量感起到决定作用的是明度，即只要在一个明度等级上，不论彩度、色调(色相)如何，它们的心理重量感基本相同。当明度越低，心理重量则显得越重，当明度越高，心理重量则显得越轻。表 4.15 为一些物体重量感与明度、色感的关系。

表 4.15 一些物体重量感与明度、色感的关系

物体	明度范围	重量感	色感	色彩样态
铁	2~3	又笨又重	乌黑	亮且有光泽
砖石	4~5	重，但不如铁	暗灰色	无明显纹理
木材	6~8	轻且可浮于水面	温暖的明灰色	有稍微的纹理
棉花或雪片	9~10	轻，能飞	白	柔和的表面色

5) 色彩的硬度感

色彩的硬度感与重量感有非常直接的关联，如表 4.15 所示，铁最硬，重不如铁的砖石硬也不如铁，木材就更轻也更软了，棉花与雪片则轻如鸿毛。所以影响色彩硬度感的主要属性也是明度，明度越低的，心理硬度则显得越硬，明度越高的，心理硬度感则显得越软。

6) 色彩的强度感

色彩的强度感有两方面的含义：一指结实或者强有力的程度；二指兴奋与艳丽的程度。其中前者是强度感的主要方面，与重量感接近，后者是强度感的次要方面。色彩的强度感主要受彩度的影响，彩度越低，强度感就显得越弱，彩度越高，强度感就显得越强。

3. 设计要求分析

GJB 1192-1991 军用飞机内部颜色要求给出了驾驶舱的配色方案选择原则，规定了军机驾驶舱仪表板、操纵台、驾驶杆、脚蹬、地板和座椅等结构和设备的具体颜色要求。

4. 设计准则

根据设计要求分析结论结合国内外研究成果综合分析，提出飞机座舱颜色设计准则如下。

1) 基本原则

(1) 飞行员和其他空勤人员目视观察的部位不应具有反光和耀眼的颜色。

(2) 需要对飞行员和其他空勤人员提供告警的警告灯、危险按钮、开关应具有告警的色调。

(3) 各种舱内的着色在照明(或不照明)时应具有明亮的感觉。

(4) 乘员舱的着色应使乘员感到安宁、舒适、柔和，而不易产生疲劳。

2) 具体要求

(1) 仪表板应为无光淡灰色(B03)或无光黑色；仪表板遮光罩应为无光黑色。

(2) 操纵台及其支架应为无光淡灰色(B03)。操纵台上的控制盒应为无光黑色。

(3) 驾驶杆手柄(方向盘)应为无光黑色；驾驶杆应为无光淡灰色(B03)或无光黑色。

(4) 驾驶杆上的按钮、手柄、开关、保护盖根据需要涂无光黑色或无光大红色(R03)。

(5) 脚蹬机构应为无光淡灰色(B03)；脚蹬踏板应为无光淡灰色(B03)或无光黑色。

(6) 座舱盖和风挡骨架应为无光黑色或无光淡灰色(B03)。

(7) 油门杆手柄应为无光黑色；油门杆应为无光淡灰色(B03)或无光黑色。

(8) 地板应为无光淡灰色(B03)。

(9) 除有特殊要求外，弹射座椅的骨架应为无光淡灰色(B03)；座椅头部应为无光黑色，非弹射座椅应为无光淡灰色(B03)。

(10) 仪表板的操纵台上标有文字的区域，其底色应为无光黑色，文字应为无光白色。

[引自 GJB 1192-1991 军用飞机内部颜色要求]

4.4 座舱装饰

4.4.1 相关标准

座舱装饰相关标准如表 4.16 所示。

表 4.16 座舱装饰相关标准

标准编号	标准名称	对座舱装饰的要求
GB/T 12454-2017	光环境评价方法	该标准规定了光环境质量评价的基本要求、评价指标、评价方法和步骤，适用于民用和工业建筑及室外作业场地、道路、夜景照明等室内外光环境的质量评价
GB/T 15608-2006	中国颜色体系	该标准规定了颜色的分类和按颜色知觉三属性——色调、明度、彩度确定的颜色标号，适用于颜色的保存、传递、交流和识别，也适用于中国颜色体系标样的制作

4.4.2 典型歼击机对比分析

1. 纵向分析

基于纵向分析法对美系 F 系列歼击机，苏系 SU、MiG 等型号进行分析可得到如下的结论。

(1) 对于美系 F 系列歼击机，主色调主要以灰色和黑色为主，显控装置的按钮基本为灰色，随着系列的发展，仪表数量逐渐降低，多功能显示器逐渐替代仪表。按钮及控制器件总数量逐渐减少，但多功能显示器的控制按钮数量增多，从总体感受上，座舱设计风格趋于简洁；仪表、多功能显示器及控制板边框及其底色均为黑色；驾驶杆的主色调也均为黑色。

(2) 对于苏系 SU 系列歼击机，主色调主要以蓝灰、灰色、绿色为主，显控装置的按钮颜色由多种颜色演变成以灰、黑为主色，随着系列的发展，仪表数量逐渐降低，多功能显示器逐渐替代了仪表。按钮等控制开关数量逐渐减少，多功能显示器的控制按钮开始增多，随着系列的改进与发展，座舱从总体感觉上趋于简洁；仪表、多功能显示器及控制板边框，主要为黑色或者深灰色；驾驶杆与主色调基本一致。

(3) 对于苏系 MiG 系列歼击机，主色调上变化明显，绿色出现次数最多，按钮颜色从多色逐渐发展为以黑、灰为主，随着系列的发展，仪表数量逐渐减少，多功能显示器逐渐替代了仪表，作为主要的交互装置，多功能显示器的按钮数量在座舱按钮总数中占有较大比重。随着系列的发展座舱从总体感受上趋于简洁，仪表、多功能显示器及控制板边框，主要为黑色，但也有少部分与主色调一致；驾驶杆与主色调不一致，均为黑色。

(4) 对于幻影系列战机，其主色调在初期为绿色，后来变为灰色、黑色，按钮颜色主要以灰色、黑色为主，随着系列的发展，仪表数量逐渐减少，多功能显示器逐渐替代了仪表，作为主要的交互装置，多功能显示器的按钮数量在座舱按钮总数中占有较大比重。仪表、多功能显示器及控制板边框，均为黑色，驾驶杆与主色调不一致，均为黑色。

具体纵向分析结果如表 4.17 所示。

表 4.17 基于纵向分析法的典型歼击机座舱设计风格分析

系列	主色调	按钮颜色	显控设备趋势	总体感受	显控装置边框	驾驶杆主色调
F	灰、黑	均为灰色	多功能显示器逐渐取代仪表	趋于简洁	黑色	均为黑色
SU	蓝灰、灰、绿	逐渐演变成灰、黑	多功能显示器逐渐取代仪表	趋于简洁	黑色或深灰色	与每一机型主色调一致
MiG	绿色为主	由多色演变成灰、黑	多功能显示器逐渐取代仪表	趋于简洁	黑色	均为黑色
幻影	逐渐发展为黑色	主要为灰、黑色	多功能显示器逐渐取代仪表	趋于简洁	黑色	均为黑色

2. 横向分析

基于横向分析法对美系 F 系列歼击机、苏系 SU、MiG 等型号进行分析可得到如下的结论。

(1) 第一代超声速歼击机，座舱风格多样，主色调上有较大的差异，仪表按钮颜色在发展早期也不尽相同，但是以黑、灰为主，仪表均较多，仪表、控制板边框及底色主要为黑色，座舱总体感受上都显得混乱，驾驶杆主色调以黑色为主。

(2) SU 系列与 MiG 系列的第二代歼击机座舱主色调均不一致，按钮色彩种类较多，按钮数量也较多，主要为仪表按钮，多功能显示器按钮较少，总体感受上较乱，仪表数量多，多功能显示器较少，仪表、多功能显示器及控制板边框颜色与主色调一般不一致，SU 系驾驶杆主色调与座舱主色调均不一致，MiG 系列驾驶杆主色调均为黑色。

(3) 第三代歼击机在座舱主色调上均引入了灰色，按钮颜色主要为黑、灰、白，多功能显示器按钮逐渐增多，仪表按钮数量在降低，总体感觉上较混乱，仪表较多，但较二代机有所减少，多功能显示器按钮数量开始在座舱按钮总数中占有较大比重，仪表、多功能显示器及控制板边框均为黑色，除了 SU 系列歼击机驾驶杆与主色调一致外，其余驾驶杆主色调均以黑色为主。

(4) 第四代歼击机的座舱主色调主要为黑、灰、蓝灰，按钮颜色主要为灰色，仪表数量都极少，主要交互装置为多功能显示器，按钮数量极少，座舱总体感觉简洁、协调，仪表、多功能显示器及控制板边框均为黑色，驾驶杆主色调为黑色。

4.4.3 设计准则

通过纵向分析法和横向分析法对美系 F，苏系 SU、MiG 等各代歼击机的座舱风格进行分析，得出了现有座舱的设计风格趋势：座舱主色调上均有灰色，按钮数量逐渐减少，按钮颜色以灰、黑、白为主，多功能显示器逐渐成为座舱人机交互的主要设备，座舱总体感觉趋于简洁，仪表、多功能显示器及控制板边框总体上为黑色，驾驶杆主色调一般为黑色。制定座舱装饰设计准则如下。

(1) 飞机座舱主色调应均有灰色，除提供告警的警告灯、危险按钮、开关外，其余部件着色不能与座舱主色调产生强烈对比。

(2) 用途一致的飞机在风格上应具有延续性，风格统一。

(3) 材质选择上，表面纹理不能反光，且在连接处应给飞行员稳固感。

(4) 座舱内饰部件造型应考虑到空间因素，可通过改变造型达到改变空间感的目的。

4.5 座舱动力环境

4.5.1 相关标准

座舱动力环境相关标准如表 4.18 所示。

表 4.18 座舱动力环境相关标准

标准编号	标准名称	对座舱动力环境的要求
MIL-STD-1472H	Human Engineering	该标准给出了全身振动、建筑物振动、设备振动和手臂(或关节)振动及其振动加速度、振动频率等具体要求
GJB 2873-1997	军事装备和设施的人机工程设计准则	该标准给出了全身振动、建筑物振动、设备振动和手臂(或关节)振动及其振动加速度、振动频率等具体数值要求
GJB/Z 201-2001k	军事装备和设施的人机工程设计手册	该标准在 GJB 2873-1997 基础上指出了全身振动对人机工效的不利影响程度和设备振动的控制方法
GJB 965-1990	人体全身振动环境的测量规范	该标准适用于机械振动通过支撑人体的接触面作用于人体的周期振动、具有离散频谱的非周期性振动和随机振动，该标准规定了在作业现场或实验室内监测和研究人体全身振动环境的通用要求和准则，是评价振动环境对人体的影响应当遵循的基础规范
GJB 966-1990	人体全身振动暴露的舒适性降低限和评价准则	该标准规定了人体全身振动暴露时，保持人体舒适的振动参数界限和评价准则，适用于各种运载工具和机械产生的人体全身振动环境，用于评价军事作业振动环境对人员舒适性的影响，可作为设计军用装置和设施，评价其性能和采取振动控制措施的依据
GJB 232-1987	人体脊柱对开伞冲击力的耐受强度	该标准给出了人体脊柱的耐受强度限值，可作为设计航空、航天等部门防护救生装备的生物力学参数，也可作为确定飞行员救生伞对人体脊柱冲击力的医学依据
JSSG 2010	乘员系统	该标准中的 JSSG-2010-7 乘员系统坠撞防护手册为座椅、约束系统和乘员工作站位、乘客/士兵站位设计中乘员的坠撞防护提供了研制要求及验证方面的指导，民用飞机和军用飞机均可以参照该标准，主要包括飞机坠撞防护范围、乘员危险坠撞下的耐受极限和系统功能三个方面的要求，其中系统功能又包括坠机告警、碰撞损伤防护、加速度损伤防护、坠机后的损伤防护、应急离机系统、坠机数据记录、飞机系统集成和系统接口的要求

根据对相关标准的内容和背景的研究，以上标准都直接给出了座舱动力环境的相关要求，可以直接指导设计准则的制定。MIL-STD-1472H、GJB 2873-1997、GJB/Z 201-2001k 对座舱动力环境各款要求都比较全面具体，可作为其他不同标

准要求间协调的依据。GJB 965-1990、GJB 966-1990 和 GJB 232-1987 可作为准则要求具体数据调整的基础依据和参考。JSSG-2010-7 可作为准则制定要求及验证方面的指导标准。

4.5.2 国内外研究成果

经有关研究表明，短时间暴露于振动的环境下只会引起微小生理影响，这种影响并不会产生什么实际的显著身体变化。研究表明，在暴露于振动的初期阶段，人们会出现轻微的呼吸困难，并伴有心率提高。心率的提高看起来也只是人体对一般压力的预期反应。还能够确定的是，振动能够提高肌肉的紧张度。这种现象之所以发生，是因为暴露于振动的人倾向于收缩自己的肌肉来减轻振动。

分析与各种频率全身振动有关的生理损伤症状，结果发现，振动的频率一般都对应于相应受损生理组织的共振频率。例如，人们抱怨胸痛或者腹痛时，一般振动频率都处在 4~10Hz。一般在振动为 8~12Hz 时背疼比较显著。而头痛、眼睛疲劳或者肠、膀胱受到刺激，一般都和频率在 10~20Hz 的振动有关。

振动主要影响视觉性能和动作绩效。研究发现，在具有相同振动强度的情况下，随机振动对以上两种性能的退化作用都比正弦振动小。

1. 视觉绩效

一般来说，频率在 10~25Hz 的振动对视觉绩效的削减最厉害，振动的幅度是影响视觉绩效的关键因素。视觉绩效的削减很可能是视网膜上图像的移动所造成的，因为它的移动会使图像看起来变得模糊。对于频率低于 3Hz 的振动，仅有显示屏处于振动状态时的阅读时间和错误率，都要比仅有读者处于振动状态时来得高。很明显，处于这些振动频率时，人会通过头和眼睛的补偿运动来尽力固定视网膜上的图像。

Griffin 等[32]针对全身振动对视觉绩效的影响进行了实验研究，他们研究了观察者与屏幕进行不同相对振动对视觉绩效的影响，实验结果表明振动频率对阅读准确性有显著的影响。

2. 动作绩效

已经有相当多的研究表明，振动对坐着的被试的跟踪绩效有影响。振动的影响有一小部分取决于跟踪任务的难度、显示的类型以及使用的控制器的类型。例如，与传统的中央悬挂式操纵杆相比，侧杆和臂靠的使用能够使由振动导致的误差降低达 50%。垂直方向的正弦振动的不利影响，一般出现在 4~20Hz 范围，并伴有超过 0.20g 加速度的情况下。这种情况能导致比非振动控制条件下最多高达 40%的跟踪误差。垂直方向的振动比左右、前后方向振动的影响更大。有些意外的是，振动暴露时间似乎不影响手工控制的任务绩效。然而，振动对跟踪绩效的影响并不是以振动的中止作为结束的标志，残余的效应可能会持续到暴露后的30min。

3. 神经系统的处理

一些涉及主要神经中枢处理的任务，如反应时间、监控行为以及图案识别，似乎对振动中绩效的降低有很大的抵制作用。实际上，3.5～6Hz 的振动对于从事钻孔作业的被试来说，有一定的警示作用。图 4.7 显示出，在这个频率区间，背部肌肉紧张会减小肩部振动的振幅。令背部肌肉紧张倒是一个维持警戒状态的好方法。在 3.5～6Hz 以外，放松躯干肌肉这种易于使人入睡的方法，可以更好地减小肩部振动。

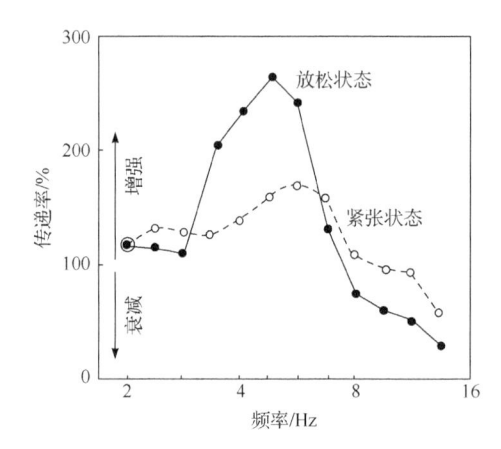

图 4.7 处于紧张/放松状态的躯体肌肉对坐姿被试肩膀的垂直振动幅度的影响

4.5.3 标准对比分析

振动是飞行活动中普遍存在的对人体具有明显影响的一种动力学环境因素。振动不仅影响飞行器结构，而且作用于机上人员，影响人的舒适、工作效能和身体健康，进而影响人机系统的总体性能。对军用飞机座舱振动进行规范和要求，有助于从设计阶段入手协同采取有效措施，对振动进行控制和提供防护。

GJB/Z 201-2001k 军事装备和设施的人机工程设计手册对驾驶舱振动的规定与 MIL-HDBK-759C Handbook for Human Engineering Design Guidelines 一致，均强调了设备振动对安全操作和工效的影响；GJB 2873-1997 军事装备和设施的人机工程设计准则强调了载运工具振动时产生的全身振动环境的测评要求。综合三项标准，归纳出全身振动和工效影响两条准则。并针对军用飞机，将原标准中的"设备和简易装备""陆地、海上或空中的载运工具"和"Facilities and facility equipment"统一为"军用飞机"。

4.5.4 设计准则

根据相关标准对比分析结论结合国内外研究成果综合分析,提出飞机座舱动力环境设计准则如下。

(1) 军机的设计应控制全身振动环境在安全飞行和维修作业的范围内。在多轴向振动的情况下,每个方向的振动都要按各自的界限值,单独进行测评。全身振动环境的测量,按 GJB 965-1990 的规定。

(2) 应考虑振动对工效的影响,避免高强度振动对人体的损害,标度盘、字符及瞄准具标度线难于认读,手柄和按钮等难于操纵,以及人体的疲劳、紧张和烦躁,进而导致疏忽、判断错误等。

[参考 GJB/Z 201-2001k 军事装备和设施的人机工程设计手册、GJB 2873-1997 军事装备和设施的人机工程设计准则综合制定]

4.6 电磁环境

4.6.1 相关标准

座舱电磁环境相关标准如表 4.19 所示。

表 4.19 座舱电磁环境相关标准

标准编号	标准名称	对座舱电磁环境的要求
MIL-STD-1472H	Human Engineering	该标准给出了电磁暴露限值、电离辐射暴露率、微波、射频、X 射线、激光辐射限值等具体要求
GJB 2873-1997	军事装备和设施的人机工程设计准则	该标准给出了设备辐射、电离辐射量及微波、射频、X 射线、激光辐射限值等简单要求
GJB/Z 201-2001k	军事装备和设施的人机工程设计手册	该标准在 GJB 2873-1997 的基础上对辐射、微波辐射和核辐射提出更详细的要求
GJB 850-1990	飞行人员战时核辐射剂量限值规定	该标准规定了飞行人员战时核辐射各种剂量限值及执行该标准必须遵循的基本原则,适用于各类飞行人员战时使用,给出了 γ 射线全身外照射的剂量限值、早期放射性落下灰食入量限值、空气中早期放射性落下灰浓度限值、早期放射性落下灰在各种表面上沾染水平限值等
GJB 5313A-2017	电磁辐射暴露限值和测量方法	该标准规定了 1Hz~300GHz 电磁辐射环境中作业区和生活区辐射暴露限值、测量和评价方法,该标准适用于军事作业电磁辐射暴露环境的测量、评价和防护指导

根据相关标准背景和内容分析，以上 5 项标准都直接给出了飞机座舱电磁环境的相关要求，可以直接指导设计准则的制定。其中 GJB 850-1990 和 GJB 5313A-2017 全面具体地给出了座舱电磁环境相关的详细参考数值，可作为设计准则制定的主要参考依据。MIL-STD-1472H、GJB 2873-1997 和 GJB/Z 201-2001k 提供人机工效学设计标准，可作为准则调整的基础依据和参考。

4.6.2 设计要求分析

GJB 850-1990 飞行人员战时核辐射剂量限值规定了飞行人员战时核辐射各种剂量限值和基本原则，GJB 5313A-2017 电磁辐射暴露限值和测量方法规定了 1Hz～300GHz 电磁辐射环境中作业区和生活区内辐射暴露限值，可用于军机飞行员辐射限值的确定设计准则。

根据设计要求分析结论结合国内外研究成果综合分析，提出飞机座舱电磁环境设计准则如下。

1. 核辐射

(1) 基本原则。
① 应避免一切不必要照射。
② 对为保障军事任务的完成而受到的不可避免的照射,应保持在可以合理做到的最低水平。
③ 在一般情况下，飞行人员所接受的照射剂量，在可控制的条件下，不应超过 GJB 850-1990 的限值。
(2) 核辐射剂量限值满足 GJB 850-1990 要求。
(3) 由于军事任务的特殊需要，少数飞行人员必须接受超过限值水平执行升空作战任务时，师指挥人员可参考 GJB 850-1990 附录 A 所列受照剂量与损伤效应之间的关系，权衡得失，做出决定。同时应采取相应的医学防治措施。

[引自 GJB 850-1990 飞行人员战时核辐射剂量限值规定]

2. 电磁辐射

飞行员作业期间电磁辐射暴露限值应符合表 4.20、表 4.21 和表 4.22 的要求。测量方法应符合 GJB 5313A-2017 的要求。

表 4.20 作业区瞬时暴露限值

频率范围	电场强度 $E/(V/m)$	磁感应强度 B/T
1～8Hz	20000	$0.2/f^2$
8～25Hz	20000	$2.5\times10^{-2}/f$

续表

频率范围	电场强度 E/(V/m)	磁感应强度 B/T
25～300Hz	500000/f	1×10^{-3}
300～3000Hz	500000/f	0.3/f
3000Hz～100kHz	170	1×10^{-4}

注：f 为频率范围栏中的频率值。

表 4.21　作业区短时间暴露的平均暴露限值

频率范围	平均电场强度 E/(V/m)	平均磁感应强度 B/T	平均功率密度 P/(W/m²)
100kHz～3.5MHz	170	2.0/f	—
3.5～10MHz	160/f	2.0/f	—
10～400MHz	61	—	10
400～2000MHz	$3f^{1/2}$	—	f/40
2000～3×10^5MHz	137	—	50

注：限值为任意 6min 测量平均值的限值；f 为频率范围栏中的频率值。

表 4.22　作业区连续波 8h 暴露的平均暴露限值

频率范围	平均电场强度 $\overline{E}$/(V/m)	磁感应强度 $\overline{P}$/T
1～8Hz	47.7	6
8～25Hz	82.5/$f^{1/2}$	18/f
25～300Hz	15	0.6
300～3000Hz	0.274 $f^{1/2}$	f/5000
3000Hz～100kHz	27.4	2

注：f 为频率范围栏中的频率值。

[参考 GJB 5313A-2017 电磁辐射暴露限值和测量方法制定]

4.7　本 章 小 结

本章通过对飞机座舱环境控制相关 MIL、JSSG、SAE、FAA、GJB、HB、GB 等标准的制定背景、具体内容和适用范围研究以及各标准之间的对比分析，结合国内外研究成果，从飞机座舱空气环境、声环境、光环境、装饰、动力环境和电磁环境等方面，提出了飞机座舱环境控制设计准则。

第5章 飞机座舱内部布置设计准则

人机关系通常分为人、机之间的空间关系、功能关系和信息关系。针对飞机座舱人机关系，飞机座舱内部布置设计主要涉及座舱空间尺寸设计、座舱设备设施设计和座舱信息及显示设计。对飞机座舱内部布置设计进行规范和指导有利于保证飞行员有效、安全和舒适地操纵飞机。

5.1 座舱空间尺寸

飞机座舱空间尺寸设计准则包括飞机座舱空间尺寸设计总则、座舱外视野、座位几何尺寸、弹射通道几何尺寸、人体数据选用原则和手臂可达区等设计准则。将座舱总体设计和人体功能尺寸限值相结合，考虑到飞机座舱与人体交互的各个因素，制定出指导飞机座舱设计的座舱空间尺寸设计准则。

5.1.1 总则相关标准

座舱空间尺寸相关标准如表 5.1 所示。

表 5.1 座舱空间尺寸相关标准

标准编号	标准名称	对座舱空间尺寸的要求
MIL-STD-1472H	Human Engineering	该标准给出了航空航天器座舱空间尺寸的一般准则
GJB 2873-1997	军事装备和设施的人机工程设计准则	该标准给出了航空航天器座舱空间尺寸的一般准则
GJB/Z 201-2001k	军事装备和设施的人机工程设计手册	该标准和 GJB 2873-1997 要求一致，都要求座舱应在系统要求限度内为飞行员提供最佳的效率、安全性和舒适性
HB 6154-1988	飞机座舱几何尺寸	该标准规定了军用固定翼单座或串列双座杆式操纵歼击机、强击机、歼击轰炸机座舱几何尺寸的设计要求，使之保证在规定的人体尺寸范围内，飞行员能安全、有效和舒适地进行操纵，该标准从飞行任务的角度给出了军用飞机驾驶舱几何尺寸选择的要求

根据相关标准背景和内容分析，以上4个标准都直接给出了飞机座舱空间尺寸的相关要求，可以直接指导设计准则的制定。其中 HB 6154-1988 全面具体地给出了座舱空间尺寸的详细参考数值，可作为设计准则制定的主要参考依据。MIL-STD-1472H、GJB 2873-1997 和 GJB/Z 201-2001k 提供人机工效学设计标准，可作为准则调整的基础依据和参考。

1. 标准对比分析

HB 6154-1988 飞机座舱几何尺寸从飞行任务的角度给出了飞机座舱几何尺寸选择的要求。GJB 2873-1997 军事装备和设施的人机工程设计准则和 GJB/Z 201-2001k 军事装备和设施的人机工程设计手册要求一致，都要求座舱应在系统要求限度内为飞行员提供最佳的效率、安全性和舒适性。综合对比分析以上标准要求，制定飞机座舱空间尺寸设计总则。

2. 设计准则

根据相关标准对比分析结论结合国内外研究成果综合分析，提出飞机座舱空间尺寸设计总则如下。

(1) 座舱几何尺寸的选择应考虑飞行安全、执行任务和应急安全离机等方面操作和显示的要求。

(2) 座舱的设计应在系统要求的限度内，使人的效率、安全性和舒适性达到最佳程度。

[参考 HB 6154-1988 飞机座舱几何尺寸、GJB 2873-1997 军事装备和设施的人机工程设计准则、GJB/Z 201-2001k 军事装备和设施的人机工程设计手册综合提出]

5.1.2 外视野

1. 相关标准

座舱外视野相关标准如表 5.2 所示。

表 5.2　座舱外视野相关标准

标准编号	标准名称	对座舱外视野的要求
MIL-STD-1472H	Human Engineering	该标准给出了视觉性能、无障碍视野和入射角等的基本要求
GJB 2873-1997	军事装备和设施的人机工程设计准则	该标准给出了视觉性能、无障碍视野和入射角等的基本要求
GJB/Z 201-2001k	军事装备和设施的人机工程设计手册	该标准在外视野方面没作任何补充

续表

标准编号	标准名称	对座舱外视野的要求
HB 6154-1988	飞机座舱几何尺寸	该标准规定了军用固定翼单座或串列双座杆式操纵歼击机、强击机、歼击轰炸机座舱几何尺寸的设计要求,使之保证在规定的人体尺寸范围内,飞行员能安全、有效和舒适地进行操纵,该标准指出关于外视野方面的相关要求参照 HB 6153-1988 即可
GJB 307A-2012	歼(强)击机座舱视野和主仪表板视区	该标准规定了歼(强)击机座舱视野视区,适用于歼击机、强击机、歼击轰炸机及其同类型串列双座教练机等
HB 6153-1988	飞机座舱视野	该标准规定了军用固定翼单座或串列双座杆式操纵歼击机、强击机、歼击轰炸机座舱外部视野的设计要求,给出了前驾驶位置和后驾驶位置的外视野具体数值要求,该标准能保证在规定的人体尺寸范围内和规定的座舱布置型式下为飞行员提供切实可行和足够外部视野

根据相关标准背景和内容分析,MIL-STD-1472H、GJB 2873-1997、GJB/Z 201-2001k、GJB 307A-2012 和 HB 6153-1988 都直接给出了飞机座舱外视野的相关要求,可以直接指导设计准则的制定。其中 GJB 307A-2012、HB 6153-1988 全面具体地给出了座舱外视野基准的规定和座舱外部视野的详细参考数值,可作为不同标准要求间协调的依据。MIL-STD-1472H、GJB 2873-1997 和 GJB/Z 201-2001k 提供人机工效学设计标准,可作为准则调整的基础依据和参考。而 HB 6154-1988 指出在外视野方面参照 HB 6153-1988。所以,在座舱外视野设计方面参照 HB 6153-1988 即可。

2. 国内外研究成果

第二代军机设计为了降低高速下的阻力,座舱罩的外形需要与机身配合而牺牲飞行员的视野。在第三代大幅改进,采用泡型舱罩或者是类似的设计,驾驶舱前视野在各种状态具有足够的视野,飞行员能够有效地掌握周遭的状况。

1) 清晰视区

清晰视区是用"双目视野"从设计眼位的角度测量得到的,所谓双目视野是用两眼所能看到的总区域。测量时,歼击机飞行员瞳孔间的平均距离为 62mm,设计眼位距转动中心轴为 84mm,如图 5.1 所示。

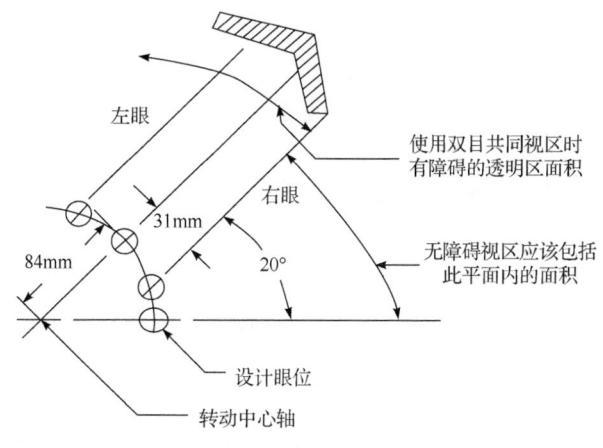

第 5 章　飞机座舱内部布置设计准则

图 5.1　视野角度测量

此外，应通过下述的基准来测量水平视角和垂直视角。
(1) 中心轴——过设计眼位后 84mm 的点，垂直于水平面的直线。
(2) 垂直基准面——设计眼位与中心轴构成的平面。
(3) 水平基准面——过设计眼位且垂直于中心轴的平面。

其中，垂直基准面和水平基准面分别平行于飞行的对称面和水平面。以设计眼位为基准确定座舱视野的清晰区域，如图 5.2 所示。

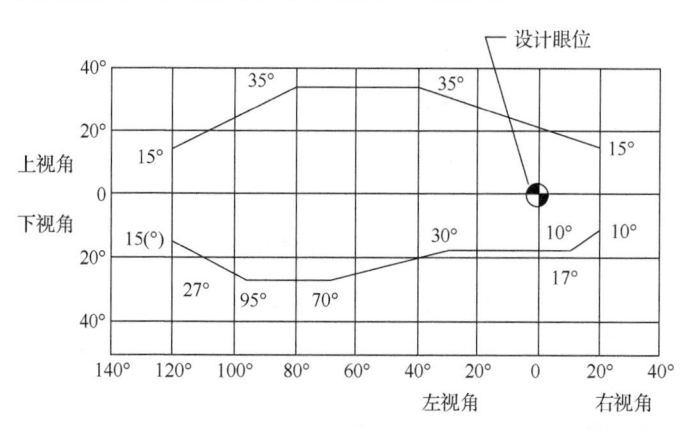

图 5.2　座舱视野的清晰区域

由图 5.2 可知：
(1) 当从垂直基准面左 40°、水平基准面前面上方 35°，到垂直基准面右 20°时，视角线性递减到上 15°。
(2) 垂直基准面左 30°到右 10°之间为水平，向前下方与水平基准面夹角为下 17°，从垂直基准面右 10°到右 20°时，前下方视角线性递减到下 10°。

(3) 垂直基准面左 40°到左 80°之间为水平,且向前上方与水平基准面夹角为上 35°,从垂直基准面左 80°到左 120°时,前上方视角线性递减到上 15°。

(4) 从垂直基准面左 30°到左 70°,前下方视角由下 17°线性递加到下 27°。

(5) 垂直基准面左 70°到左 95°之间为水平,且向前下方视角为 27°,从垂直基准面左 95°起,到左 120°时,前下视角由下 27°线性递减到下 15°。

2) 着陆视野

除满足以上要求的清晰视区外,飞机着陆时向前下方的视野还应满足飞机处于下列情况下,以着陆进场速度飞行 3s 内能使飞行员看到进场的场长和(或)接地区域内的跑道灯。

(1) 飞机以 2.5°下滑坡度进场;
(2) 飞机最低点位于接地区水平延伸面以上 30.5m 的决策高度;
(3) 飞机向左偏航以抵消 18.5km/h 的侧风;
(4) 飞机处于最极端的重量和重心位置;
(5) 以跑道能见距离进场。

舰载战斗机着舰视野的计算方法如图 5.3 所示。

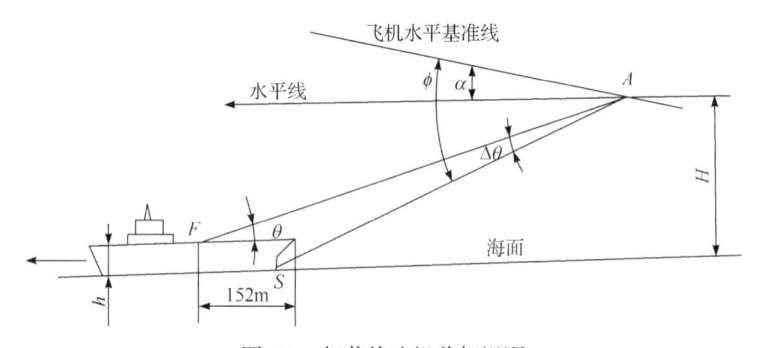

图 5.3 舰载战斗机着舰视野

在图 5.3 中,A 点为舰载战斗机由在高度 H=183m 水平直线飞行,即将转入着舰下滑时的特征点,也是着舰视野的检查点;F 点为航空母舰着舰引导装置(菲涅尔镜)所在点,AF 为下滑线;θ 为菲涅尔镜光轴线与航母甲板线夹角,一般为 4°;S 点为航空母舰舰尾与海平面交点,要求在 A 点检查视野时能看到舰尾水面;h 为舰高,典型计算可取 h=19m;α 为飞机迎角;$\Delta\theta$ 为 4°下滑线与 AS 线夹角。典型计算时可取菲涅尔镜距舰尾 152m(500ft)。舰载战斗机正前方下视野 Φ 要求 $\Phi=\alpha+\theta+\Delta\theta$。

3. 标准对比分析

飞机座舱外视野设计包括座舱视觉性能、无障碍视野和座舱视野等设计要求。

GJB 2873-1997 军事装备和设施的人机工程设计准则对军机舷窗、座舱盖和风挡的视觉性能、入射角、无障碍视野给出了详细的规定；GJB 307A-2012 歼(强)击机座舱视野和主仪表板视区给出了光学畸变、光反射要求、倾斜角设计要求，以及飞行员视野相关规定；HB 6153-1988 飞机座舱视野对结构件引起的盲区给出了角度要求，也给出了外视野范围和后驾驶位置的视野要求。

在视觉性能方面，GJB 2873-1997 军事装备和设施的人机工程设计准则对军机舷窗、座舱盖和风挡的视觉性能、入射角给出了详细的规定，适用于军机可视性设计，GJB 307A-2012 歼(强)击机座舱视野和主仪表板视区给出了光学畸变、光反射要求和倾斜角的要求，与 GJB 2873-1997 要求一致，仅存在表述上差异，故可参考 GJB 2873-1997 的要求；在无障碍视野方面，GJB 2873-1997 军事装备和设施的人机工程设计准则、GJB 307A-2012 歼(强)击机座舱视野和主仪表板视区和 HB 6153-1988 飞机座舱视野都要求飞机座舱盖应尽可能采用透明材质以具有最佳无障碍视野，GJB 2873-1997 对结构件的宽度给出了要求，GJB 307A-2012 和 HB 6153-1988 对结构件引起的盲区给出了角度要求，为达到最佳无障碍视野，故采用更严格要求"在水平方向不超过 35°"；在座舱视野方面，HB 6153-1988 飞机座舱视野给出了外视野范围和后驾驶位置的视野要求，适用于串列双座军机的视野设计，HB 6153-1988 飞机座舱视野和 GJB 307A-2012 歼(强)击机座舱视野和主仪表板视区都给出了前驾驶位置视野的要求，其中 GJB 307-2012 规定的视野更大，可为飞行员提供更好的可视性，故采用 GJB 307-2012 相关要求作为军机前驾驶位置可视性设计准则。

4. 设计准则

根据相关标准对比分析结论结合国内外研究成果综合分析，提出飞机座舱外视野设计准则如下。

1) 视觉性能

(1) 透明性：透明部分的设计应无色、无畸变或无其他可使视觉性能降低的因素，以保证飞行任务的完成。

(2) 多层舷窗：视觉性能不应由于多层舷窗产生的光线透射的损失或多层反射，而降低到完成飞行任务所要求的水平以下。

(3) 入射角：需要无畸变观察外界的视景时，入射角一般不应超过 60°。

[引自 GJB 2873-1997 军事装备和设施的人机工程设计准则]

2) 无障碍视野

(1) 舷窗和座舱盖的设计应有最佳的无障碍视野。视线上的构件宽度不超过 56mm。

(2) 由风挡顶部和座舱盖之间的结构件引起的盲区，应尽可能做到在水平方向不超过35°，垂直方向不超过7°(参考图5.4阴影部分)。

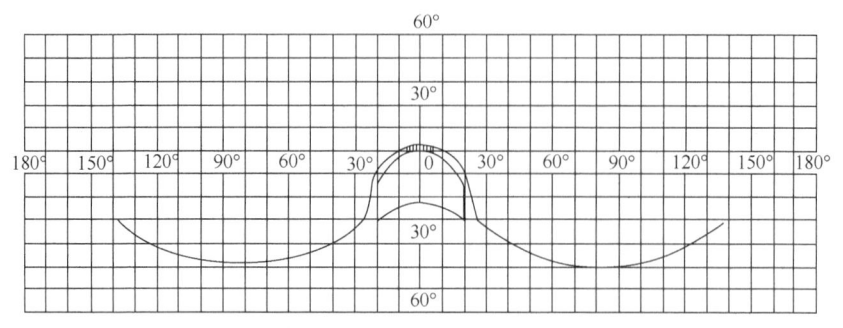

图5.4 单座歼(强)击机座舱外视野品质示意图

[引自 GJB 2873-1997 军事装备和设施的人机工程设计准则和 GJB 307A-2012 歼(强)击机座舱视野和主仪表板视区]

3) 座舱视野

(1) 外视野范围：应该给飞行员提供最大的外视野。对执行特殊任务的飞机，外视野应给予特殊考虑。对于着陆进场状态，应该提供足够的前下方和左前下方的视野。

(2) 前驾驶位置：飞行员从设计眼位可得到的不受妨碍的最小视角如下。

在0°方位，向下11°，向上10°，在左、右20°方位，向下20°，在左、右30°方位，向下25°，在左、右90°方位，向下40°，在左、右135°方位，向下20°。从135°到180°方位的后视野，由专用规范规定。

(3) 后驾驶位置：在0°方位，当前面的座椅调整在中立位置，从后设计眼位测量时，应尽可能提供向下5°的视野。前座椅头靠应设计成最小宽度，视野轮廓图应描绘出前座椅顶部棱角和结构轮廓。弹射滑轨、作动筒的设计和布置对前视野的妨碍应最小。在通过后飞行员设计眼位的平面内，可使用多个侧方眼位满足上述要求。为了容许在上述平面内移动眼位来达到规定的外视野，应提供足够的座舱盖宽度。

单座飞机改型为教练型时，其前座舱外视野的范围和品质应不低于它们的原型机。对于单套操纵串列双座飞机后座舱的外部视野，应根据飞机的类型和任务确定。具有空中受油装置的上述类型飞机，为使飞行员在飞机处于受油状态时能观察到加油飞机、加油信号灯、伸缩套管和加油探管等，应提供足够的视野。

[引自 GJB 307A-2012 歼(强)击机座舱视野和主仪表板视区和 HB 6153-1988 飞机座舱视野]

5.1.3 座位几何尺寸

1. 相关标准

座位几何尺寸相关标准如表 5.3 所示。

表 5.3 座位几何尺寸相关标准

标准编号	标准名称	对座位几何尺寸的要求
MIL-STD-1472H	Human Engineering	该标准给出了座椅的扶手、座位、靠背、搁脚板等的长、宽、高具体数值要求
GJB 2873-1997	军事装备和设施的人机工程设计准则	该标准结合人体尺寸数据,在 5.7.3.4 和 5.14.2.4 都给出了座椅相容性、高度、垂直调节、靠背、坐垫和扶手等方面的一般要求
GJB/Z 201-2001k	军事装备和设施的人机工程设计手册	该标准在 GJB 2873-1997 的基础上给出了座椅的扶手、座位、靠背、搁脚板等的长、宽、高具体数值要求
GJB 35B-2008	歼(强)击机座舱几何尺寸	该标准是基于歼击机发展的需求以及 2003 年中国男性飞行员人体尺寸的测量结果,对 1993 年颁布的"歼击机座舱几何尺寸"进行修订而成,结合军机飞行员人体尺寸数据给出了座舱座位几何尺寸的具体限值,可具体指导飞机座舱座位空间设计
GJB 6896-2009	男性飞行员人体静态三维尺寸	该标准规定了不同百分位数男性飞行员人体静态三维尺寸,可以作为飞机座舱和座椅设计的基础依据
GJB 36A-2008	飞行员人体模版设计和使用要求	该标准规定了飞行员人体模板设计的人体基础尺寸、设计尺寸、关节角度调节范围和使用要求,该标准适用于飞行员人体模板的设计,也适用于与飞行有关的工作空间、操纵位置的辅助设计及其工效学评价,可以作为飞机座舱和座椅设计的基础依据
GJB 4856-2003	中国男性飞行员人体尺寸	该标准是设计飞机座舱和研制飞行员个人防护救生装备的最基本依据,同时,凡与中国男性飞行员人体尺寸数据有关的国家军用标准的制定与修订,均要以此数据为依据

根据相关标准背景和内容分析,MIL-STD-1472H、GJB 2873-1997、GJB/Z 201-2001k 和 GJB 35B-2008 都直接给出了飞机座舱座位几何尺寸相关要求,可以直接指导设计准则的制定,其中 GJB/Z 201-2001k 和 GJB 35B-2008 给出了较为全面具体的数值要求,可作为不同标准要求间协调的依据。其他人体尺寸基本标准(如 GJB 6896-2009、GJB 36A-2008、GJB 4856-2003)和人机工效准则(MIL-STD-1472H、GJB 2873-1997)可作为准则要求具体数据调整的基础依据和参考。

2. 设计要求分析

GJB 35B-2008 针对军机座位几何尺寸设计给出了座舱座位几何尺寸的具体限值，结合军机飞行员人体尺寸数据，可具体指导飞机座舱座位空间设计，可直接采用相关条款作为军机座位几何尺寸设计准则。

3. 设计准则

根据设计要求分析结论结合国内外研究成果综合分析，提出飞机座舱座位几何尺寸设计准则如下。

(1) 座椅背靠角应不小于13°。
(2) 大腿切角最小为5°，最大为20°。
(3) 当座椅背靠角为17°时，第50百分位数飞行员臀部和腰部与座椅背切线相切时的眼睛位置至座椅中位参考点的垂直距离为795mm。
(4) 当座椅背靠角为17°时，第50百分位数飞行员臀部和腰部与座椅背切线相切时的眼睛位置至座椅中立位置参考点的水平距离为155mm。
(5) 臀部参考点至座椅中位参考点的直线距离为140mm。

[引自 GJB 35B-2008 歼(强)击机座舱几何尺寸]

5.1.4 弹射通道几何尺寸

1. 相关标准

弹射通道几何尺寸相关标准如表5.4所示。

表5.4 弹射通道几何尺寸相关标准

标准编号	标准名称	对弹射通道几何尺寸的要求
GJB 35B-2008	歼(强)击机座舱几何尺寸	该标准结合军机飞行员人体尺寸数据给出了飞机座舱弹射通道各方向的尺寸要求，可具体指导飞机座舱弹射通道的设计
GJB 6896-2009	男性飞行员人体静态三维尺寸	该标准规定了不同百分位数男性飞行员人体静态三维尺寸，可以作为飞机座舱弹射通道设计的基础依据
GJB 36A-2008	飞行员人体模版设计和使用要求	该标准规定了飞行员人体模板设计的人体基础尺寸、设计尺寸、关节角度调节范围和使用要求，适用于飞行员人体模板的设计，也适用于与飞行员有关的工作空间、操纵位置的辅助设计及其工效学评价，可以作为飞机座舱弹射通道设计的基础依据

续表

标准编号	标准名称	对弹射通道几何尺寸的要求
GJB 4856-2003	中国男性飞行员人体尺寸	该标准是设计飞机座舱和研制飞行员个人防护救生装备的最基本依据,同时,凡与中国男性飞行员人体尺寸数据有关的国家军用标准的制定与修定,均要以此数据为依据

根据相关标准背景和内容分析,GJB 35B-2008 直接给出了飞机座舱弹射通道的相关要求,而且给出了较为全面具体的数值要求,可以直接指导设计准则的制定,并且作为不同标准要求间协调的依据。其他人体尺寸基本标准(如 GJB 6896-2009、GJB 36A-2008、GJB 4856-2003)可作为准则要求具体数据调整的基础依据和参考。

2. 设计要求分析

弹射通道是飞行员应急离机时的逃生通道。应急通道的通畅合理是保证飞行员正常活动和安全离机的必要条件。GJB 35B-2008 歼(强)击机座舱几何尺寸给出了飞机座舱弹射通道各方向的尺寸要求,可直接采用相关条款作为飞机座舱弹射通道几何尺寸设计准则。

3. 设计准则

根据设计要求分析结论结合国内外研究成果综合分析,提出飞机座舱弹射几何尺寸设计准则如下。

座舱弹射通道几何尺寸,应保证飞行员无阻碍地弹射离机。座舱弹射通道几何尺寸应符合下列要求。

(1) 通过座椅中位参考点与弹射轴线垂直向前的距离应不小于 760mm。
(2) 左右水平距离应不小于 680mm。
(3) 头部球形活动空间半径应不小于 230mm。
(4) 当飞行员的头部处在正常位置时,无论正常或应急操纵,座舱盖的任何部位均不应碰到飞行员的飞行帽、头盔、头盔显示器、头盔瞄准具等。
(5) 典型弹射通道切面前部边缘半径为 155mm。

[引自 GJB 35B-2008 歼(强)击机座舱几何尺寸]

5.1.5 人体尺寸数据选用

1. 相关标准

座舱人体尺寸数据相关标准如表 5.5 所示。

表 5.5　座舱人体尺寸数据相关标准

标准编号	标准名称	对人体尺寸数据选用的要求
GJB 35B-2008	歼(强)击机座舱几何尺寸	该标准给出了军用飞机人体尺寸数据选用的原则性要求,可作为飞机座舱人体尺寸数据选用准则
GJB 6896-2009	男性飞行员人体静态三维尺寸	该标准规定了不同百分位数男性飞行员人体静态三维尺寸,可以作为人体尺寸数据选用的主要依据
GJB 36A-2008	飞行员人体模版设计和使用要求	该标准规定了飞行员人体模板设计的人体基础尺寸、设计尺寸、关节角度调节范围和使用要求,该标准适用于飞行员人体模板的设计,也适用于与飞行员有关的工作空间、操纵位置的辅助设计及其工效学评价
GJB 4856-2003	中国男性飞行员人体尺寸	该标准是设计飞机座舱和研制飞行员个人防护救生装备的最基本依据,同时,凡与中国男性飞行员人体尺寸数据有关的国家军用标准的制定与修订,均要以此数据为依据,给出了不同种类飞机飞行员的头部、四肢等身体各部分的具体数据

根据相关标准背景和内容分析,以上标准都直接给出了飞行员人体尺寸相关数据,可以直接指导设计准则的制定,其中 GJB 4856-2003 给出了较为全面具体的数值要求,可作为不同标准要求间协调的依据。其他人体尺寸基本标准(如 GJB 6896-2009、GJB 36A-2008、GJB 4856-2003)可作为准则要求具体数据调整的基础依据和参考。

2. 设计要求分析

人体尺寸数据是座舱几何尺寸设计的基础。GJB 35B-2008 歼(强)击机座舱几何尺寸给出了军用飞机人体尺寸数据选用的原则性要求,可作为飞机座舱人体尺寸数据选用准则。

3. 设计准则

根据设计要求分析结论结合国内外研究成果综合分析,提出飞机座舱人体尺寸数据选用准则如下。

座舱几何尺寸应以人体尺寸数据为基础。人体尺寸数据应符合 GJB 4856-2003 的规定,并满足下列要求。

(1) 座舱几何尺寸应使第 50 百分位数的飞行员处于最合适的位置。

(2) 座舱几何尺寸和部件可调量,应至少使第 5 百分位数至第 95 百分位数的飞行员便于操纵。

(3) 座舱几何尺寸应保证第 1 百分位数至第 99 百分位数的飞行员均能安全操纵和应急时离机。

[引自 GJB 35B-2008 歼(强)击机座舱几何尺寸]

5.1.6 手臂可达区

1. 相关标准

飞行员手臂可达区相关标准如表 5.6 所示。

表 5.6 手臂可达区相关标准

标准编号	标准名称	对手臂可达区的要求
GJB 35B-2008	歼(强)击机座舱几何尺寸	该标准根据飞行员在座椅上受约束的不同情况，将手臂可达区分成三个区，分别针对三个区各作出相应的数值要求
GJB 6896-2009	男性飞行员人体静态三维尺寸	该标准规定了不同百分位数男性飞行员人体静态三维尺寸，可以作为手臂可达区设计的基础依据
GJB 36A-2008	飞行员人体模版设计和使用要求	该标准规定了飞行员人体模板设计的人体基础尺寸、设计尺寸、关节角度调节范围和使用要求，该标准适用于飞行员人体模板的设计，也适用于与飞行员有关的工作空间、操纵位置的辅助设计及其工效学评价，可以作为手臂可达区设计的基础依据
GJB 4856-2003	中国男性飞行员人体尺寸	该标准是设计飞机座舱和研制飞行员个人防护救生装备的最基本依据，同时，凡与中国男性飞行员人体尺寸数据有关的国家军用标准的制定与修定，均要以此数据为依据

根据相关标准背景和内容分析，GJB 35B-2008 直接给出了飞机座舱手臂可达区的相关要求，而且给出了较为全面具体的数值要求，可以直接指导设计准则的制定，并且作为不同标准要求间协调的依据。其他人体尺寸基本标准(如 GJB 6896-2009、GJB 36A-2008、GJB 4856-2003)可作为准则要求具体数据调整的基础依据和参考。

2. 国内外研究成果

飞行员可达性约束：飞行员身体各个部位的活动范围(角度范围)，如图 5.5 所示。

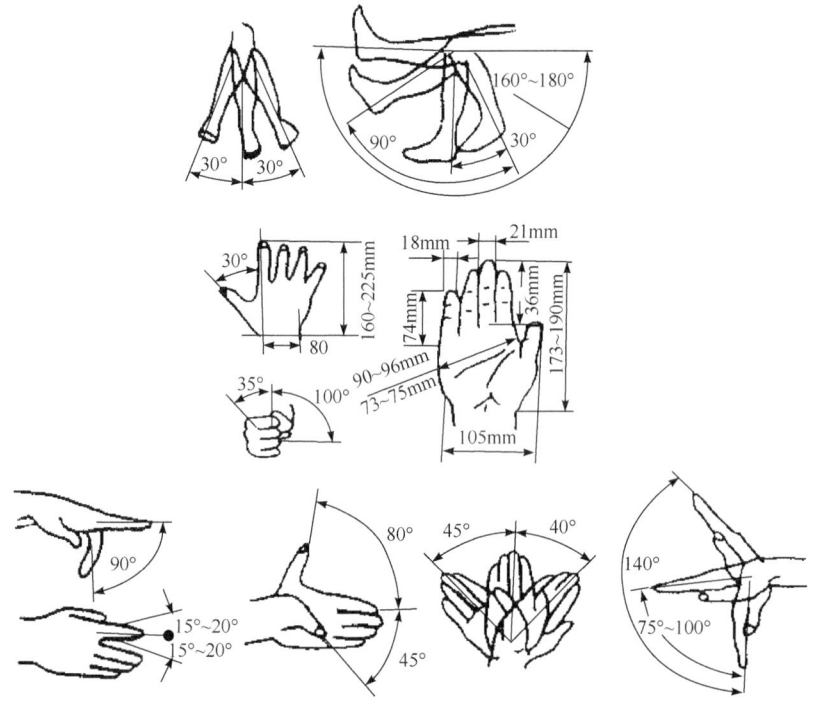

图 5.5 人体活动部位的最大位移

通过对身体各个部位的活动范围进行整理,可得到人体关节的活动范围表 5.7 所示。

表 5.7 人体关节活动范围

人体关节	自由度	自由度	关节功能活动范围
肩关节	3	前屈/后伸	0°～170°/0°～60°
		内收/外展	0°～18°/0°～80°
		内旋/外旋	0°～20°/0°～97°
肘关节	2	屈/伸	0°～140°/0°
		旋前/旋后	0°～80°/0°～80°
腕关节	2	掌屈/背伸	0°～80°/0°～70°
		尺偏/桡偏	0°～20°/0°～30°
腰关节	3	前屈/后伸	0°～90°/0°～30°
		左/右侧屈	0°～30°/0°～30°
		左/右旋转	0°～30°/0°～30°

续表

人体关节	自由度	自由度	关节功能活动范围
髋关节	3	屈/伸	0°～113°/0°～18°
		内收/外展	0°～30°/0°～45°
		内旋/外旋	0°～45°/0°～45°
膝关节	2	屈/伸	0°/0°～135°
		内旋/外旋	0°～35°/0°～43°
踝关节	2	趾屈/背屈	0°～38°/0°～50°
		内翻/外翻	0°～20°/0°～30°

3. 设计要求分析

飞行员手臂可达区分为限动肩带锁住的最小功能可达区、限动肩带锁住的最大功能可达区和即限动肩带不锁住的最大功能可达区。GJB 35B-2008 歼(强)击机座舱几何尺寸分别给出了三个手臂可达区的定义和要求，可用于指导座椅设计、操控装置布置。飞机座舱飞行员手臂可达区准则可参考 GJB 35B-2008 相关定义和要求。

4. 设计准则

根据设计要求分析结论结合国内外研究成果综合分析，提出飞机座舱手臂可达区准则如下。

根据飞行员在座椅上受约束的不同情况，手臂可达区分为以下三个区。

(1) 第1区：限动肩带锁住的最小功能可达区。

该区是飞行员配带装备并在完全受约束时，在手臂和肩部肌肉自然伸展情况下，能够达到和操作的功能区域，其活动半径应不大于 690mm。该区域中布置的操纵机构，应包括在完全受约束的飞行阶段中飞行员需要频繁操作和应急操纵的操纵机构，例如起飞、着陆、低空高速飞行、作战等飞行阶段中操纵飞机、发动机、武器投射等操纵机构，以及弹射救生系统的操纵机构。

该区还规定了主要飞行和发动机操纵机构的最前行程极限，以及布置弹射救生系统操纵机构的最大限度。

(2) 第2区：限动肩带锁住的最大功能可达区。

该区是飞行员配带装备并在完全受约束时，在手臂和肩部肌肉最大伸张情况下，能够达到和操作的功能区域，其活动半径应不大于 735mm。该区域中布置除弹射救生系统外的其他应急操纵机构。

飞行人员可以直观监控的操纵装置，应在控制板上作相应的操作位置标记，如刻度环等。在导光板上应有照明刻度环。在控制板空间非常紧张的情况下，可以采用带有照明的控制旋钮。控制板上的刻度标记位置和旋钮上的标记位置应保证飞行人员在设计眼位看得见。

(2) 非直接监控的操纵装置。

非直观操纵装置是指如音量、光强、温度等远距或间接监控的操纵装置。在这些操纵装置的两个极限位置之间不需要作中间位置标记。

4) 操纵装置的保护

因无意动作可能导致危险情况的操纵装置应予以保护、或/和有防差错措施。

5) 操纵装置的识别

(1) 在功能相近的操纵装置之间应选用飞行人员易于识别的标记，需要用触觉来选择的操纵装置，可采用经使用部门批准的形状、尺寸或其他识别方法。

(2) 应急操纵装置的颜色和形状应与正常操纵装置有明显区别，以便于识别。

[引自 GJB 718-1989 单座和串列双座固定翼飞机座舱装置]

5.2.2 操纵机构

1. 相关标准

座舱操纵机构相关标准如表 5.9 所示。

表 5.9 座舱操纵机构相关标准

标准编号	标准名称	对座舱操纵机构的要求
MIL-STD-1472H	Human Engineering	该标准给出了操纵杆的使用、尺寸、移动，脚蹬的使用、尺寸、安装位置、防滑表面等的具体数值要求
GJB 2873-1997	军事装备和设施的人机工程设计准则	该标准给出了操纵杆的使用、尺寸、移动，脚蹬的使用、尺寸、安装位置、防滑表面等的具体数值要求
GJB/Z 201-2001k	军事装备和设施的人机工程设计手册	该标准给出了操纵杆的使用、尺寸、移动、标记、止动装置、防滑手柄，脚蹬的气动和调整等的具体数值要求
GJB 35B-2008	歼(强)击机座舱几何尺寸	该标准给出了操纵杆、中央驾驶杆、油门杆、侧驾驶杆和脚蹬的设计要求和具体数值要求
GJB 10451-2022	军用飞机侧驾驶杆人机工效要求	该标准规定了军用飞机侧驾驶杆人机工效要求，适用于歼(强)击机驾驶舱侧驾驶杆设计、布置和操作使用

续表

标准编号	标准名称	对座舱操纵机构的要求
GJB 5441-2005k	飞机握杆操纵装置通用规范	该规范规定了飞机握杆操纵装置的通用技术要求，适用于飞机的驾驶杆手柄、油门杆手柄，直升机的总距杆手柄、周期变距杆手柄及各类任务手柄
GJB 1124A-2007	握杆操纵中手部数据和手指功能	该标准规定了握杆操纵飞机飞行员的手部数据和手指功能，适用于歼击机、强击机、歼击轰炸机及上述飞机的教练机中央驾驶杆、侧驾驶杆、油门杆的设计

2. 国内外研究成果

1) 杆型控制器

杆型控制器主要类型如图 5.7 所示。第一类操纵杆包括两种操纵模式：一种是位移式操纵杆，当操纵杆被释放时它仍保持在释放前的位置上；另一种是自复式操纵杆。此外，拇指和手指型操纵杆都是力量型等长控制器。自复式操纵杆和两种等长控制器都作为一阶速度控制器来操纵，而位移式操纵杆作为零阶位置控制器来操纵。

位移式操纵杆
自复式操纵杆　　等长拇指型操纵杆　　等长手指型操纵杆

图 5.7　杆型控制器主要类型

图 5.8 说明了不同操纵杆重新定位时间和重新定位距离的关系，定位距离用阶(step)作单位(显示的区域为 1000×750 阶)。结果显示，手指型等长控制器重新定位的时间最短。位移式操纵杆和自复型操纵杆之间的差异是很难解释的，因为弹力的存在与否决定控制器是零级控制还是一级控制。可以注意到，当移动的位置长于 500 阶(step)时，速率控制操纵杆的重新定位时间没有太多增加。

自复型操纵杆和两种等长控制器是一级速度控制器。位移式操纵杆被释放时仍保持在释放前的位置上，是一个零级位置控制器。所有操纵杆都使用最优设计。

2) 多功能手动控制器

科技的发展，让一些系统变得更加复杂而且也赋予一个系统更多的功能。高性能战斗机就是一个很好的例子。在恶劣条件或敌方环境中，一个飞行员必须有控制飞行、通信和武器多项功能的能力。在这样的飞行中，多功能手动控制器就

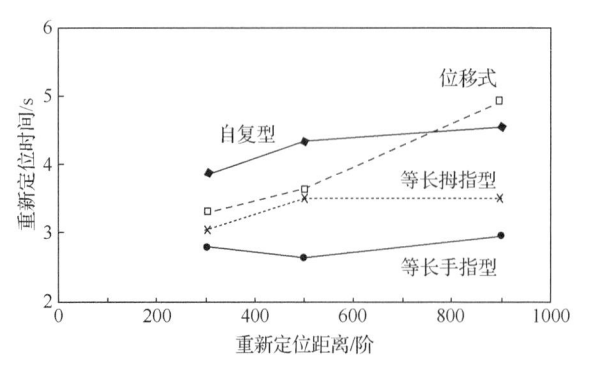

图 5.8 不同操纵杆的重新定位时间

变得很常用了。美国在 F-4E 上第一次使用了战斗机设计中划时代的新原则双手握杆(HOTAS)，HOTAS 的概念是指将所有常用按钮与火控所需要按钮都装在操纵杆与油门杆上，飞行员飞行时，动个手指头就可以轻松进行火控，使得飞行员在复杂的空战动作中可以更早更快开火。同时，降低了工作负荷。图 5.9 展示了 F-18 型飞机的左手控制器(油门杆)。这个控制器实质上是两个滑动控制器，可以一起操作或分开操作或者在任意一个位置锁住，每个控制器分别控制一个发动机的油门。另外，拇指的操作可以控制 4 项功能，食指控制其中 2 项以上的功能，还有 5 项功能被剩下的 3 个手指操作(顺便提一下，在这里没有展示的右手控制器有另外的 7 项功能来控制飞机的倾角和摆动)。

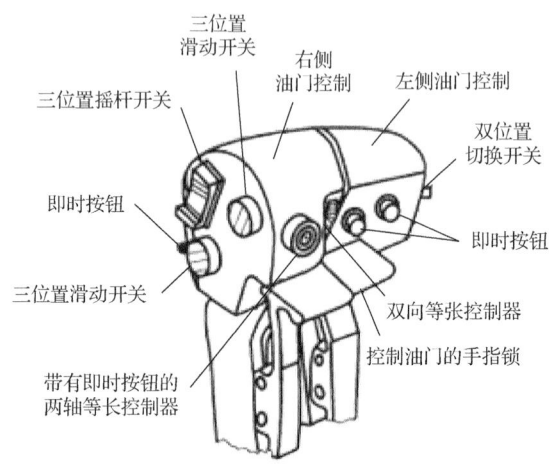

图 5.9 F-18 型飞机的油门杆

多功能手动控制器的设计应该基于以下三个原则：①操作者操作时不用观察它；②在对系统的关键操作过程中，手必须与主要控制器保持接触；③在不丧失对主要控制器掌控的同时，辅助控制器要能够发挥作用。遗憾的是，在多功能控制器方面的研究几乎还是空白，所以我们甚至不知道一个操作员最多能够有效控制的功能的数目。因此，无论何时在一个系统中使用多功能控制器，全面测试都是必须执行的。

3) 脚动控制器

不可否认，手动控制器的使用要比脚动控制器广泛得多，人因手册中的通常解释是，脚的速度和精确度要比手差得多。除此之外，脚动控制器常常限制使用者的姿势。使用者不得不保持一只脚(也许两只都要)踩在控制器上，这使得转身和改变小腿位置变得很难。从一个站着的位置去操作脚动控制器，需要人们通过另一只脚来平衡他们的重量。基于以上这些，脚动控制器仍将在坐姿操作员的控制作业中占有一席之地。

有几项重要的设计参数会影响脚动控制器的绩效，例如控制器是否需要脚踝动作、支点的位置(如果踏板是铰接的)、脚和腿部胫骨间的角度、负载大小(力量要求)以及控制器相对于使用者的位置。和手动控制器一样，我们的目的并不是对控制器的方方面面给出了详尽的指导，而是描述某些特征如何直接影响控制器的正确使用。比较设计的评价标准有很多，包括反应时间、移动时间、操作速度、准确度、产生的压力以及个人偏好。

以 Trombley[33]的实验结果为例。在这个实验中，支点的位置是变化的因素之一。在一组实验条件下，无论支点位于何处，将要被触发的踏板都需要移动一个 12°的弧度。支点离脚后跟越近，脚拇趾转动 12°的弧度所需要移动的距离就越远。在另外一组实验条件下，将要被触发的踏板则需要移动一个恒定的距离(1.9cm)。在这种情况下，支点离脚后跟越近，达到触发距离所需要移动的弧度就越小。

不同支点位置下的平均移动时间如图 5.10 所示。可以看出，对于恒定的移动角度 12°，支点的最佳位置是脚踝的前端(约为脚踝至脚拇趾距离的 1/3 处)，而对于恒定的移动距离，最佳位置则是脚后跟处。然而，正如 Kroemer 所说，各种研究踏板的实验所得出的结果存在矛盾(部分源于实验条件的差别)，使得我们对以下问题无法得出一般性的结论：在各种条件下，什么样的踏板在重复操作中能够被最快地触发或者有最高的频率。

关于离散动作控制的脚动控制器。脚动控制装置通常用于控制一个或者多个功能。但是，有迹象表明，脚部可以用于比通常所使用更为多样的控制功能。例如，在一次调查中，研究人员将脚步的操作目标划分成为 12 个单元。运用一些标准，可以测出在被试对于不同的目标作为操作单元时，被测试者脚步达到相应目标的速度和准确性。总的来说，实验表明通过短时间的训练，被测者就可以在极短的时间内(大约 0.1s)以相当可观的精度到达目标。尽管向前的运动比向后以及向两侧的运动要快，但是这些微小的差别不影响实际操作的结果。实验结果强有力地证明，对于通常被安排给手部的操作任务同样有可能被安排给脚部进行控制。

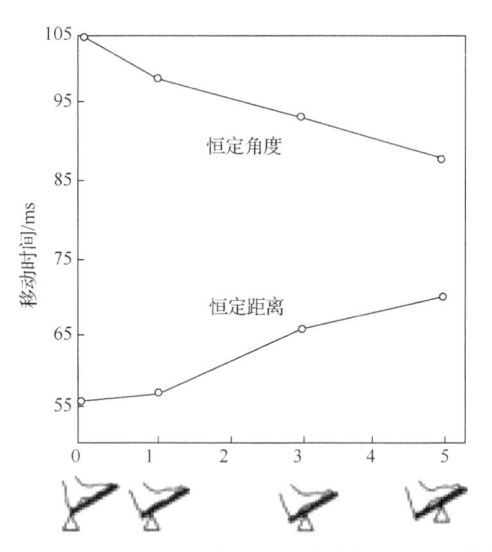

图 5.10　角度恒定(12°)与距离恒定(1.9cm)情况下，与支点位置相关的踏板活动的平均移动时间

任何可以操作或者看过别人操作脚踏板的人，都可以通过训练来达到脚部移动的精度和速度。

脚由一个脚踏板移动到另外一个脚踏板所需要的时间，是移动的距离以及脚踏板大小的函数。被用于预测手部移动时间的 Fitts 法则证明了任务的难度与运动的距离成正比，同时难度与目标的大小成反比。因此，目标越小，移动距离越长，操作越复杂，则移动的时间就相应越长。任务难易程度的衡量指数如下：

$$ID = \log_2\left(\frac{A}{W+S} + 0.5\right)$$

式中，ID 表示任务的难易程度；A 为到目标中心线的距离；W 为目标宽度；S 为鞋跟宽度。

由此可以得到估计脚部前后运动时间(RMT)为

$$RMT = 0.1894 + 0.0854ID$$

进而，单向运动时间(SMT)可以通过 RMT 得到，即

$$SMT = RMT/1.64$$

对于同一平面上的脚部运动，这些方程似乎是精确的(在这些地方，踏板位于同一平面上)。对于不在同一平面上的踏板，移动时间可能会加倍。该公式对于预测改变踏板尺寸，以及/或者踏板间的距离对移动时间的影响是非常有用的。结果证实，基于标准的踏板间隔，踏板的尺寸(在一个合理范围之内)对移动时间的影响极小。然而，踏板间隔越大，改变踏板尺寸对移动时间的影响越显著。

3. 设计要求分析

操纵机构包括中央驾驶杆、油门杆/侧驾驶杆和脚蹬。GJB 35B-2008 歼(强)击机座舱几何尺寸给出了操纵机构相关设计标准，可用于参考制定飞机座舱操纵机构设计准则。

4. 设计准则

根据设计要求分析结论结合国内外研究成果综合分析，提出飞机座舱操纵机构设计准则如下。

1) 操纵杆

操纵杆包括中央驾驶杆、侧驾驶杆和油门杆。操纵杆的设计应符合 GJB 1124A-2007 的规定。当其处于中间位置时，应满足手处在功能位的要求。手的功能位定义，应符合 GJB 1124A-2007 的规定。

(1) 中央驾驶杆。

中央驾驶杆应按飞行员右手操纵功能设计。中央驾驶杆手柄参考点的垂直位置应使飞行员在 5.1.6 节规定的第 1 区内能够操作。中央驾驶杆行程的最大范围，应处在 5.1.6 节规定的第 1 区内。中央驾驶杆处于任意极限位置时，其手柄与周围所有结构之间的最小间隙为 35mm。在确定驾驶杆行程范围时，应考虑到个体装备和救生设备的影响。

(2) 油门杆。

油门杆应设在飞行员的左手位，侧驾驶杆应设在飞行员的右手位。油门杆和侧驾驶杆的最前位置应处在 5.1.6 节规定的第 1 区内。在操纵杆行程的最大范围内，其上的所有操纵机构均可操作。在操纵杆的最后位置，应按第 95 百分位数上肢功能前伸长与后部结构之间留有 35mm 的最小间隙。操纵杆手柄与周围所有结构之间的最小间隙亦为 35mm。操纵杆内缘距座舱中心线水平距离应不小于 305mm；操纵杆上缘距座椅中立位置参考点的垂直距离应不大于 375mm 和不小于 225mm。

双发油门杆的定位要求与单发油门杆相同。只是所有油门杆的几何尺寸，应根据在横向离飞行员最远的那个油门杆处于最前位置来确定。

2) 脚蹬

脚蹬应与飞行员坐在座舱内伸腿时足底面相对应倾斜安装。

脚蹬的最前调节位置，当座椅调到最下位置时，脚蹬中心点距座椅参考点间的水平直线距离应不大于 1030mm，此时脚蹬应处于蹬在最前位置。脚蹬中心点至座椅中位参考点垂直距离应不大于 160mm 和不小于 30mm。当采用脚刹车时，脚蹬还应满足满刹车的要求，满刹车时脚蹬角度为 45°。

脚蹬的最后调节位置，当座椅调到最上位置时，脚蹬中心点距座椅参考点间的水平直线距离应不大于 935mm，此时脚蹬应处于蹬在最前位置。当采用脚刹车时，脚蹬还应满足满刹车的要求，满刹车时脚蹬角度为 45°。

脚蹬的前后行程要求，应根据飞行员腿的运动功能数据来确定。在脚蹬整个行程内，包括采用脚刹车时，脚后跟部处于脚蹬的转轴处。当飞行员的足长为 270mm 并穿着飞行靴时，其脚蹬上方的最小间隙应为 35mm，两侧的最小间隙应为 20mm。脚蹬中心距飞行员中心线水平垂直距离应不大于 265mm 和不小于 185mm。脚蹬调节范围应不小于 170mm。当采用脚刹车时，在正常刹车过程中，最大号飞行靴与所有邻近的仪表和结构之间的间隙应不小于 35mm。在脚蹬的整个调节和行程范围内，刹车转轴到座舱地板上的最近点距离应不小于 120mm。脚蹬长度应不小于 180mm。

[引自 GJB 35B-2008 歼(强)击机座舱几何尺寸]

5.2.3 操纵台

1. 相关标准

座舱操纵台相关标准如表 5.10 所示。

表 5.10 座舱操纵台相关标准

标准编号	标准名称	对座舱操纵台的要求
MIL-STD-1472H	Human Engineering	该标准给出了不同种类操纵台的选择及尺寸的具体数值要求
GJB 2873-1997	军事装备和设施的人机工程设计准则	该标准给出了不同种类操纵台布局、尺寸、结构、变量、选择等的具体要求
GJB/Z 201-2001k	军事装备和设施的人机工程设计手册	该标准给出了操纵台的分区和设计要求
GJB 35B-2008	歼(强)击机座舱几何尺寸	该标准给出了操纵台的设置及其上布置的设备、机构的简单要求
HB 6774-1993	机载设备座舱控制板通用规范	该标准给出了操纵板的控制标志和功能说明的具体要求，适用于安装在军用飞机座舱内机载设备的控制板
GJB 1192-1991	军用飞机内部颜色要求	该标准给出了操纵台标记的颜色要求，适用于各类军用飞机

2. 国内外研究成果

1) 控制器的形状编码

在研究形状编码控制器的可鉴别性时，研究人员在本质上也考虑到了人们触觉所产生的影响。有这样一个选择控制器的方法，让人仅仅用手来触摸并判断各个控制器的形状是否相同。这样一来，人们就可以判断出哪些形状容易和其他形状发生混淆。在类似的设计思路指引下，美国空军设计了 15 种不易被混淆的旋钮形状。其中一些例子见图 5.11。基于这些旋钮的用途，它们被分为以下 3 类。

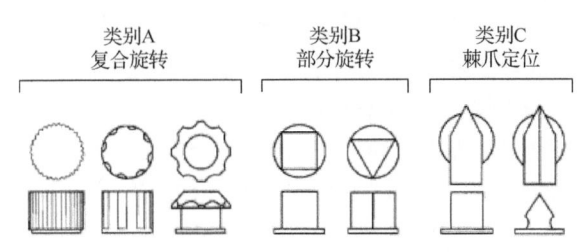

图 5.11 使用时很少被混淆的 3 类旋钮设计示例

类别 A：复合旋转。这类旋钮是用于以下连续性操作的：①需要快速转动或旋转；②调节范围达到或超过 1 周；③旋钮的位置对操作过程来说并不重要。

类别 B：部分旋转。这类旋钮是用于以下连续性操作的：①不需要快速转动；②调节范围少于 1 周；③旋钮的位置对操作过程来说并不重要。

类别 C：棘爪定位。这类旋钮是用于离散操作的。在这种旋钮的操作过程中，旋钮的位置是一个非常重要的信息项目。

一般情况下，这些控制器的直径和长度都应该在 1.3~10cm，但类别 C 控制器的直径和长度应为 1.9~10cm，高度在 1.3~2.5cm。

2) 控制器的质地编码

除了形状，控制设备会在表面质地上与其他的设计不一样，如图 5.12 中列出的扁平圆柱形旋钮。在该研究的一个阶段，使用这种类型的手柄(2in 即 5.1cm 直径)，让被试的手穿过开口的布帘分别触摸旋钮，并让他们分辨感觉到的特定设计。光滑的旋钮没有与其他的设计混淆，反之亦然；3 个有沟槽的设计会与类似的设计混淆，但是不会与其他的设计混淆；有凸边的设计容易与类似的设计混淆，但是不会与其他的设计混淆。当操作者戴着手套使用小型号的旋钮时，不同类型的旋钮会引起混淆，但总体上这类情况发生的次数仍处于较低水平。调查者认为，3 种表面特性能够被相当精确地辨别，也就是光滑的、有沟槽的和有凸边的。灰

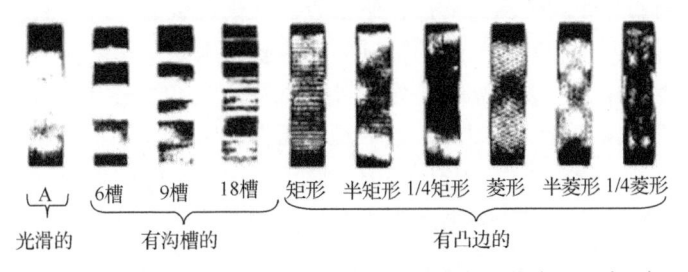

图 5.12 用于研究凭借触觉来分辨表面结构的机载旋钮设计图例

尘和污垢也会妨碍区分，尤其是区分平滑与有凸边的表面时。

3) 控制器的大小编码

大小编码尽管不像形状编码那样有用，但有一些场合也是需要的。当使用大小编码时，不同的尺寸要做到很容易被分辨出来，一些研究论述了通过直径和厚度来区分圆柱形旋钮的理论。研究提到，两个直径相差 0.5in(12.7mm)，厚度相差 0.375in(9.5mm)的旋钮可以通过触觉被准确地加以区分。但如果差距更小的话，就很容易混淆了。研究人员提出了使用 3 种表面特征(光滑的、有凹槽的、有凸边的)、3 种直径尺寸(0.75in、1.25in、1.75in)以及 2 种厚度尺寸(0.375in、0.75in)，通过它们的不同搭配，可以产生 18 种可通过触觉区分的旋钮组合。

除了使用单个控制装置的编码外，大小编码还可应用于一些共轴控制旋钮，就是两个或更多不同大小的旋钮装在同一根轴上。不同尺寸的旋钮像结婚蛋糕一样叠放在一起。当由于工程需要而使用这种设计方式时，叠放在一起的旋钮尺寸上的区别应该大到可以很容易区分。根据多种旋钮组合和不同的绩效标准(错误、到达时间、转动时间)，得到的最佳尺寸范围如图 5.13 所示。

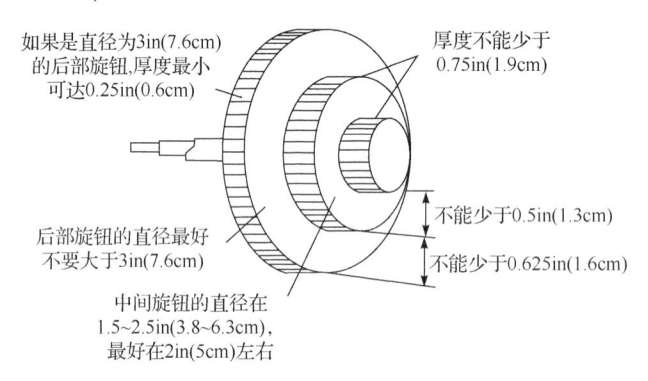

图 5.13 能够通过触摸分辨的同轴装配旋钮尺寸

4) 控制器的位置编码

当在看不见的状态下去触摸控制器的时候，我们都是在对位置编码作出响应。但是，当在很多相似的控制器当中选择时，作出正确的选择往往是比较困难的，除非这些控制器之间的距离足够远，使得我们凭借动觉能够对它们正确地加以区分。在某项研究中，被蒙住双眼的被试伸手去触碰水平操作面板上和竖直操作面板上指定的拨动开关，这些拨动开关之间的间隔是 1~2.5cm。这项研究最重要的研究成果如图 5.14 所示，该图对于水平操作面板和竖直操作面板分别给出了在给定的开关间距下，触碰失误百分比的值。此结果通过一些情况的组合后加以简化而得到。这项研究的结果很清晰地表明，当拨动开关被安排在竖直操作面板上的时候，准确率是最高的。对于竖直布置的开关，当开关间距大于 2.5~6.3cm 时，触碰错误的百分比很小，因此，控制器之间的距离应当至少大于这个值。因为在这种情况下，对于一个开关的误操作不会激活相邻开关。对于水平布置的开关，如果要想使操作者在没有视觉帮助的状态下能够辨识这些开关，则开关之间的间距应不少于10.2cm，而且最好要比这个距离大。

5) 控制器的操纵方法编码

在这种编码控制器的方法中，每种编码方式都有它们自己独特的操作方法。例如，一种可能是推拉式操作而另一种则可能是旋转式操作。每种控制方法都只能被它们相应的动作激活。对于汽车上的电动雨刷器系统，为了研究装载在其方向盘控制键上的指触控制器，研究人员比较了多种编码方案。通过多种组合的测试、操作各

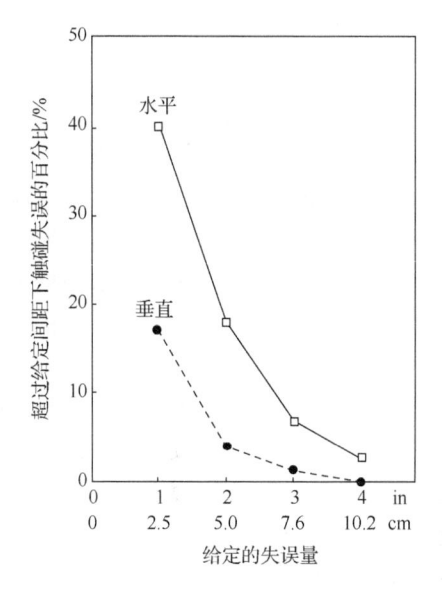

图 5.14 在开关箱位置为水平的情况下，蒙眼触动拨动开关的准确率

种结构所需的平均时间、错误反应在总反应中的百分比。得出最终结论，外旋和内旋这两种结构要优于其余的各种。看起来，如果有任何额外的关于操作时间或者操作错误的重要要求，那么使用操作编码方法就会显得不合适。当使用操作编码的时候，利用兼容的关系和操作编码的标准化将十分有益。大体上，这种编码方法应该避免使用，除非在一些特殊的环境中。

6) 控制器的颜色编码

在讨论视觉显示的时候，已经提到过了颜色编码。颜色对于识别控制器也是非常有效的。使用合适的颜色编码种类是可行的，同时，颜色本身也经常被认为是具有丰富含义的。例如，红色代表紧急停止控制器。当然，一个不利之处是使用者必须看到颜色并识别出来。因此，在亮度比较低和比较易污染的环境中，不适合使用颜色编码。当然，颜色也可以与一些其他的编码方法联合起来使用，如与大小编码联合使用，以增强可识别能力或者增大可以编码的对象种类。

7) 控制器的标签编码

标签可能是控制器识别中最常用的方法了。对于任意控制器，它都被认为是最小编码需求的方式。大量的控制器都可以使用标签编码。而且如果选择合适的话，也不需要很多学习就能明白标签的含义。当然，广泛地只使用标签作为唯一的编码方式并不推荐。例如，在绝大多数核电站的控制室里，整墙的控制器都只使用标签来编码。工人们通常临时准备他们自己的编码方法，包括加装类似于在啤酒自动售货机上的独一无二的把手。标签需要时间去读，所以在需要考量速度

的时候，不应该成为唯一的编码方式。标签应当贴在控制器上方(在操作的时候，手就不会挡住标签)，而且应当能使操作员在实际触碰控制器之前就能看到。

8) 编码方法的讨论

在用编码技术识别控制器时，两个或两个以上的编码系统可以被结合使用。事实上，所有结合，可以有两种方法：一是独特组合，即将两个或两个以上的编码合并在一起来识别单个的控制装置，例如质地、直径、厚度的不同组合；二是冗余编码，即用不同的形状和不同的颜色一起来识别控制器，这种方案在对精确性要求较高的鉴别中起了很重要的作用。在讨论编码的过程中，如果忽略了将反馈控制系统中同一大类机器的不同类型(如汽车和拖拉机)间编码的标准化，便是玩忽职守。操作者很有可能频繁地切换于同一大类机器的不同类型之间，所以，如果可能的话，要求使用统一的编码系统。否则，很可能会发生所谓的"习惯性干涉"，人们便又恢复到原来学习的响应模式中。

一些基本的影响控制器编码的考虑因素需要记在脑中。例如，操作者是否可以看到控制器并识别它，他们是否需要连续地监控显示器，是不是在黑暗中工作，或者会不会有视线的阻挡等。如果视觉鉴别不能实现，那么编码时只能考虑从形状、大小、质地、位置或是操作方法上区分它们。

另一个注意事项是日常维护。在设计一个包括控制器的系统时，日常维护的可行性必须作为设计考虑的依据。如果应用形状、大小、质地或是颜色编码，必须有备用的操作器储备，以便操作装置被毁坏时错误控制操作不会被触发。因此，如果控制器因损坏需要被替换的几率很高，则应该考虑通过定位和操作方法来进行编码的方法。

对编码系统的讨论主要集中在鉴别的准确度和速度上。一些编码方法，例如形状、大小、质地编码，本身便影响了控制器操作的进行。例如，在某项意在为潜水设备设计控制器的试验中，操作者戴着手套旋转被定位在被试身体不同部位的旋钮。控制操作的相对速度和准确度，在某种程度上，由旋钮的位置决定，但不同的旋钮形状和旋钮大小带来的影响也是很显著的。在选择控制器编码时，挑选易鉴别的、兼容的、有意义的编码很重要。同时，也应考虑用不同的特性进行编码对鉴别速度和准确度的影响。例如，需要操作者紧握的操作装置在用形状编码时不应出现锋利的边缘和凸出物。

3. 标准对比分析

关于军机操纵台布局，GJB 35B-2008 歼(强)击机座舱几何尺寸给出了控制台布局的可达性要求，HB 6774-1993 机载设备座舱控制板通用规范给出了控制器的安全性、可靠性和高效性的相关要求，以及控制器的组合、继承性和避免干涉的规定。两个标准相互补充完善，可综合参考，提出飞机座舱操纵台的人机工效设计准则；关于飞机座舱操纵台标记和说明，HB 6774-1993 机载设备座舱控制板通用规范给出了操纵板的控制标志和功能说明的具体要求，GJB 1192-1991 军用飞机内部颜色要求给出了操纵台标记的颜色要求。两者相互补充、完善，构成飞机座舱操纵台标志和说明的设计准则。

4. 设计准则

根据相关标准对比分析结论结合国内外研究成果综合分析，提出飞机座舱操纵台设计准则如下。

1) 操纵台布局

(1) 最常用的控制部件应安装在飞行员双手方便可达区内。操纵台及其上布置的设备、机构，不应影响到飞行员弹射救生通道。

(2) 控制器件的布局、位置、操作和标记应充分考虑人机工程要求，以便在识别、操作训练和维护中达到安全、可靠和提高效能的目的。

(3) 凡不致产生混淆之处，可采用组合式控制器。

(4) 除非另有规定，电源开关应装在靠近控制板的右侧。

(5) 控制开关的手柄在操作到位后不应超出控制板的边缘，以保证相邻控制板上的控制器件操纵时互不干扰。

[参考 GJB 35B-2008 歼(强)击机座舱几何尺寸、HB 6774-1993 机载设备座舱控制板通用规范综合制定]

2) 标志和说明

(1) 控制标志。

旋转式控制器件应牢固地安装在安装板上，并有定位措施，其功能指向应与导光板上的控制标志相一致。

(2) 功能说明。

每一控制板的功能都应用文字或字母作简要说明。文字、字母或数字应竖直地安排在控制板左侧安装板紧固装置之间的空隙处，字高为 5mm，字体应符合 HB 5888-2008 要求或专用规范规定。

(3) 颜色要求。

操纵台(控制板)上的标牌应为黑底白字，字数应简洁明了；操纵台(控制板)上的拉杆式开关，应标志中黄色(Y07)和黑色相间的色条，中黄色色条的宽度为黑色色条宽度的 3 倍，黑色色条的宽度为 3～5mm，色条应与垂直线呈 45°，按顺时针方向旋转，色条应以中黄色开始和收尾；操纵台(控制板)上的重要按钮、开关、小拉杆，在其周围应标志中黄色(Y07)和黑色相间的色条，一般以矩形色条围绕。

[参考 HB 6774-1993 机载设备座舱控制板通用规范、GJB 1192-1991 军用飞机内部颜色要求综合制定]

5.2.4 仪表板

1. 相关标准

座舱仪表板相关标准如表 5.11 所示。

表 5.11 座舱仪表板相关标准

标准编号	标准名称	对座舱仪表板的要求
MIL-STD-1472H	Human Engineering	该标准给出了操作板宽度、角度、尺寸、空间等的具体数值要求
GJB 2873-1997	军事装备和设施的人机工程设计准则	该标准给出了操作板宽度、角度、尺寸、空间等的具体数值要求
GJB/Z 201-2001k	军事装备和设施的人机工程设计手册	该标准给出了仪表板的设计要求
GJB 35B-2008	歼(强)击机座舱几何尺寸	该标准给出了仪表板下部间隙和仪表板视角的具体数值要求
GJB 807A-2008	飞机仪表板布局通用要求	该标准规定了显示器、仪表、控制装置和灯光信号装置在飞机仪表板上布局和定位的通用要求，给出了仪表板视角和布局的具体要求，适用于军用飞机座舱仪表板布局
GJB 307A-2012	歼(强)击机座舱视野和主仪表板视区	该标准给出了主仪表板视距、安装方位和视区的具体要求，适用于歼击机、强击机、歼击轰炸机及其同类型串列双座教练机的设计
GJB 1192-1991	军用飞机内部颜色要求	该标准规定了仪表板的指示器、备用指示器以及按钮、开关、旋钮等设备的颜色标记要求，适用于各类军用飞机
GJB 718-1989	单座和串列双座固定翼飞机座舱装置	该标准规定了军用固定翼单座和串列双座杆式操纵飞机的座舱布置设计要求，给出了仪表板布置的相关要求
GJB 808-1990	小型化航空仪表设计规范	该规范规定了小型化航空仪表设计的基本原则和一般要求，适用于军用飞机的小型化机械式或机电式仪表，为仪表设计提供依据

2. 标准对比分析

飞机座舱仪表板设计内容包括仪表板视角、空间尺寸和仪表板标记。GJB 718-1989 单座和串列双座固定翼飞机座舱装置、GJB 35B-2008 歼(强)击机座舱几何尺寸和 GJB 307A-2012 歼(强)击机座舱视野和主仪表板视区都对仪表板视角作出了相应规定，要求可为操作者提供正常视角；GJB 35B-2008 歼(强)击机座舱几何尺寸从飞行员腿部空间约束的角度对仪表板空间进行了规定；GJB 1192-1991 给出了仪表板的指示器、备用指示器以及按钮、开关、旋钮等设备的颜色标记要求；GJB 807A-2008 飞机仪表板布局通用要求规定了飞机仪表板布局的通用准则，以及单座、前后串座、并排双座飞机的仪表板和显示器的布局要求。

3. 设计准则

根据相关标准对比分析结论结合国内外研究成果综合分析，提出飞机座舱仪表板设计准则如下。

1) 总则

仪表板布局应遵循以下准则。

(1) 使飞行员与飞机的人机界面达到最佳。

(2) 满足飞机的飞行任务需求。

(3) 仪表板的结构和尺寸满足显示器、仪表、控制装置和灯光信号装置的安装与使用的功能需求。

(4) 由飞机主要任务所确定的主显示器安装在最佳视区。

[引自 GJB 807A-2008 飞机仪表板布局通用要求]

2) 仪表板视角

(1) 通则。

主仪表板安装的方位，应垂直于飞行员的正常视线，显示装置应按使用顺序或功能关系来安排它们的位置，显示的信息应按功能分类安排和区分，以便飞行员能随时从左至右，从上至下或从前至后观察。[引自 GJB 718-1989 单座和串列双座固定翼飞机座舱装置]

(2) 视角。

主仪表板安装的方位，应与飞行员的正常视线相垂直，但与正常视线的夹角不得低于 45°(见图 5.15)，视差应该最小。

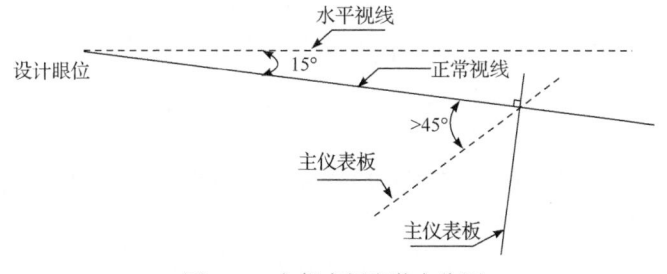

图 5.15 主仪表板安装方位图

(3) 视距。

设计眼位距主仪表板视野中心的推荐距离为 635～720mm(最大不超过 760mm)。

(4) 视区。

主仪表板分八个视区，即左上、右上、左下、右下各两个视区。其中，2、3 区为最佳视区，1、4、5、6、7 区为较佳视区；8 区为一般视区(见图 5.16)。

1 较佳视区	2 最佳视区	3 最佳视区	4 较佳视区
5 较佳视区	6 较佳视区	7 较佳视区	8 一般视区

图 5.16　主仪表板视区图

[引自 GJB 307A-2012 歼(强)击机座舱视野和主仪表板视区]

3) 仪表板空间

仪表板的设置应使其下缘与飞行员腿部在全部运动范围内的间隙不小于 35mm，如图 5.17 所示。[引自 GJB 35B-2008 歼(强)击机座舱几何尺寸]

4) 仪表板标记

(1) 仪表板上容易混淆的指示器应准确、清晰地标记其名称，其颜色为黑底白字。

(2) 应将仪表板上的备用指示器用近似仪表板本色的色带圈起来，如仪表板为淡灰色(B03)，则色带为深灰色(B01)。如仪表板为黑色，则色带为淡灰色((B03)。

(3) 仪表板上重要的按钮、开关、旋钮可用无光中黄色(Y07)或大红色(R03)标记，或加保护盖。

[引自 GJB 1192-1991 军用飞机内部颜色要求]

5) 显示器布局

(1) 信息分配。

除另有规定外，所有的显示器都应具有多功能和多种显示格式，显示器之间的显示格式宜按优先顺序互换，达到资源共享、互为余度。

显示器上的信息布排格式，随飞机仪表板安装的显示器数量和飞机的主要任务的不同有较大的差异，单座和串座飞机仪表板上显示器的信息见 GJB 807A-2008 附录 A。

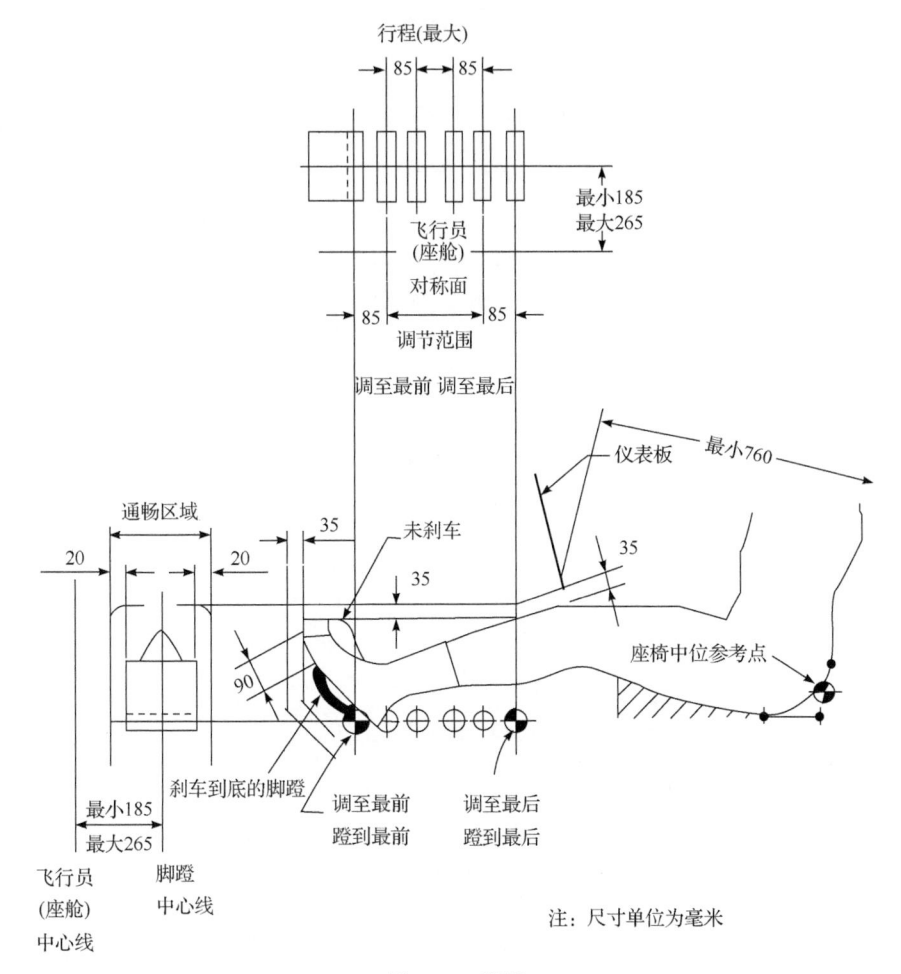

图 5.17 脚蹬

(2) 单座和前后串座飞机仪表板布局。

① 单个显示器。

采用单个大屏幕显示器的仪表板布局见图 5.18(a),采用单个非大屏幕显示器的仪表板布局见图 5.18(b)。

② 两个显示器。

采用两个大屏幕显示器的仪表板布局见图 5.19(a),采用两个非大屏幕显示器的仪表板布局见图 5.19(b)。

③ 三个显示器。

除另有规定外,采用三个显示器的仪表板布局见图 5.20。若使用大屏幕显示器,则需要分屏显示。

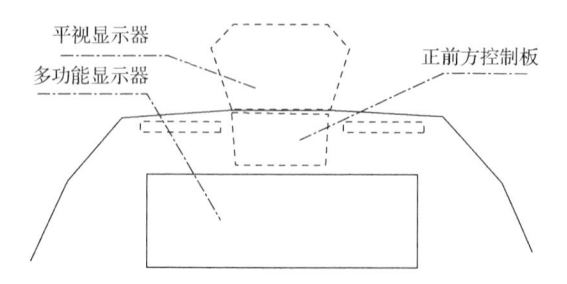

(a) 大屏显示器布局

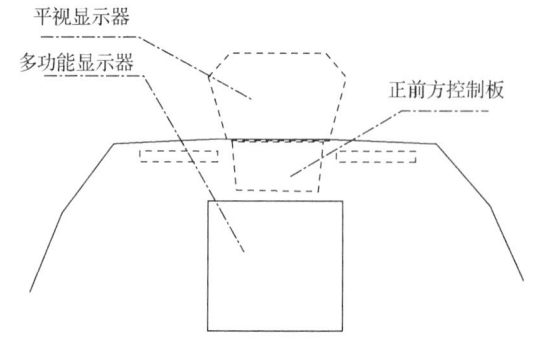

(b) 非大屏显示器布局

图 5.18　单个显示器的仪表板布局示意图

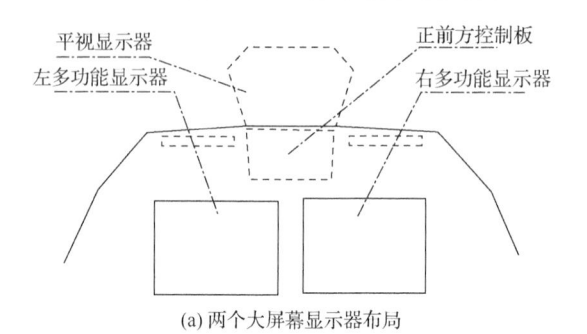

(a) 两个大屏幕显示器布局

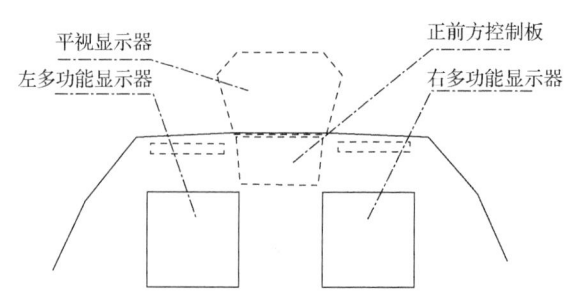

(b) 两个非大屏幕显示器布局

图 5.19　两个显示器的仪表板布局示意图

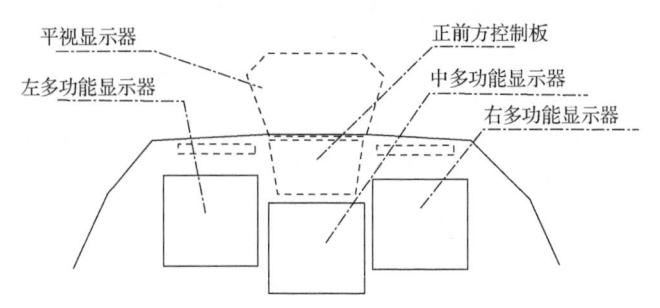

图 5.20 三个显示器的仪表板布局示意图

④ 四个显示器。

除另有规定外，采用四个显示器的仪表板布局见图 5.21。

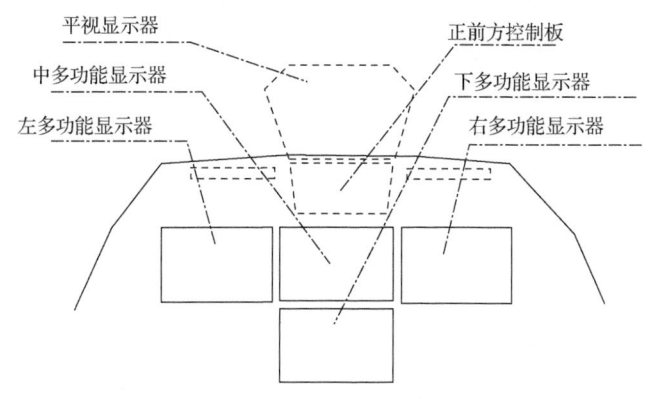

图 5.21 四个显示器的仪表板布局示意图

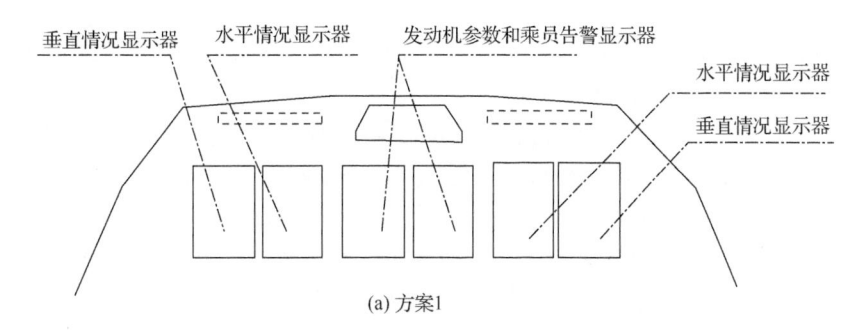

(3) 双座飞机仪表板布局。

并列双座飞机座舱仪表板宜安装 6 个显示器，仪表板布局见图 5.22。应遵循以下原则。

① 两座位之间仪表板中央部位安装发动机参数/乘员告警显示器和系统显示器。

(a) 方案1

(b) 方案2

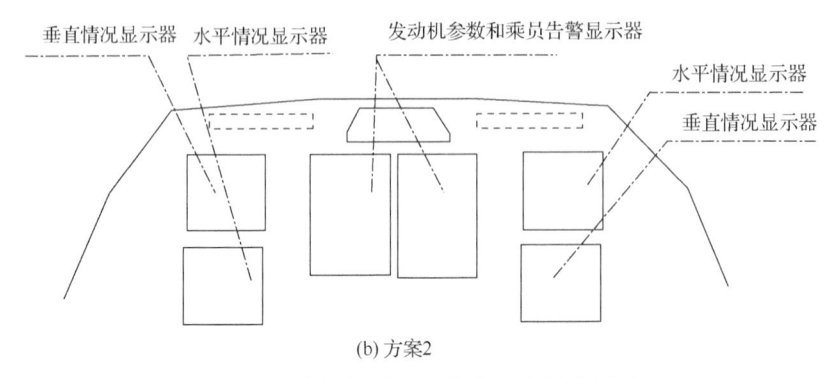

图 5.22 并列双座飞机仪表板布局示意图

② 显示飞行计划和导航信息的显示器置于仪表板靠中央一侧，显示垂直状态和罗盘的显示器置于仪表板靠外一侧。

③ 两座位之间仪表板中央下部安装应急备用显示器。

(4) 备用和应急仪表布局。

为确保安全，在仪表板适当位置上选择配备下述备用和应急仪表，安装区域见图 5.23。

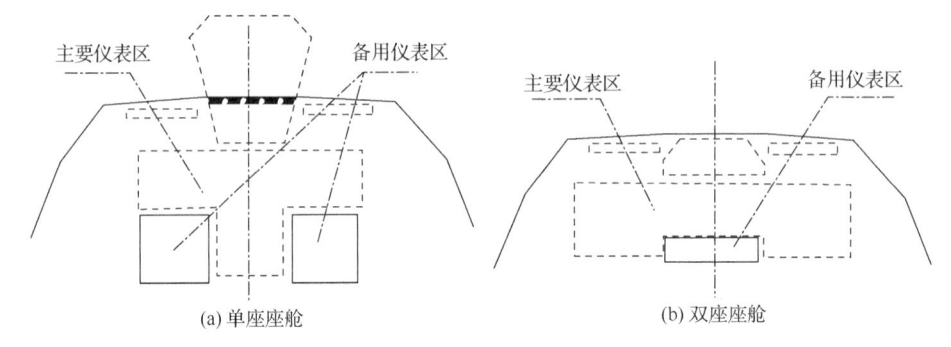

(a) 单座座舱　　(b) 双座座舱

图 5.23 备用仪表板布局示意图

(5) 灯光信号布局。

灯光信号装置的告警要求应按 GJB 1006-1990 的规定。为确保飞行安全和充分利用仪表板空间，应遵循如下原则。

① 主告警灯和危及飞行安全的告警灯：在单座座舱内，应安装在飞行员 15°视锥范围内，典型的布局见图 5.24；在并列双座座舱内，应安装在正、副飞行员各自的 30°视锥的重叠区内。

② 主注意灯：在单座座舱内，应安装在飞行员 30°视锥内；在并列双座座舱内，应安装在正、副飞行员各自的 30°视锥的重叠区内。

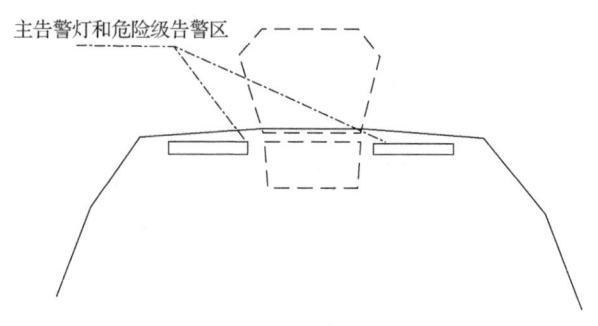

图 5.24 重要告警灯布局示意图

③ 除危及飞行安全的警告灯以外的其他告警灯和注意灯,应集中或相对集中在信号灯盒内,安装在飞行员 30°视锥之外的仪表板右侧。

④ 提示灯和指示灯,应集中在信号灯盒内,安装在仪表板上的适当位置,也可安装在仪表板以外的适当位置。

[引自 GJB 807A-2008 飞机仪表板布局通用要求]

5.3 座舱信息及显示

5.3.1 信息显示量/格式

1. 相关标准

座舱信息显示量/格式相关标准如表 5.12 所示。

表 5.12 座舱信息显示量/格式相关标准

标准编号	标准名称	对信息显示量/格式的要求
MIL-STD-1472H	Human Engineering	该标准给出了信息的数量、信息的密度、信息的呈现、信息的格式等具体要求
GJB 2873-1997	军事装备和设施的人机工程设计准则	该标准给出了信息显示的内容、冗余度、精密度、格式和显示持续时间等具体要求
GJB/Z 201-2001k	军事装备和设施的人机工程设计手册	该标准在 GJB 2873-1997 的基础上对信息显示的冗余度作更加详细的要求
—	Human Factors Design Guide	该指南针对民用飞机,在显示的清晰度、精确度、告警、显示内容等方面提出了要求,军用飞机也可以参考使用
HB 7587-1998	飞机座舱信息显示基本要求	该标准规定了军用飞机座舱信息显示的基本要求,给出了信息显示的数量、信息的精密度、信息的呈现类型及信息格式等具体要求,适用于军用飞机座舱信息显示的设计

续表

标准编号	标准名称	对信息显示量/格式的要求
GJB 300-1987	飞机平视显示器字符	该标准适用于军用固定翼飞机电/光显示器中的平视显示器，给出了平视显示器信息显示的特点和显示格式等具体要求
GJB 301-1987	飞机下视显示器字符	该标准适用于军用固定翼飞机电/光显示器中的下视显示器，附录B/C给出了下视显示器信息显示的特点和显示格式等具体要求
GJB 189A-2015	飞机平视显示/武器瞄准系统通用规范	该规范规定了飞机平视显示/武器瞄准系统的技术要求、质量保证和交货准备等通用要求，主要适用于以CRT为显示器件的平显系统，给出了信息显示内容与信息显示格式的具体要求
GJB 5918A-2021	军航座舱交通信息显示及操作要求	该标准规定了军用有人驾驶航空器座舱显示空中交通信息的种类、格式、内容和操作控制要求，适用于军用运输机、轰炸机、预警机等航空器的座舱交通信息人机交互界面、信息显示及操作
JB/T 5062-2006	信息显示装置 人机工程一般要求	该标准规定了信息显示装置的分类、设计、选用基本原则和人机工程一般要求，该标准主要用于信息显示装置的分类、设计和选用，简单介绍了信息的显示内容和信息格式，可作简单参考

2. 标准对比分析

GJB 2873-1997 5.2.1.3 对座舱显示的内容、精密度、格式、余度、组合操作者/维修者的信息、故障显示清晰度、显示器电路故障、数字技术显示器提出了定性的要求。MIL-STD-1472H 5.2.2 从信息的数量、信息的密度、信息的呈现、信息的格式四个方面进行规定。Human Factors Design Guide 7.2.1.1 针对民用飞机，在显示的清晰度、精确度、告警、显示内容等方面提出了要求。针对三个条款相近项目的规定进行比较，并结合飞机座舱的特点，基于 MIL-STD-1472H 5.2.2 的框架形成飞机座舱信息显示量/格式设计准则。

3. 设计准则

根据相关标准对比分析结论结合国内外研究成果综合分析，提出飞机座舱信息显示量/格式设计准则如下。

1) 信息的数量

(1) 内容：显示给飞行员的信息应足以允许飞行员完成预定的任务，但应限于那些为完成特定动作或作出决策所必需的信息,通过任务分析要能追溯到信息源。

(2) 精密度：信息显示应仅限于特定操作者的动作或决策所要求的范围和精密度内,通过任务分析要能追溯到信息源。

(3) 余度：信息显示中,如果不要求达到特殊的可靠度,应该避免给单个操作者冗余的信息。

[参考 GJB 2873-1997 军事装备和设施的人机工程设计准则、MIL-STD-1472H Human Engineering、Human Factors Design Guide 综合制定]

2) 信息的密度

深度编码的对象应该在空间上进行分离,以消除视差平均、拥挤和排斥现象。当在 3D 显示中使用诸如线框或透明度等技术时,应尽量减少细节的数量。

[参考 MIL-STD-1472H Human Engineering、Human Factors Design Guide 综合制定]

3) 信息的呈现

(1) 纯文本信息应当尽可能适应飞行员的语言水平,且文本应细致具体,以满足飞行员的应用需求。

(2) 缩写应有区分度,避免混淆;字词应当只有一个相一致的缩写;缩写不得使用标点符号;定义缩写、助记符和代码应符合飞行员的需求。

(3) 当显示信息的精度很重要时,应使用数字显示;当模式的变化十分重要时,应使用具体的图形显示,当模式的变化对知觉精确度十分重要时,数字显示不应作为信息显示的唯一方式。当快速或缓慢的数字显示速率阻碍了正常知觉时,也不应该使用数字计数式显示器。显示的定量信息应包括测量单位。

[参考 GJB 2873-1997 军事装备和设施的人机工程设计准则、MIL-STD-1472H Human Engineering 综合制定]

4) 信息的格式

(1) 关键数据不得分页或滚动;信息应以直接可用的形式呈现给飞行员,应避免要求变换、计算、内插或心算转换成其他单位。

(2) 同一系统里显示的信息应当以一个统一的、标准化的方式呈现。

(3) 飞行员在使用同一个系统或跨系统时,显示格式应当一致。

(4) 同一任务里的输入和输出格式应当相同。

(5) 数据字段应当以字符到字符的方式排列,字符间对齐。

(6) 数据输入格式应匹配源文件格式

(7) 每个显示屏底部最后几行应保留以显示状态、错误消息、提示和指令等条目。

[参考 GJB 2873-1997 军事装备和设施的人机工程设计准则、MIL-STD-1472H Human Engineering、Human Factors Design Guide 综合制定]

5.3.2 信息字符显示

1. 相关标准

座舱信息字符显示相关标准如表 5.13 所示。

表 5.13 座舱信息字符显示相关标准

标准编号	标准名称	对信息字符显示的要求
MIL-STD-1472H	Human Engineering	该标准给出了字母数字组成字符的大小、宽度、笔画宽度等具体要求
GJB 2873-1997	军事装备和设施的人机工程设计准则	该标准给出了信息显示字符大小写、字的宽度、字的笔画宽度、字间距离、标记大小与照明宽度等具体要求
—	Human Factors Design Guide	该指南给出了字符间距、词间距、行间距、段落间距、字符高度、字符宽度、笔画宽度、最小点阵等相关要求
GJB 300-1987	飞机平视显示器字符	该标准适用于军用固定翼飞机电/光显示器中的平视显示器，给出了信息字符的形状、字符尺寸和度量、字符线宽等具体要求，该标准是平视显示器字符显示的主要参考依据
GJB 301-1987	飞机下视显示器字符	该标准适用于军用固定翼飞机电/光显示器中的下视显示器，给出了信息字符的形状、字符尺寸和度量、字符线宽和字的连续书写间隔等的具体要求，该标准是平视显示器字符显示的主要参考依据
GJB 189A-2015	飞机平视显示/武器瞄准系统通用规范	该标准主要适用于以 CRT 为显示器件的平显系统，给出了字符颜色、字符形状、字符尺寸和线位移和字符线宽的具体要求
GJB/T 5062-1991	信息显示装置人机工程一般要求	该标准主要用于信息显示装置的分类、设计和选用，附录中简单介绍了标志用字符的字体、行间距、字符高度、宽度的相关要求，可作简单参考
GJB 1062A-2008	军用视觉显示器人机工程设计通用要求	该标准规定了军用视觉显示器的人机工效设计原则和通用要求，给出了不同种类显示器字符大小的具体要求，可以作为字符显示的基础参考依据

2. 标准对比分析

GJB 2873-1997 5.5.5 从黑字符、暗适应、大小写、字的宽度、字的笔画宽度、字间距离、标记大小与照明亮度等方面对显示系统字符设计提出了要求；MIL-

STD-1472H 5.2.2.13 给出了字母数字的组成、字符的大小、宽度、笔画宽度等要求，以及从弹射座椅角度观察字符大小的规定；Human Factors Design Guide 8.2.3 对字符间距、词间距、行间距、段落间距、字符高度、字符宽度、笔画宽度、最小点阵等提出了要求。

从规章的内容上看，GJB 2873-1997 5.5.5 和 MIL-STD-1472H 对字符间距的要求基本一致，GJB 2873-1997 5.5.5 和 Human Factors Design Guide 8.2.3 对信息字符显示的规定更加系统、全面、详细，故可综合三个标准的优势提出设计准则。

3. 设计准则

根据相关标准对比分析结论结合国内外研究成果综合分析，提出飞机座舱信息字符显示设计准则如下。

(1) 字符间距。

① 字间的最小距离应为一笔画的宽度。

② 词之间的距离至少应为一个字母("I"除外)的宽度。

③ 外文最小行距为字高的 1/2，汉字的行距应为字高的 1/2～1。

[参考 GJB 2873-1997 军事装备和设施的人机工程设计准则、MIL-STD-1472H Human Engineering 综合制定]

(2) 段落间距：段落应用空行隔开。

(3) 字符高度：显示字符的最小高度应为视距的 1/200。

[引自 Human Factors Design Guide]

(4) 字符宽度。

① 字母(包括汉语拼音字母，下同)宽/高比，一般取 3/5，"M" 和 "W" 取 4/5。

② 数字宽/高比应取 3/5。

③ 汉字的宽度应符合 HB 5888-2008 4.2 的规定。

④ 当在要求宽字符的情况下，如在一个曲面上，或者数字必须排列成一垂直线时，基本的宽/高比可增为 1:1。

(5) 笔画宽度。

① 白色(或浅色)背景下黑字符的笔画宽为字高的 1/7～1/6。

② 在要求暗适应或夜间易读的地方，在背景下用白色字的情况下，笔画的宽度为字高的 1/8～1/7。

③ 透明字符的笔画宽度为字高的 1/12～1/8。

④ 高度相同的字母和数字的笔画宽度应全部相等。

⑤ 汉字笔画宽度应符合 HB 5888-2008 的规定。

[参考 GJB 2873-1997 军事装备和设施的人机工程设计准则、MIL-STD-1472H Human Engineering 综合制定]

5.3.3 信息显示亮度/对比度

1. 相关标准

座舱信息显示亮度/对比度相关标准如表 5.14 所示。

表 5.14 座舱信息显示亮度/对比度相关标准

标准编号	标准名称	对信息显示亮度/对比度的要求
MIL-STD-1472H	Human Engineering	该标准给出了显示器亮度范围、显示内容的亮度范围、显示亮度比范围以及亮度调节时的要求
GJB 2873-1997	军事装备和设施的人机工程设计准则	该标准分别给出了视觉显示器与听觉显示器的照明、信息显示亮度和对比度的具体要求
GJB/Z 201-2001k	军事装备和设施的人机工程设计手册	该标准在信息亮度/对比度方面完全参照 GJB 2873-1997 的相关要求
—	Human Factors Design Guide	该指南给出了亮度、亮度调节、对比度等详细要求
GJB 189A-2015	飞机平视显示/武器瞄准系统通用规范	该规范主要适用于以 CRT 为显示器件的平显系统,给出了信息显示亮度和对比度、亮度均匀度的具体要求
GJB 1062A-2008	军用视觉显示器人机工程设计通用要求	该标准规定了军用视觉显示器的人机工程设计原则和通用要求,给出了不同种类显示器屏幕及其与环境对比度的具体要求,可以作为信息亮度/对比度的基础参考依据
SAE-AS8034C	Minimum Performance Standard for Airborne Multipurpose Electronic Displays	该标准给出了机载多功能电子显示器在标准条件和环境条件下的最低性能要求,给出了外界照明亮度、显示器亮度、亮度与颜色识别、颜色选择(包括颜色均匀度)等方面的具体要求

2. 标准对比分析

Human Factors Design Guide 7.2.2.1 给出了显示信息亮度、亮度调节、对比度的相关要求,但并未对亮度和对比度作出详细的规定,只提出了一般情况下的要求;GJB 2873-1997 5.2.1.2 对显示器照明的亮度和对比度要求进行了规定,主要针对不同照明场合提出照明亮度要求,而对比度要求未作详细要求;MIL-STD-1472H 5.2.2 针对视觉显示器的安装提及了亮度和对比度的要求,相对而言较为详细,从多方面对显示器亮度进行规定,其中包括亮度调节的要求。

3. 设计准则

根据相关标准对比分析结论结合国内外研究成果综合分析，提出飞机座舱信息显示亮度/对比度设计准则如下。

1) 亮度

(1) 显示器亮度范围(从最亮到最暗)应不少于 50∶1。

(2) 显示屏幕的最大亮度比和最小亮度比不能超过 10∶1。

(3) 字符(或其背景)的亮度不能低于 $35cd/m^2$。

(4) 应使显示器亮度从周围环境最小亮度的 10%至最大亮度之间进行调节，并且这种调节应是多级的。

2) 对比度

(1) 所有显示信息和显示背景之间应有足够的对比度，以保证用户在任何可预见的照明情况下都能接收到信息。

(2) 字符和背景之间的对比度应为 6∶1 或更大，最佳对比度为 10∶1 或更大。

(3) 应为区分字符和背景的对比度提供控制器。

[参考 GJB 2873-1997 军事装备和设施的人机工程设计准则、MIL-STD-1472H Human Engineering、Human Factors Design Guide 综合制定]

5.3.4 信息显示色度

1. 相关标准

座舱信息显示色度相关标准如表 5.15 所示。

表 5.15 座舱信息显示色度相关标准

标准编号	标准名称	对信息显示色度的要求
SAE-AS8034C	Minimum Performance Standard for Airborne Multipurpose Electronic Displays	该标准给出了机载多功能电子显示器在标准条件和环境条件下的最低性能要求，把信息显示色度与信息亮度和对比度相结合，并考虑了文字符号与背景相互影响的情况，给出了相关要求
AC-25-11B	Electronic Flight Displays	该规范给出了信息色度差异和色度稳定性的具体要求

2. 标准对比分析

AC-25-11B 3.2.5 Chromaticity 与亮度、对比度要求相结合对显示色度作出规定，针对色度的影响结果，色度的设计不能影响区分图形、字符。SAE-AS8034C

4.3.3、4.3.4 对色度的规定也是与亮度、对比度相结合的，并考虑到了文字符号与背景相互影响的情况，最终目的也是为了使色度的设计不产生混淆。针对飞机座舱的需求，可参考 AC-25-11B 3.2.5 Chromaticity 提出设计准则。

3. 设计准则

根据相关标准对比分析结论结合国内外研究成果综合分析，提出飞机座舱信息显示色度设计准则如下。

在所有可预见的照明环境下，显示的色度和亮度差异应保证图形字符与背景和背景阴影区域容易区分。平栅图像或视频应保证图像可从覆盖的字符中识别，并保证图像字符易于识别。

在所有可预见的工作温度和图像动态特性下，图像应保证色度的稳定性，使显示的字符可理解，不被误解或混淆。

[参考 SAE-AS8034C Minimum Performance Standard for Airborne Multipurpose Electronic Displays、AC-25-11B Electronic Flight Displays 综合制定]

5.3.5 信息显示响应时间

1. 相关标准

座舱信息显示响应时间相关标准如表 5.16 所示。

表 5.16 座舱信息显示响应时间相关标准

标准编号	标准名称	对信息显示响应时间的要求
MIL-STD-1472H	Human Engineering	该标准给出了系统响应时间的限值
—	Human Factors Design Guide	该指南给出了系统响应时间的限值与误差范围
HB 7587-1998	飞机座舱信息显示基本要求	该标准规定了军用飞机座舱信息显示的基本要求，给出了信息显示的持续时间和信息同步的一般要求，适用于军用飞机座舱信息显示的设计
AC-25-11B	Electronic Flight Displays	该规范给出了信息显示响应时间设计的定性要求

2. 标准对比分析

FAA 和 MIL 都给出了信息显示响应时间的相关要求。Human Factors Design Guide 8.1.2.1 对信息显示响应时间的规定比较详细，并给出了系统响应时间的限值与误差范围，AC-25-11B 3.2.7 Display Response 给出了信息显示响应时间设计的定性要求；MIL-STD-1472H 5.1.2.3.3、5.1.3.1.4 给出了系统响应时间的限值。

3. 设计准则

根据相关标准对比分析结论结合国内外研究成果综合分析，提出飞机座舱信息响应时间设计准则如下。

(1) 显示器的动态响应应能保证信息的分辨率和可读性，且不包含误导性的、使人分心和混淆的信息。

(2) 信息响应时间应能保证颜色、线宽、灰度和字符在相对位置下的动态稳定性。

(3) 显示响应时间：在系统状态改变时，该系统的控制、监视或在显示器上的指示状态之间不应有可察觉的时间延迟。

[参考 MIL-STD-1472H Human Engineering、Human Factors Design Guide、HB 7587-1998 飞机座舱信息显示基本要求综合制定]

5.3.6 信息显示菜单

1. 相关标准

座舱信息显示菜单相关标准如表 5.17 所示。

表 5.17 座舱信息显示菜单相关标准

标准编号	标准名称	对信息显示菜单的要求
MIL-STD-1472H	Human Engineering	该标准提出了进行信息显示菜单选择时应满足的原则
—	Human Factors Design Guide	该指南规定了信息显示菜单应包含的内容
AC-25-11B	Electronic Flight Displays	该规范给出了信息显示菜单设计的注意事项

2. 国内外研究成果

在大屏幕显示器条件下，系统显示方式存在不同的可能性，要更合理地在屏幕上显示这些界面，首先需要确定显示界面菜单层级。菜单最主要的组织构建方式是层级树。菜单的层级数代表菜单的深度，模块的数量则代表菜单的宽度。菜单的层级越多则飞行员记忆的负担越重，设计者可以考虑扩大菜单的宽度，但是，宽度越大显示界面越拥挤。一般情况下界面的显示屏幕尺寸有限，所以不能无限制地扩大界面宽度。

总搜索时间(total search time，TST)是用来模糊估计某一任务所需搜索时间的定量指标，可以计算信息显示界面在一定深度和宽度下完成某一任务的平均搜索

时间，其计算式为

$$T = (bt + k + c) \cdot \left(\frac{\log_2 N}{\log_2 b} \right)$$

式中，T 为搜索时间；b 为宽度；k 为人(飞行员)的反应时间；c 为计算机响应时间；t 为每一个选择操作的运行时间；N 为总的功能项数(即总的备选项数)。由理论推导可知，界面的最优宽度大约是 4～13 个模块，且任务越依赖于独立选项，界面深度应越大，界面宽度应越小。

以 F18 为例，在显控界面上，飞行员通过屏幕周围均匀分布的 20 个按钮进行选择，除去 4 个 NO 键和一个 MENU 键，每一个按钮对应下一级一个子项，共 15 个选择模块。MENU 键的功能是从任何一个界面返回主界面；第二部分是具体界面的第一层；第三部分是具体界面的第二层。

第一层共有 15 个模块，分别是水平位置界面(HSI)、平视界面(HUD)、雷达界面(RDR)、飞机外挂管理界面(SMS)、前视红外图像界面(FLIR)、海用前视红外图像界面(NFLR)、自检与测试界面(BIT)、检查清单界面(CHK)、发动机参数界面(ENG)、态势感知界面(SA)、自动着陆界面(ACL)、姿态控制显示界面(ADL)、油箱界面(FUEL)、电子战界面(EW)、飞行性能咨询系统界面(PPAS)。这 15 个模块是飞机系统的主要功能模块，是飞行员操控飞机、获取飞机自身信息、联系地面系统、完成飞行与战斗任务的主要工具。15 个功能模块的下一级为导航菜单或操作菜单。从导航层上不能直接来到这一层，这一层界面用来显示上一层的具体信息或直接操作战斗机的层次，当然这一层也还有子级界面，在这一层上飞行员仍然是运用显示屏幕周围的 20 个按钮与飞机进行交互。

各个模块界面显示的信息之间基本上是独立的，每个模块界面都可单独观察，如自检与测试界面(BIT)；但是，战斗机一旦处于某个动态情境中，飞行员往往需要来自多个模块界面的信息用以综合判断战斗机外部环境和飞机自身状态，从而作出正确的判断，在这种情况下，战斗机座舱人机界面采用的办法是将多个显示器同时显示或在同一显示器上通过硬件按钮切换界面，或者重新设计一个综合界面显示所有需要的信息，如上述举例的 F18 战斗机中，指引地平仪界面(ADL)就是一个综合显示界面[34]。

3. 标准对比分析

FAA 和 MIL 都给出了信息显示菜单的相关设计要求。Human Factors Design Guide 8.1 节中规定了信息显示菜单应包含的内容和进行信息显示菜单选择时应遵循的原则；AC-25-11B 6.3.2 Menu 详细列举出信息显示菜单必需的条目；MIL-STD-1472H 5.1.3.12.2 给出了信息显示菜单选择时应满足的要求。

4. 设计准则

根据相关标准对比分析结论结合国内外研究成果综合分析，提出飞机座舱信息显示菜单设计准则如下。

(1) 菜单是飞行员可以选择的显示列表项。菜单包括下拉菜单、滚动菜单以及多功能显示器上的选择键，与飞行管理系统树状结构菜单相似。选项是菜单中的可选择项中的一个。选择是飞行员选择菜单选项的动作，可以通过光标指向，进入相关联的选项代码，或者激活功能键来完成。

(2) 菜单的层次结构和组织应设计为允许飞行员在符合飞行任务逻辑的方式下，菜单项是顺序执行的下一步。菜单上所提供的任何特定选项应符合逻辑上相互关联的。菜单应显示在一致的位置，无论是固定位置或一致的相对位置，从而使飞行员知道在哪里可以找到它们。在任何时候，系统应该显示出菜单和菜单层次结构中的当前位置。

(3) 子菜单的数量应保证飞行员及时获得所需的选项，无需记忆菜单的结构。在菜单项表示所允许项目的选择时，最后的选择项目与其他菜单之间有明显的区分。

(4) 选择所需的步数应与飞机机组所执行任务的频率、重要性和紧迫性一致。

(5) 菜单显示时不能隐藏必要的信息。

[参考 MIL-STD-1472H Human Engineering、Human Factors Design Guide、AC-25-11B Electronic Flight Displays 综合制定]

5.3.7 指针刻度/形状

1. 相关标准

座舱指针刻度/形状相关标准如表 5.18 所示。

表 5.18 座舱指针刻度/形状相关标准

标准编号	标准名称	对指针刻度/形状的要求
MIL-STD-1472H	Human Engineering	该标准给出了指针刻度、形状和指针颜色等的具体要求
GJB 2873-1997	军事装备和设施的人机工程设计准则	该标准给出了指针长度、尖端形状和颜色等一般要求
GJB/Z 201-2001k	军事装备和设施的人机工程设计手册	该标准在 GJB 2873-1997 的基础上增加了指针标度盘、不同种类指针的相关要求以及指针的形状编码的具体要求
AC-25-11B	Electronic Flight Displays	该规范给出了指针刻度和形状的具体要求

2. 标准对比分析

AC-25-11B、GJB 2873-1997 5.1.3 和 MIL-STD-1472H 都给出了指针刻度/形状的相关要求。AC-25-11B 中给出了指针刻度/形状的设计要求；GJB 2873-1997 5.1.3 和 MIL-STD-1472H 根据指针是否固定和标度的形状分类规定，并对指针形状给出了详细要求。

3. 设计准则

根据相关标准对比分析结论结合国内外研究成果综合分析，提出飞机座舱指针刻度/形状设计准则如下。

1) 活动指针圆形标度

旋转控制器顺时针运动或者线性控制器的向前、向上或向右运动使圆形标度指针顺时针运动和调整量值增加。

2) 活动指针线性标度

旋转控制器顺时针运动或者线性控制器向上、向前或向右运动应使水平和垂直标度指针向右或者向上运动，度数量值增加。

3) 固定指针圆形标度

应避免使用带有移动标度和固定指针或者游标的显示器。当需要用圆形固定指针活动标度的指示器时，旋转控制器顺时针运动或者线性控制器向前、向上或向右运动应使标度逆时针运动，读数的量值增加。

4) 固定指针线性标度

当需要用垂直或者水平固定指针活动标度指示器时，相应旋转控制器顺时针运动或者线性控制器向前、向上或向右运动应使标度逆时针运动，读数量值增加。

5) 直接联系

当在控制器和显示器间有直接联系时(如无线电频率选择器和电台指针)，如果指针移动弧度超过 180°，需要用旋转控制器，如果指针移动弧度小于 180°，只要控制器运动路径与指针运动的平均路径是平行的并且显示器与控制器在同一方向上运动，可以用线性控制器。

6) 相同平面

选择控制器时应使控制器运动方向与相同平面内的相关显示器、设备部件或飞机的运动方向一致。

7) 平行运动

当控制器和显示器运动方向平行时，运动方向应一致。

[引自 GJB 2873-1997 军事装备和设施的人机工程设计准则]

5.3.8 警告/警示信息

1. 相关标准

座舱警告/警示信息相关标准如表 5.19 所示。

表 5.19 座舱警告/警示信息相关标准

标准编号	标准名称	对警告/警示信息的要求
MIL-STD-1472H	Human Engineering	该标准给出了警告提示信息的使用、特性、信号集成、优先级编码、文字高度等具体要求
GJB 2873-1997	军事装备和设施的人机工程设计准则	该标准给出了视觉显示器告警信息的简单要求，听觉显示器告警信号的性质、频率、强度及告警能力的具体要求
GJB/Z 201-2001k	军事装备和设施的人机工程设计手册	该标准在 GJB 2873-1997 的基础上给出了听觉告警识别时间和告警信号的控制等具体要求
GJB 300-1987	飞机平视显示器字符	该标准适用于军用固定翼飞机电/光显示器中的平视显示器，给出了低限高度警告和临界状态告警时字符显示的具体要求
JB/T 5062-2006	信息显示装置 人机工程一般要求	该标准主要用于信息显示装置的分类、设计和选用，简单介绍了听觉显示器声音危险信号的相关要求，可作简单参考

2. 标准对比分析

FAA 对警告/警示信息的规定较为分散，没有集中对显示系统的警告/警示信息进行规定，GJB 2873-1997 5.2.1.1 对警告/警示信息给出了非常简短的规定，只有 MIL-STD-1472H 5.2.3.1.12 对警告/警示信息给出了详细的要求，结合飞机座舱警告/警示信息相关要求，制定飞机座舱警告/警示信息设计准则。

3. 设计准则

根据相关标准对比分析结论结合国内外研究成果综合分析，提出飞机座舱警告/警示信息设计准则如下。

1) 警告/警示

警告/警示信息应表明触发条件，使飞行员更易察觉到非正常事件。(可以采用视觉、听觉、触觉等方式告警)

2) 使用

警告/警示信息应当用来提醒飞行员某个特定情况的发生,并告知飞行员情况的性质和优先级。视觉警告、注意事项和咨询应与其他感觉形式(如听觉、触觉)集成。

3) 特性

在所有预期的光线条件下,警告/警示信息显示必须清晰明显。显示器应与一般照明区域明显不同,警告/警示信息应在它们所使用的操作区域内具有特定的含义。

4) 优先级编码

建立视觉信号的优先级,可使用具有辨识力的特征,如闪烁、颜色、形狀、字符、色彩对比、大小、亮度对比度进行编码。

(1) 警告信号。

视觉警告信号应使用 3.0～5.0Hz 且具有 50%的占空比的红色闪光频率来呈现。所有的警告信号灯闪光率应同步。如果警示信号需要一起使用时,警告信号与警示信号的编码应易于区分。

(2) 警示信号。

如果警示信号采用文本闪烁的形式,文本闪烁的速度将不超过 2.0Hz 的间隔。视觉警示信号应为黄色。应采用至少两种易于辨识的特点,以加快警示信号的识别。如果有警告信号一起使用时,警示信号应不超过警告信号一半的强度。

5) 文字高度

文字视觉警告和警示信号应使用在 8.7～17.4mrad 的字符呈现。

[参考 GJB 2873-1997 军事装备和设施的人机工程设计准则、MIL-STD-1472H Human Engineering 综合制定]

5.3.9 显示界面编码

1. 相关标准

座舱显示界面编码相关标准如表 5.20 所示。

表 5.20 座舱显示界面编码相关标准

标准编号	标准名称	对显示界面编码的要求
MIL-STD-1472H	Human Engineering	该标准给出了字符编码的标准化要求,并给出了颜色编码的详细要求
GJB 2873-1997	军事装备和设施的人机工程设计准则	该标准给出了字符编码和颜色编码的具体要求

续表

标准编号	标准名称	对显示界面编码的要求
GJB/Z 201-2001k	军事装备和设施的人机工程设计手册	该标准在显示界面编码方面完全参照 GJB 2873-1997 的相关要求
—	Human Factors Design Guide	该指南给出了字符编码和颜色编码的具体要求
HB 7587-1998	飞机座舱信息显示基本要求	该标准规定了军用飞机座舱信息显示的基本要求,分别给出了视觉信息和听觉信息编码的具体要求,适用于军用飞机座舱信息显示的设计
JB/T 5062-2006	信息显示装置 人机工程一般要求	该标准主要用于信息显示装置的分类、设计和选用,简单介绍了灯光显示器颜色编码的相关要求,可作简单参考
GJB 1062A-2008	军用视觉显示器人机工程设计通用要求	该标准规定了军用视觉显示器的人机工效设计原则和通用要求,给出了不同种类显示器字符和颜色编码的具体要求,可以作为显示界面编码的基础参考依据
AC-25-11B	Electronic Flight Displays	该规范给出了字符编码和颜色编码的具体要求

2. 国内外研究成果

1) 单一编码维度

当有几种编码维度可供选择时,可以通过实验来决定哪个编码维度最好。某项研究使用如图 5.25 所示的 4 套编码,被试需要在大显示屏上,数出某个特定种类的项目数(如红色、大炮、圆形或 X52 轰炸机),项目的密度(即在显示器上的项

	C-54	C-47	F-100	F-102	B-52
飞机形状	✈	✈	✈	✈	✈
几何图形	三角形 ▲	菱形 ◆	半圆形 ⌒	圆形 ●	星形 ★
军事符号	雷达	大炮	飞机	导弹	航船
颜色(孟塞尔色符号)	绿色 (25G 5/8)	蓝色 (5BG 4/5)	白色 (5Y 8/4)	红色 (5R 4/9)	黄色 (10YR 6/10)

图 5.25 研究使用的 4 套编码示例

目总数)在不同实验组中也是不同的。实验结果如图 5.26 所示，图中的 x 值指出了保持颜色(或形状)不变时，100 个项目的实验数据比较情况。由此可见，颜色编码在该任务中具有明显优势，这种优势在各个密度水平下都是一致的。

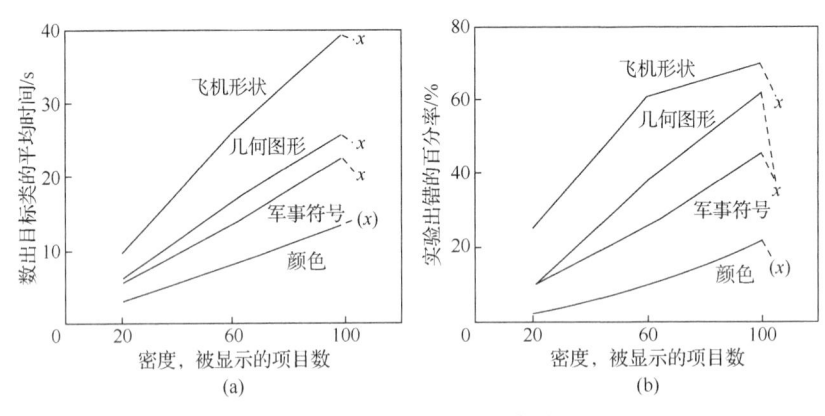

图 5.26 平均时间和出错率结果

虽然各种研究已经指出，不同的视觉编码维度对于不同作业和不同情况，它们的相关性也不同，但是，有关使用这些编码的明确指南仍然没能确定下来。认识到这一点后我们就会意识到，在选择特殊用途的视觉编码时，必须具有良好的判断力。表 5.21 给出了各种视觉编码所能分辨的近似水平数以及对某些方法的附带意见，可以作为部分指导方针。

表 5.21　某些编码视觉方式的总结

字母、数字	单个数字，10 个；单个字母，26 个；它们的组合形式，数量不限；效果良好；对于识别特别有用；如果对比性良好，会使用很少的空间；某些项目容易彼此混淆
颜色	可以用 9 种色调；色调、饱和度和亮度组合，有 24 种以上的组合；最好不超过 9 种色调；特别适用于搜索和计数作业；会受其他色光影响[35]
颜色(光)	可以用 10 种颜色，但最好不超过 3 种；受空间的限制；适用于判定物品的质量
几何形状	可以用 15 种以上；最好不超过 5 种；是普遍使用的编码系统，特别是对于象征性标志的呈现；一起使用的各个形状要有所差别，有些形状组合比较难以辨认
视角	可以用 24 个角度；最好不超过 12 个；一般可以满足在类似于钟表、CRT 等圆形仪器上指示方向、角度和位置的特殊目的
大小	可以用 6 种，最好不超过 3 种；需要较大的空间；只在特定场合使用
视觉数目	可以用 6 种，最好不超过 4 种，只在特定场合使用，例如表示项目的数量；需要相当大的空间，可能会与其他符合混淆
亮度	4 种；最好不超过 2 种，只能在特定场合使用；较弱的信号可能会被遮盖

	续表
闪烁率	最好不超过2种；如果接收者需要对多种闪烁率进行区分，则应用上会受到限制；然而，闪烁可以用在与控制时间间隔的组合或吸引对特定区域注意力的方面

2) 颜色编码

颜色是一种相当普遍的视觉编码方式，与颜色有关的一个重要问题是正常颜色视觉的人能够区分的不同颜色的数目，这个数目一般被假定为一个相对中等大小的数。例如，正常的观察者能够识别大约9种表面颜色，其主要的变化在于色调。但是，当色调、饱和度和亮度以非冗余方法结合时，人们通过训练可以学会辨别大概24种颜色。当没有经过训练的人使用颜色编码时，比较明智的办法是建议其使用少量的易分辨的颜色。

通常，人们发现颜色编码在"搜索"作业中特别有效。这种作业包括扫描包含许多不同刺激物的排列，来找出、定位或计算那些特定的类别。颜色的这一优势大概是由于它比其他视觉编码能更容易地"抓住眼球"。搜索作业的例子包括使用地图和航海图、搜索文档项目、搜索经过颜色编码后的某些特定颜色的电线。关于颜色编码与其他种类编码的比较研究发现颜色编码一般在搜索作业中比其他编码(几何形状、字母和数字)更好。

研究人员还发现，对于"识别"作业，颜色编码比某些其他编码更好。但是对于这种作业，颜色编码一般比字母或数字要差。因为识别作业包括编码含义的概念识别，不是简单的一种颜色的项目从其他颜色中的视觉识别(如从其他标签中识别出红色标签)。

因此，一般来说，颜色是一种非常有用的编码维度，但它显然不是一个普遍有效的编码系统。

此外，根据静暗座舱理念，人机显示界面要考虑不同的照明布局、眩光的存在对飞行员视锐度和反应时间的影响。

根据视觉的明暗适应特征，在设计工作面照明时，须使其亮度均匀且不产生阴影。否则，眼睛的频繁调节，不仅会增加眼睛疲劳，而且会引起错误操作。

在显示界面中，宜使用冷色调的界面背景色以使用户以平静的心情使用系统；在系统的可视对象发生明暗反差强烈的变化时，需考虑用户视觉因为明/暗适应性而需要的反应时间；在微小目标显示时，应结合显示目标的特性确保其大小在人眼的空间分辨率所及范围之内；重要信息需要用醒目的颜色或能够区别于背景的运动来强调，以引起飞行员的注意等。

显示界面中的各种光谱特性可引起飞行员不同的颜色感觉。人眼对各种光谱成分有不同的感受性，当人从远处辨认前方的多种不同颜色时，其易辨认的顺序是红、绿、黄、白，即红色最先被看到。当物体与背景有一定的对比度时，人眼才能看清其形状。多颜色对比与飞行员辨色能力有一定关系,当两种颜色相配在一起时,则易辨认的顺序是:黄底黑字,黑底白字,蓝底白字,白底黑字。

3) 多维编码

很多研究讨论了多维编码,指出了在组合两种或更多维度时的变化情形。但是,如果需要快速理解的话,不要使用超过两个维度的组合。在组合两种视觉编码时,有些组合在一起的效果不会很好。潜在可用的组合如表 5.22 所示。

表 5.22 可用于多维编码中的编码系统的潜在组合

编码维度	颜色	数字和字母	几何形状	大小	亮度	位置	闪烁率	线长	视角
颜色		×	×	×	×	×	×	×	×
数字和字母	×				×		×	×	
几何形状	×				×		×		
大小	×	×	×			×	×		
亮度	×		×				×		
位置	×							×	
闪烁率	×								×
线长	×					×			
视角	×					×	×		

3. 标准对比分析

AC-25-11B 5.6 Symbols 要求显示界面字符编码能够便于机组成员的理解记忆并减少工作差错,字符应彼此易于区别,在显示器上出现的位置应是足够精确并且前后一致的。总之,字符的设计应达到易于识别、减少差错、增强理解的目的,AC-25-11B 对字符编码的规定较为详细,层次清晰。GJB 2873-1997 5.2.1.5 对显示界面字符编码的规定比较简略,只说明了使用编码应达到的有利目的,主要是为了区分和辨识的方便。Human Factors Design Guide 7.2.1.3 的规定包含了 GJB 2873-1997 5.2.1.5 的要求,另外还提到了字符编码的位置、大小、形状等具体要求,较为细致。MIL-STD-1472H 5.1.1.4 的规定比较简略,主要强调字符编码的标准化问题,字符的使用应注意前后一致性。在制定飞机座舱字符编码设计准则时,主要参考 AC-25-11B 5.6 Symbols 和 MIL-STD-1472H 5.1.1.4 的相关规定。

AC-25-11B 5.8 Color Coding 从单独颜色编码、颜色标准化、颜色数目、图形描绘、背景颜色、饱和度编码等方面对颜色编码给出了规定,涉及的内容比较全面,每条的规定也都比较详细。Human Factors Design Guide 8.2.4 Color 8.2.4.1.1 对颜色编码的规定较为简略，只给出了简单要求，即颜色的使用应用来区分信息，颜色的使用应该保持前后一致，颜色的冗余与标准化等，在 AC-25-11B 5.8 Color Coding 中都有详细的规定。GJB 2873-1997 5.2.2.1.18 针对具体颜色的使用进行规定，分别对红色、白色、黄色、绿色、蓝色在航空上的使用限定进行了说明。MIL-STD-1472H 5.1.4.1.1.2.3.1 对颜色编码的规定与 AC-25-11B 比较相近，层次清楚，内容详尽，分别从使用、连续性、标准化、颜色的选择区分等方面进行说明，同时也对红色、白色、黄色、绿色、蓝色的编码进行了规定。在制定飞机座舱颜色编码设计准则时，主要参考 AC-25-11B 5.8 Color Coding 相关的规定。

AC-25-11B 5.6 Symbols 针对飞机座舱显示界面编码给出了字符编码和颜色编码的具体要求；GJB 2873-1997 5.2.1.5 给出了字符编码的总体要求，对具体颜色的使用进行规定；MIL-STD-1472H 5.1.1.4 主要强调字符编码的标准化问题，并给出了颜色编码的详细要求。附录 D 给出了相关标准条款的对比分析和设计准则。

4. 设计准则

根据相关标准对比分析结论结合国内外研究成果综合分析，提出飞机座舱显示界面编码设计准则如下。

1) 字符编码

(1) 电子显示字符的外观和动力学设计应提高飞行员的理解和记忆，并且能按照预期的功能使飞行员的工作量和误差最小化。

① 字符的位置应具有足够的精度，避免解释上的错误或理解时间的增加。

② 使用的各种字符应该是可识别并彼此可区分的。

③ 在座舱多个显示器上表示一样功能的字符应相一致。

④ 用于传递多层次信息的改进字符应该符合相关准则。改进字符是易于识别的基本字符(如颜色、填充、镶边等)的变形。

⑤ 表示为物理对象的字符作为物理的特性不应具有误导性。

⑥ 座舱内，避免不同的目的使用相同的字符，除非能证明没有误解的可能性或不会增加飞行员的训练次数。

(2) 编码的使用：编码应当使不同设备之间的差别容易显示(如不同的操作模式)，识别功能相关的显示、识别显示之间的关系、识别关键信息都应彼此区分。

(3) 编码的一致性：应使用相一致的、有意义的编码。

(4) 标准化：在系统中统一所有的编码。

(5) 方法：显示器上的编码可使用颜色、亮度、闪光、大小、图案、位置、下划线、字符或形状等方法。

2) 颜色编码

(1) 使用单独颜色编码。眼睛的正常老化会减少对红色物体的感知，对绿色、蓝色同样如此。对于具有该缺陷的飞行员，显示信息观察负荷的增长可能是不可接受的，除非字符编码采用单独颜色编码，还使用尺寸编码。但某些情况下可采用单独颜色编码的信息，诸如气象雷达和导航显示器的侧视图地形描绘。

(2) 为确保信息的正确表达，必须采用统一的标准化色彩。为了避免混淆或理解错误，在可预见的情况下，颜色不应该发生变化。在一个信息组中用于某一目的的颜色不应用于另一不兼容的用途，使得在另一个信息组中产生误解。特别地，需要保留警报的功能时，红色、琥珀色和黄色都应采用标准化。一个常见的显示方式是从绿色到黄色到红色发展，这代表危险程度的增加，如果用色不一致，应进行相关的评估，以确保不被混淆或误解。

(3) 颜色编码参数使用六种以下颜色最有效。在所有可预见的照明和工作条件下，在编码信息两端的大小，形状和运动的范围内，每个编码的颜色与其他颜色一起使用时，应有足够的色度分隔，即可识别、可区分。从电子显示系统编码的颜色，应最大限度地色度分隔。应避免在亮度范围内相似颜色的组合。

(4) 其他图形的描绘，如地形图和合成的视觉显示使用颜色可超过六种，在外界或强调的地形特征，可使用混合的颜色表示。这些显示经常作为背景图像，在显示图形中使用的颜色不应与其上的参数相混合。

(5) 当使用背景颜色时，标签、显示控制、菜单、字符和图形都应区分显示。使用的背景颜色应符合座舱的色彩管理。如果纹理是用在背景上，则其不应该覆盖其上的字符，影响其可读性，也不应增加视觉上的混乱。

(6) 防止颜色不匹配。为了避免不匹配的颜色和相关联的颜色导致识别时间延长和产生错误，每种颜色只代表一个显示数据的类别。

(7) 饱和度编码。色相饱和度应用于显示相对亮度。

[参考 MIL-STD-1472H Human Engineering、GJB 2873-1997 军事装备和设施的人机工程设计准则、Human Factors Design Guide、AC-25-11B Electronic Flight Displays 综合制定]

5.4 本章小结

本章通过对飞机座舱内部布置相关 MIL、JSSG、SAE、FAA、GJB、HB、GB 等标准的制定背景、具体内容和适用范围的研究以及各标准之间的相互对比分析，结合国内外研究成果，从飞机座舱空间尺寸、设备设施、信息显示等方面提出了飞机座舱内部布置设计准则。

参 考 文 献

[1] Liang H. Analysis of DoD 2011-2012 new HE general standards[J]. 13th International Conference on Man-Machine-Environment System Engineering, Yantai, 2014: 611-619.
[2] 邹建胜. 民机坠撞环境下乘员座椅/约束系统仿真分析及优化[D]. 南京: 南京航空航天大学, 2011.
[3] 何瑞恒. 军用直升机生存力标准研究[J]. 航空标准化与质量, 2014, (5): 10-12.
[4] 肖华军. 航空供氧装备与防护生理学发展 100 年[C]. 中国航空学会人体工程、航医、救生专业委员会第六届学术年会, 襄樊, 2003.
[5] Taylor P J. Cabin Pressure Control Systems for General Aviation Aircraft[R]. SAE International, 1980.
[6] 刘超. 大型飞机座舱压力数字控制的仿真技术研究[D]. 南京: 南京航空航天大学, 2009.
[7] 孙中雷, 邱发. 民用运输类飞机制造方法的验证试验研究[J]. 民航学报, 2020, 4(4):69-72.
[8] 李强, 郭田. 航空机务维修人为差错原因及对策研究[J]. 科技与创新, 2022, (24):1-3.
[9] 刘宝善, 郭小朝, 马雪松. 中国男性飞行员人体尺寸测量资料分析[J]. 人类工效学, 2003, 9(2): 1-2.
[10] 李春亮. 民航飞机平视显示器的字符简介[J]. 火力与指挥控制, 1987, (4): 77-82.
[11] 刘宝善, 白德明. 模拟歼击机主仪表板各视区视觉效果的研究[J]. 心理学报, 1987, (1): 86-91.
[12] 艾玲英. 智能化飞行驾驶舱空间布局设计方法的研究[D]. 西安: 西北工业大学, 2005.
[13] 温暖. 第四代战斗机的座舱布局[J]. 现代军事, 2007, (8): 57-59.
[14] 刘宝善. GJB 1124-91《握杆操纵中手的数据和手指功能》的制定[J]. 航空标准化与质量, 1992,(2): 6-9.
[15] 郭小朝. 国内军用飞机座舱工效学研究进展[J]. 人类工效学, 2005, (1): 57-58.
[16] 董庚寿, 李云军. 飞机飞行品质标准规范研究的新进展——对 AFWAL-3081 的评述[J]. 民用飞机设计与研究, 1998, (2): 31-34.
[17] 郭耀东. 飞机环境控制系统标准化[J]. 航空标准化与质量, 1997, (4):6-10.
[18] 欧阳骅, 任兆生. 军用飞机座舱温度控制的生理学要求[J]. 中华航空航天医学杂志, 1995, (4): 197-201.
[19] 胡良谋, 朱芳镇, 焦强. 飞机座舱气动式压力调节系统稳定性仿真研究[J]. 机床与液压, 2021, 49(20): 150-153.
[20] Randsøe T. Effect of metabolic gases and water vapor, perfluorocarbon emulsions, and nitric oxide on tissue bubbles during decompression sickness[J]. Aviation, Space, and Environmental Medicine, 2013, 84(7): 675-683.
[21] 郑学文, 余文斌, 陈晓勤, 等. GJB 565A-2009《歼(强)击机座舱噪声限值》的制定[J]. 中华航空航天医学杂志, 2010, 21(4): 294-295.

[22] 吴永祥. GJB 135—92《飞机内的噪声级》介绍[J]. 航空标准化与质量, 1994, (2): 11-14.
[23] 张志坚. 飞机座舱照明与人机工效[C]. 中国航空学会飞机总体专业委员会第五次学术交流会, 鞍山, 2002.
[24] 朱炳铨. 贯彻红光照明部标准遇到的问题及处理意见[J]. 航空标准化与质量, 1986, (2): 20-23.
[25] 陈方虎, 岳红萍. 飞机座舱导光板照明[J]. 电子机械工程, 2004, 20(4): 12-14.
[26] 林雪辉. 浅谈 Y12 飞机仪表板的布局[J]. 民用飞机设计与研究, 1994, 10(3): 53-54.
[27] Barladian B K, Voloboy A G, Shapiro L Z, et al. Safety critical visualization of the flight instruments and the environment for pilot cockpit[J]. Scientific Visualization, 2021, 13(1):124-137.
[28] 王大瑜. 飞机座舱几何尺寸及视野要求中俄标准对比分析报告[C]. 中国航空学会飞机总体专业委员会第五次学术交流会, 鞍山, 2002.
[29] 舒振杰, 王旭峰. 飞机显示器字符标准分析[J]. 航空标准化与质量, 2011, (3):7-10.
[30] Desjardins S, Zimmerman R E, Bolukbasi A O, et al. Aircraft Crash Survival Design Guide Volume IV - Aircraft Seats, Restraints, Litters, and Cockpit/Cabin Delethalization[R]. US Army Aviation Systems Command, 1989.
[31] Boynton R M, Miller N D. Visual performance under conditions of transient adaptation[R]. Illuminating Engineering Research Institute, 1963: 541-550.
[32] Griffin M J, Lewis C H. A review of the effects of vibration on visual acuity and continuous manual control, part I: Visual acuity[J]. Journal of Sound and Vibration, 1978, 56(3): 383-413.
[33] Trombley D J. Experimental determination of an optimal foot pedal design[D]. Texas: Texas Technological College, 1966.
[34] 王海燕, 卞婷, 薛澄岐. 新一代战斗机显控界面布局设计研究[J]. 电子机械工程, 2011, 27(4): 57-61.
[35] Feallock J B. Absolute judgment of colors in the federal standards system[J]. Journal of Applied Psychology, 1966, 50(3) : 266-272.

附录 A 飞机座舱人机工效相关标准简介

表 A-1 与座舱人机工效设计相关的 MIL 标准

序号	标准编号	名称	标准简介
1	MIL-C-81774A	Military Specification Control Panel, Aircraft, General Requirements for 飞机控制面板通用要求	该规范涵盖了军用飞机空勤人员站控制面板的一般要求，这里所用的"飞机控制面板"包括背衬板、发光面板、紧固件、标记、控制、控制警卫和显示装置
2	MIL-C-81774A Adm1	Military Specification Control Panel, Aircraft, General Requirements for 飞机控制面板通用要求	该标准是 MIL-C-81774A 规范的一部分，并适用于所有部门和国防部，是对 MIL-C-81774A 有关规定的修订
3	MIL-E-18927E	Militrary Specification Environmental Control Systrms, Aircraft, General Requiremens for 飞机环境控制系统通用要求	该标准给出了占用空间和设备的飞机 ECS 的性能设计的一般要求，包括加压、加热、冷却、通风、湿度控制、排气系统、冲压空气供应、压力和抗荷服系统、除雾、除霜、防冰、除雨、电子/电气设备环境、边界层控制及相关系统
4	MIL-STD-203G	Aircrew Station Controls and Displays: Location, Arrangement, And Actuation of, for Fixed Wing Aircraft 固定翼飞机空勤舱操纵装置和显示装置分配、位置和操作	该标准规定了在军用固定翼飞机的功能性工作组中使用的控制和显示装置的位置、布局和驱动的要求，所描述的内容是要求乘员舱控制及相关设备的布置、安排和驱动的，以及机电和电子显示器的相对位置，包括基本飞行和发动机仪表组
5	MIL-STD-1472H	Human Engineering 人机工程设计标准	该标准规定了军事系统、子系统、装备和设施的人机工效通用设计准则，其目的是提出应用在系统、设备、设施设计中的人机工效标准与原理
6	MIL-STD-1787B*	Aircraft Display Symbology 飞机显示符号	该标准描述了电/光显示器用字符、字符格式和信息内容，适用于所有部门和国防机构
7	MIL-STD-3009	Lighting, Aircraft, Night Vision Imaging System (NVIS) Compatible 飞机照明和夜视成像系统兼容要求	该标准提供界面要求和测试方法以确保飞机内部照明的夜视相容性，只适用于 NVIS 的特殊要求，不适于一般照明要求

* 该标准已在 2018 年被修订为 MIL-STD-1787D

注：标准版本状态截止于 2024 年 12 月。

表 A-2 与座舱人机工效设计相关的 SAE 标准

序号	标准编号	名称	摘要/简介
1	HEB1D	Human Engineering-Principles and Practices 人机工效学-原则与实践	该标准为军用和商用产品在其预期生命周期内的分析、设计、开发、测试、现场、支持、事故调查和培训应用人类工程原理和实践提供指导
2	SAE AIR5145A	Whole Body Anthropometry Surveys 人体全身测量	该标准列举了人体全身测量的调查研究，提供了原始数据和汇总数据的来源
3	SAE ARP1270B	Aircraft Cabin Pressurization Criteria 飞机座舱增压标准	该标准从飞机座舱压力控制系统的安全、舒适、自动化和技术设计方面为航空工业提供指导方针，是座舱压力控制系统设计的基本标准，它适用于通用飞机、商业飞机和军用飞机，座舱压力制度、压力变化率、正负释压设计可参照此标准
4	SAE ARP4032B	Human Engineering Considerations in the Application of Color to Electronic Aircraft Displays 飞机电子显示颜色应用的人机工效学要求	该标准为 CRT 显示器、LCD 及其他诸如保护显示的显示技术中的颜色运用提出了要求，而告警颜色显示技术不在其列
5	SAE ARP4033A	Pilot-System Integration 集成驾驶系统	该标准提出了集成驾驶系统的概念设计方法，强调注重操作需要和功能集成的自顶向下设计方法的基本要求，虽然该标准主要是针对飞机系统设计和集成，但其中很多方法也适用于其它系统设计和集成的情况
6	SAE ARP4101	Flight Deck Layout and Facilities 驾驶舱布局和设备	该标准为运输类飞机的驾驶舱布局、设计、安装、操作提出了准则要求
7	SAE ARP4101/4A	Flight Deck Environment 驾驶舱环境	该标准规定了运输类飞机的内部环境要求，以使得机组能够舒适地、准确地履行职责，环境情况应不对人身体健康和正常的驾驶计划造成短期或长期的不良影响
8	SAE ARP4102	Flight Deck Panels, Controls, and Displays 驾驶舱面板、控制和显示	该标准为驾驶舱面板、控制、显示的设计和安装提供了建议
9	SAE ARP4102/5	Engine Controls by Electrical or Fiber Optic Signaling 依靠电信号或光导纤维信号的发动机控制	该标准为固定翼飞机驾驶舱电/光信号发动机控制系统的设计提供了设计准则

续表

序号	标准编号	名称	摘要/简介
10	SAE ARP4102/7	Electronic Displays 电子显示	该标准为运输类飞机驾驶舱电子显示的设计提出了要求，电子显示应包括电子飞行设备、告警显示、飞机系统显示、飞行管理控制/显示单元、无线电管理系统，军用飞机也可参考使用
11	SAE ARP4102/7 Appendix C	Appendix C Electronic Display Symbology for Engine Displays 发动机电子显示符号（附录C）	该标准的附录C对商用涡扇发动机在驾驶舱内电子显示符号的使用提出了要求，军用飞机可作为参考
12	SAE ARP4102/10B	Traffic Display and Collision Avoidance Systems 防撞系统的显示	该标准为机载避撞系统提供飞行甲板控制和显示设计指导
13	SAE ARP4105C	Abbreviations, Acronyms, and Terms for Use on the Flight Deck 与驾驶舱有关的缩写词、首字母缩略词和专业术语	该标准介绍了用在面板、控制、显示、仪器、标牌和标志上的专业术语的缩写和首字母缩略词，适用于运输类飞机驾驶舱机组成员使用的仪器，军用飞机可作为参考
14	SAE ARP4107A	Aerospace Glossary for Human Factors Engineers 航空人为因素术语表	该标准提供对报告、文章、规章及一些关注航空安全的材料中专业术语的查询，尤其是与人为因素相关方面的术语
15	SAE ARP4153A	Human Interface Criteria for Collision Avoidance Systems in Transport Aircraft 运输类飞机防撞系统的人机界面设计标准	该标准为飞机防撞系统的设计和操作提供与人为因素相关的标准与建议
16	SAE ARP4155B	Human Interface Design Methodology for Integrated Display Symbology 集成显示符号的人机界面设计方法	该标准介绍的方法强调符号与它们代表的信息之间的重要关系，以及符号显示的内容和它们所支持的任务，如飞机动力学控制和状态监视任务的显示，适用于很多需开发新符号的场合
17	SAE ARP5056A	Flight Crew Interface Considerations in the Flight Deck Design Process for Part 25 Aircraft 运输类飞机驾驶舱设计中飞行机组界面设计考虑	该标准定义了新驾驶舱设计的推荐机组接口设计流程和方法，以及对运输类飞机（第25部分）现有驾驶舱机组接口的修改，包括商用运输机、支线飞机和公务机
18	SAE ARP5108A	Human Interface Criteria for Terrain Separation Assurance Display Technology 地形间隔保障显示技术的人机界面设计标准	该标准提出了有关机载地形间隔保证系统的人为因素问题和标准的设计和操作建议

续表

序号	标准编号	名称	摘要/简介
19	SAE ARP5289A	Electronic Aeronautical Symbols 航空电子符号的显示	该标准为显示航空信息的驾驶舱显示设备提供设计准则、指导、要求和一系列推荐的符号、线条以及线性图案
20	SAE ARP5365A	Human Interface Criteria for Cockpit Display of Traffic Information 交通信息显示的人机界面设计	该标准为驾驶舱交通信息系统的人为因素设计提出了要求，告警部分和交通情况部分均涉及视觉和听觉特性，显示系统可能包含其中一个或几个部分
21	SAE ARP5430A	Human Interface Criteria for Vertical Situation Awareness Displays 垂直方向感知显示的人机界面设计	该标准为垂直方向感知显示的人机界面设计和操作提出了要求
22	SAE ARP5589	Human Engineering Considerations for Design and Implementation of Perspective Flight Guidance Displays 飞行指引系统显示设计人机工效学要求	该标准提出了飞行指引系统显示设计人机工效学要求
23	SAE ARP5677	Human Engineering Considerations for Airborne Implementation of Enhanced Synthetic Vision Systems 机载合成视像增强系统的人机工效学要求	该标准仅限于对视觉增强系统的人为因素考虑和要求，尤其是对其中图形、集成符号的理解、说明和应用
24	SAE ARP5898A	Human Interface Criteria for Flight Deck Surface Operations Displays 驾驶舱表面操作显示的人机界面设计	该标准为驾驶舱表面操作显示的元素设计提出了要求，以期能提高安全度和机场地面上飞机运行的整体效率
25	SAE ARP6023	Human Engineering Considerations for Implementing Enhanced Synthetic Vision Systems in Vertical Flight Capable Platforms 垂直飞行平台上的机载合成视像增强系统的人机工效学要求	该标准仅适用于垂直升降机中增强合成视觉系统的设计和使用相关的人类行为技术，任何与逻辑或硬件/软件设计等相关的问题都应视为是受人类因素的影响
26	SAE ARP6467	Human Factors Minimum Requirements and Recommendations for the Flight Deck Display of Data Linked Notices to Airmen (NOTAMs) 驾驶舱航行通告显示设计的人为因素最低要求	该标准包括对驾驶舱基于数据的航空信息显示的最低人为因素要求，尤其是对航空人员的提示信息

续表

序号	标准编号	名称	摘要/简介
27	SAE ARP85G	Air Conditioning Systems for Subsonic Airplanes 亚音速飞机空调系统设计	该标准对亚音速飞机空调系统及其组件提出了指导要求，包括具体要求、设计理念、测试和外部环境
28	SAE AS8034C	Minimum Performance Standard for Airborne Multipurpose Electronic Displays 机载多功能电子显示器最低性能标准	该标准是规定了所有 14 CFR 第 23、25、27 和 29 部分飞机飞行甲板上机组人员使用的所有类型的电子显示器和电子显示系统的最低性能标准

注：标准版本状态截止于 2024 年 12 月。

表 A-3　与座舱人机工效设计相关的 FAA 标准

序号	标准编号	名称	标准介绍
1	—	Human Factors Design Guide 人为因素设计指南	This version of the HFDG remains primarily focused upon FAA ground systems and equipment such as those that are managed and maintained by Airway Facilities. Although good human factors practices and principles apply to all FAA systems, this guide is not directed at special considerations in Air Traffic Control operations, aircraft maintenance, aircraft or airborne equipment certification, or FAA's regulatory certification for aviation personnel, although many of the HFDG provisions apply to those environments. Future editions will more directly address these areas of NAS development and operations. 本版 HFDG 仍然主要集中在 FAA 的地面系统和地面设备，如气道设施的维修管理，尽管良好的人为因素实践和原则适用于所有的 FAA 系统，但是该指南在空中交通控制操作、飞机维护、飞机或机载设备认证，或航空人员的 FAA 法规认证等方面没有针对性的特殊考虑，所以未来的版本应该针对国家空管系统的开发和运营进行修订
2	AC-20-175	Controls for Flight Deck Systems 驾驶舱控制系统	This AC provides guidance for the installation and airworthiness approval of flight deck system control devices, from primarily a human factors perspective. It does not address primary flight controls, secondary flight controls, or controls that are not located in the flight deck. This AC addresses traditional dedicated controls such as physical switches and knobs, as well as multifunction controls such as touch screens and cursor control devices. 本咨询通告主要从人为因素的角度出发，给出了关于驾驶舱控制系统设备的安装和适航性验证的指导意见，它不涉及主飞行控制、二次飞行控制或不位于驾驶舱的控制，本咨询通告强调了传统控制设备，如物理开关和旋钮，以及触屏和光标控制设备等多功能控制按钮
3	AC-23.1311-1C	Installation of Electronic Displays in Part 23 Airplanes	This AC provides guidance for showing compliance with certain requirements of Title 14, Code of Federal Regulations (CFR), part 23, as well as general guidance for the design, installation, integration, and approval of electronic flight deck displays, components, and systems installed in part 23 category airplanes.

续表

序号	标准编号	名称	标准介绍
3	AC-23.1311-1C	电子显示器的安装	本咨询通告给出了符合 CFR 第 23 部 14 章中某些要求的指导性意见，同样给出了关于设计、安装、集成和电子驾驶舱显示的审批、组件，和安装在第 23 部类型飞机中系统的综合性指导意见
4	AC-23-1523	Minimum Flight Crew 最小飞行机组	This AC sets forth one method that may be used to show compliance to the requirements contained within 14 CFR 23.1523, which prescribes the certification requirements for minimum flight crew on part 23 airplanes. This AC is one method that can be used to determine workload factors and issues for normal, utility, acrobatic and commuter category airplanes. Material in this AC is neither mandatory nor regulatory in nature and does not constitute a regulation. 本咨询通告给出了符合 CFR23.1523 14 章要求的一种方法，此方法遵守了 23 部中对飞机进行最小机组成员认证的要求，该咨询通告提供了一种用来证明特技类和通勤类飞机的工作量因素以及正常的、功用性问题的方法，本咨询通告中的材料既不是强制性的也不是规范性的，不构成一个准则
5	AC-25-11B	Electronic Flight Displays 电子飞行显示器	This AC provides guidance for showing compliance with certain requirements of Title 14, Code of Federal Regulations (CFR), part 25, as well as general guidance for the design, installation, integration, and approval of electronic flight deck displays, components, and systems installed in transport category airplanes. 本咨询通告给出了符合 CFR 第 25 部 14 章中某些要求的指导性意见，同时给出了关于运输飞机的设计、安装、集成，以及座舱显示器、组件和系统的审批的通用指导意见
6	AC-25-20	Pressurization, Ventilation and Oxygen Systems 增压、通风和氧气系统	This advisory circular (AC) sets forth guidance on methods of compliance with the requirements of part 25 of the Federal Aviation Regulations (FAR) pertaining to pressurization, ventilation, and oxygen systems, especially as they pertain to high altitude subsonic flight. As with all AC material, it is not mandatory and does not constitute a regulation. The applicant may elect to follow alternate methods provided that these methods are also found by the FAA to be an acceptable means of complying with the requirements of part 25. Because the guidance on the methods of compliance presented in this AC are not mandatory, the terms "shall" and "must," when used herein, apply only to an applicant that chooses to follow a particular method without deviation. 本咨询通告(AC)对 FAR25 部关于增压、通风和氧气系统，尤其是涉及高空亚音速飞行的这些系统的要求，提出了符合性指导意见，和其他所有的 AC 材料相似，它们是非强制性的，申请人也可以选择由 FAA 起草的，符合 25 部要求的其他方法来进行替代，因为 AC 中出现的符合性指导意见是非强制性的，在这里使用"应"和"必须"仅适用于那些遵循特定准则且毫无偏差的申请人

续表

序号	标准编号	名称	标准介绍
7	AC-25.1302-1	Installed Systems and Equipment for Use by the Flightcrew 飞行机组专用的安装系统和设备	This AC describes an acceptable means of showing compliance with certain requirements of Title 14, Code of Federal Regulations (14 CFR) part 25. In particular, this AC addresses the design and approval of installed equipment intended for flight crewmembers to use from their normally seated positions on the flightdeck. It also provides recommendations for the design and evaluation of controls, displays, system behavior, and system integration, as well as design guidance for error management. 本咨询通告给出了符合 CFR25 部第 14 章某些要求的建议方法，需要指出的是，本咨询通告涉及装备在驾驶舱内供机组人员日常使用的座位上的装备的设计和批准，同时也提供了关于设计和评估控制、显示、系统行为、系统集成和错误管理方面的指导意见
8	AC-25.1322-1	Flightcrew Alerting 飞行机组人员警报	This AC provides guidance for showing compliance with certain requirements of Title 14, Code of Federal Regulations (14 CFR), part 25, for the design approval of flightcrew-alerting functions. This AC addresses the type of alert function elements that should be considered (including visual, aural, and tactile or haptic elements), alert management, interface or integration of alerts with other systems, and color standardization. The appendices to this AC also provide examples for including visual and aural system elements in an alerting system. 本咨询通告给出了符合 CFR25 部第 14 章某些要求的指导意见，用于对机组人员告警功能进行设计审批，本咨询通告提出，告警功能元件的报警方式(包括视觉、听觉、触觉和触觉元素)、警报管理、接口以及警报和其他系统的集成、颜色标准化问题等都应当在设计时有所考虑，本咨询通告的附录提供了一个告警系统作为示例，该系统包含视觉和听觉元件
9	AC-25.1329-1C	Approval of Flight Guidance Systems, Including Change 1 飞行制导系统的批准，包括变更	This advisory circular (AC) describes an acceptable means for showing compliance with certain requirements of Title 14, Code of Federal Regulations (CFR) 25.1329, Flight guidance systems. While part 25 contains the airworthiness standards applicable to transport category airplanes, the guidance in this AC pertains to the functions of autopilots, flight directors, and automatic thrust control as well as any interactions with stability augmentation and trim functions. This revision incorporates minor changes associated with issuance of the final rule for Airplane and Engine Certification Requirements in Supercooled Large Drop, Mixed Phase, and Ice Crystal Icing Conditions. 本咨询通告描述了一种符合 CFR 25 部 14 章中要求飞行制导系统显示的符合性方法，虽然 25 部包含适用于运输类飞机的适航标准，但本 AC 中的指南涉及自动驾驶仪、飞行指挥仪和自动推力控制功能，以及与稳定增强和配平功能的任何相互作用，此次修订包含了与过冷大液滴、混合相和冰晶结冰条件下飞机和发动机认证要求最终规则相关的细微变化

续表

序号	标准编号	名称	标准介绍
10	AC-25.1523-1	Minimum Flightcrew 最小飞行机组	This AC sets forth a method of compliance with the requirements of § 25.1523, which contains the certification requirements for minimum flightcrew on transport category airplanes. 本咨询通告给出了和 25.1523 要求相符的指导性意见，其中包含了对运输类飞机最少机组人员要求的认证要求
11	AC-120-38	Transport Category Airplanes Cabin Ozone Concentrations 运输类飞机座舱臭氧浓度	This advisory circular provides guidance concerning acceptable means, but not the only means, for an air carrier to demonstrate compliance with the maximum permissible cabin ozone (O_3) concentrations established by Section 121.578 of the Federal Aviation Regulations (FAR). 当航空公司验证本公司飞机符合 FAR121.578 提出的最大客舱臭氧浓度时，本咨询通告给出了相关的可接受的指导意见，但该意见并不是唯一的
12	PS-ANM100-01-03A	Factors to Consider When Reviewing an Applicant's Proposed Human Factors Methods of Compliance for Flight Deck Certification 审查申请人提出的符合飞机驾驶舱认证的人为因素方法时的考虑因素	This document addresses public comments received to a previously published general statement of policy that is applicable to the type certification process of transport category airplanes. The policy statement provides guidance to FAA Certification Teams conducting a review of applicants' proposed methods of compliance for 14 CFR part 25 regulations related to flight deck human factors. 本文件涉及到先前公布的适用于运输类飞机型号认证过程的政策声明有关的公众意见，当 FAA 认证团队对申请人提供的符合 CFR25 部 14 章驾驶舱人为因素的相关规定的方法进行审查时，这份政策声明是一个很好的指南
13	PS-ANM111-1999-99-2	Guidance for Reviewing Certification Plans to Address Human Factors for Transport Airplane Flight Deck	This document announces an FAA general statement of policy that is applicable to the type certification process of transport category airplanes. This policy provides guidance to FAA Certification Teams that will enable them to conduct an effective review of an applicant's Human Factors Certification Plan or the human factors components of a general Certification Plan, when one is submitted at the beginning of a type certification (TC), supplemental type certification (STC), or amended type certificate (ATC) project. This guidance describes the sections of a Human Factors Certification Plan and the information that should be included in each section. The purpose of the plan is to facilitate the establishment early on of an effective working relationship and agreement between the FAA and the applicant about the means by which human factors issues will be addressed during a certification project. This notice is to advise the public of FAA policy and give all interested persons an opportunity to review and comment on the policy statement.

序号	标准编号	名称	标准介绍
13	PS-ANM111-1999-99-2	运输机驾驶舱审查认证计划指南	本文件公布的FAA政策声明，适用于运输类飞机型号认证过程，当申请人在认证伊始，提交了型号认证(TC)、补充型号认证(STC)、修改型号认证(ATC)后，FAA认证团队对申请人关于人为因素认证计划或总体认证计划中关于人为因素的组成进行评估时，这项政策可以让他们的工作更加高效，该指南描述了人为因素认证计划中的每一部分以及在每一部分中应当包含的信息，该计划的目的是促进FAA当局和认证申请人就人为因素在认证过程中的看法达成一致并在早期建立高效的工作关系，这个通知将FAA政策公之于众，并且给所有感兴趣的人一个机会来对发布的政策提出自己的看法

注：标准版本状态截止于2024年12月。

表 A-4　与座舱人机工效设计相关的 ISO 标准

序号	标准编号/名称	标准简介
1	ISO 1503:2008 Spatial orientation and direction of movement — Ergonomic requirements 几何定向和运动方向——工效学要求	ISO 1503:2008 sets out design principles, procedures, requirements and recommendations for the spatial orientation and direction of movement of controls and displays used in tool machines, industrial robots, office machines, earth-moving machinery, transportation (automobiles, railway electric cars/rolling stock, aircraft, ships, etc.), information, daily commodities, public utilities and the operational components of building facilities. It lays down basic requirements for determining the operating direction of controls and the moving directions or changing states of the target object, as well as other relations. ISO 1503:2008 给出了关于空间定位和在工具装置、工业机器人、办公设施、运输设施、日常用品、公用事业和建筑物运作组件上使用的控制、显示装置运动方向的原则、程序、要求和建议，为确定控制装置的操作方向、目标对象状态的改变和移动方向以及其他关系提供了基本要求
2	ISO 2631-1:1997 Mechanical vibration and shock — Evaluation of human exposure to whole-body vibration — Part 1: General requirements 机械振动与冲击——人体暴露于全身振动的评价——第1部分：一般要求	The primary purpose of this part of ISO 2631 is to define methods of quantifying whole-body vibration in relation to — human health and comfort; — the probability of vibration perception; — the incidence of motion sickness. This part of ISO 2631 is concerned with whole-body vibration and excludes hazardous effects of vibration transmitted directly to the limbs (e.g. by power tools). ISO 2631 的本部分，主要目的是定义和下列内容有关的全身振动的量化方法： ——人体健康和舒适度 ——振动感知概率 ——运动病的发生率 ISO 2631 的本部分和全身振动有关，不包括那些直接传递给四肢的振动危害

续表

序号	标准编号/名称	标准简介
3	ISO 5805:1997 Mechanical vibration and shock — Human exposure — Vocabulary 机械振动与冲击——人体暴露——词汇	This International Standard defines terms relating to human biodynamics or which are used in specific contexts in other standards pertaining to the evaluation of human exposure to mechanical vibration and shock. It provides standard definitions of terms and supplements ISO 2041 but does not contain general terms readily found in dictionaries. ISO 5805:1997 对人体生物力学方面的内容,以及其他标准中的特定环境下使用的,用以评估人体暴露在机械冲击和振动下的内容进行了定义,它给出了标准定义术语,对 ISO 2041 进行了补充,但不包括那些容易在字典中找到的通用术语
4	ISO 5982:2019 Mechanical vibration and shock — Range of idealized values to characterize human biodynamic response under whole-body vibration 机械振动和冲击——表征全身振动下人体生物动力响应的理想化数值范围	This document describes the range of idealized values of the apparent mass modulus and phase applicable to seated individuals with and without a back support subjected to x-, y- and z-axis sinusoidal or broad-band random vibration and to standing individuals subjected to z-axis sinusoidal or broad-band random vibration under specific experimental conditions. Additionally, this document describes the range of idealized values of seat-to-head transmissibility modulus and phase applicable to seated individuals without a back support subjected to z-axis sinusoidal or broad-band random vibration. ISO 5982:2019 描述了在特定实验条件下,坐姿有/无背靠支撑的个体以及站姿个体在 x 轴、y 轴和 z 轴正弦或宽带随机振动下,表观质量模量和相位的理想化值范围,还描述了在 z 轴正弦或宽带随机振动下,坐姿无背靠支撑的个体的座椅到头部传递率模量和相位的理想化值范围
5	ISO 6385:2016 Ergonomic principles in the design of work systems 工作系统设计中的工效学原则	ISO 6385:2016 establishes the fundamental principles of ergonomics as basic guidelines for the design of work systems and defines relevant basic terms. It describes an integrated approach to the design of work systems, where ergonomists will cooperate with others involved in the design, with attention to the human, the social and the technical requirements in a balanced manner during the design process. The definitions and ergonomic principles specified in this International Standard apply to the design of optimal working conditions with regard to human well-being, safety and health, including the development of existing skills and the acquisition of new ones, while taking into account technological and economic effectiveness and efficiency. ISO 6385:2016 为工作系统的设计提供了基本的人机工效学指导原则,并对相关术语作了定义,描述了设计时如何考虑人机工效学准则和其他设计准则的协调问题,在设计过程中,将人、机、技术要求结合在一起协同考虑 规定的定义和人因工程学原则适用于设计最佳工作条件,以关注人类福祉、安全和健康,包括发展现有技术和获取新技术,同时考虑技术和经济的有效性和效率
6	ISO 7243:2017 Ergonomics of the thermal environment — Assessment of heat stress using the WBGT (wet bulb globe temperature) index	ISO 7243:2017 presents a screening method for evaluating the heat stress to which a person is exposed and for establishing the presence or absence of heat stress. It applies to the evaluation of the effect of heat on a person during his or her total exposure over the working day (up to 8 h).

续表

序号	标准编号/名称	标准简介
6	热环境的工效学——利用湿球温度指数评估热压力	ISO 7243:2017 提出了一种筛查方法，用于评估人所暴露的热应激，并确定是否存在热应激，该方法适用于评估人在工作日(最多 8 小时)内暴露在高温环境下所受到的影响
7	ISO 7250-1:2017 Basic human body measurements for technological design — Part 1: Body measurement definitions and landmarks 用于技术设计的人体测量基础项目——第 1 部分：人体测量项目的定义和标记点	ISO 7250-1:2017 provides a description of anthropometric measurements which can be used as a basis for comparison of population groups and for the creation of anthropometric databases. It is intended to serve as a guide for ergonomists who are required to define population groups and apply their knowledge to the geometric design of the places where people work and live. In addition, it serves as a guide on how to take anthropometric measurements, but also gives information to the ergonomist and designer on the anatomical and anthropometrical bases and principles of measurement which are applied in the solution of design tasks. ISO 7250-1: 2017 对人体测量方法作了相应描述，该方法可用作比较人口群体和创建人体测量数据库的基础，旨在为那些需要定义人员群体的人机工效学原则提供指导意见，并使其与人类工作和生活场所的几何外形设计相适应，此外，还指导人体测量，向人因工程师和设计师提供关于应用于解决设计任务中的解剖学和人体测量基础以及测量原则的信息
8	ISO/TR 7250-2:2024 Basic human body measurements for technological design — Part 2: Statistical summaries of body measurements from national populations 用于技术设计的人体测量基础项目——第 2 部分：全国人体测量统计摘要	ISO/TR 7250: 2024 provides statistical summaries of body measurements measured according to ISO 7250-1, together with database background information for working age people prepared according to ISO 15535:2012 in the national populations of individual ISO member bodies. This document also describes the process of the measurement and preparation of statistical summaries. ISO/TR 7250-2:2024 为 ISO 组织内的成员国提供根据 ISO 7250-1 测量的人体数据，以及根据 ISO 15535:2012 准备的适龄工作人员数据库背景资料，这份文件还描述了测量和准备统计数据的流程
9	ISO 7726:1998 Ergonomics of the thermal environment — Instruments for measuring physical quantities 热环境工效学——物理量测量仪器	This International Standard specifies the minimum characteristics of instruments for measuring physical quantities characterizing an environment as well as the methods for measuring the physical quantities of this environment. It does not aim to define an overall index of comfort or thermal stress but simply to standardize the process of recording information leading to the determination of such indices. Other International Standards give details of the methods making use of the information obtained in accordance with this standard. ISO 7726:1998 描述了测量环境物理量仪器的最小特性，以及测量这种环境物理量的方法 它的目的并不是定义一个舒适度或热应力的整体指数，而是使得确定这些指数的信息记录过程更加规范，其他国际标准给出了该标准中方法的详细信息
10	ISO 7730:2005 Ergonomics of the thermal environment — Analytical determination and interpretation of thermal comfort using calculation of the PMV and PPD indices and local thermal comfort criteria	ISO 7730:2005 presents methods for predicting the general thermal sensation and degree of discomfort (thermal dissatisfaction) of people exposed to moderate thermal environments. It enables the analytical determination and interpretation of thermal comfort using calculation of PMV (predicted mean vote) and PPD (predicted percentage of dissatisfied) and local thermal comfort, giving the environmental conditions considered acceptable for general thermal comfort as well as those representing local discomfort.

续表

序号	标准编号/名称	标准简介
10	热环境工效学——中等热环境 PMV 和 PPD 指数的测定及热舒适条件的规定	ISO 7730:2005 提出了预测暴露在中等热环境下人员的全身热感受和不舒适度（由热力导致的不舒适）的方法，通过对 PMV 和 PPD 以及局部热舒适性程度的计算，进行热舒适性分析测定与解释，即便某些部位存在热不舒适性，但是给定环境对于总体而言是可接受的
11	ISO 7933:2023 Ergonomics of the thermal environment — Analytical determination and interpretation of heat stress using calculation of the predicted heat strain 热环境工效学——通过计算热应变来分析测定热应力	This document describes a model [the predicted heat strain (PHS) model] for the analytical determination and interpretation of the thermal stress (in terms of water loss and rectal temperature) experienced by an average person in a hot environment and determines the maximum allowable exposure times within which the physiological strain is acceptable for 95 % of the exposed population (the maximum tolerable rectal temperature and the maximum tolerable water loss are not exceeded by 95 % of the exposed people). ISO 7933:2023 描述了一个模型[预测热应变(PHS)模型]，用于分析确定和解释普通人在炎热环境中承受的热应激(以失水和直肠温度表示)，并确定最大允许暴露时间，在该时间内，95 % 的暴露人群可接受生理应变(95%的暴露人群不超过最大可承受直肠温度和最大可承受失水量)
12	ISO 8996:2021 Ergonomics of the thermal environment — Determination of metabolic rate 热环境工效学——代谢率的测定	This document specifies different methods for the determination of metabolic rate in the context of ergonomics of the thermal working environment. It can also be used for other applications, e.g. the assessment of working practices, the energetic cost of specific jobs or sport activities and the total energy cost of an activity. ISO 8996:2021 规定了在热工作环境人体工程学背景下测定代谢率的不同方法，它还可用于其他用途，如评估工作方法、特定工作或体育活动的能量成本以及活动的总能量成本
13	ISO 9241-20:2021 Ergonomics of human-system interaction — Part 20: An ergonomic approach to accessibility within the ISO 9241 series 人机系统交互的工效学——第 20 部分：ISO 9241 系列标准的工效学符合性方法	ISO 9241-20:2021 is an introduction to the importance of accessibility to human-system interaction. It is a discussion of the relationship of principles within the ISO 9241 series and accessibility. It is descriptions of activities related to the processes in ISO 9241-210 that focus on accessibility. It references to standards relevant to the accessibility of interactive systems. ISO 9241-20:2021 介绍了无障碍环境对人机交互系统的重要性，它讨论了 ISO 9241 系列中各项原则与无障碍性之间的关系，它描述了与 ISO 9241-210 中以无障碍性为重点的流程相关的活动，它参考了与交互系统无障碍性相关的标准
14	ISO 9241-110:2020 Ergonomics of human-system interaction — Part 110: Interaction principles 人机系统交互的工效学——第 110 部分：交互原则	ISO 9241-110: 2020 describes principles for interaction between a user and a system that are formulated in general terms (i.e. independent of situations of use, application, environment or technology). This document provides a framework for applying those interaction principles and the general design recommendations for interactive systems. ISO 9241-110: 2020 描述了用户与系统之间的交互原则，这些原则是以通用术语制定的(即与使用情况、应用、环境或技术无关)，为应用这些交互原则和交互系统的一般设计建议提供了一个框架

续表

序号	标准编号/名称	标准简介
15	Ergonomics of human-system interaction—Part115: Guidance on conceptual design,user-system interaction design, user interface design and navigation design ISO 9241-115:2024 人机系统交互的工效学——第 115 部分：概念设计、用户-系统交互设计、用户界面设计和导航设计指南	ISO 9241-115:2024 provides guidance on aspects of the design of human-system interaction, including conceptual design, user-system interaction design, user interface design and navigation design for interactive systems. 　　This document applies to all design and development approaches and methodologies, including human-centred design, object-oriented, waterfall, human factors integration (HFI), agile and rapid development. 　　It is intended for the following types of users: 　　— user interface designers, who will apply the guidance during the development process; 　　— developers, who will apply the guidance during the design and implementation of system functionality; 　　— evaluators, who are responsible for ensuring that products meet the recommendations; 　　— designers of user interface development tools and style guides to be used by user interface designers; 　　— project managers, who are responsible for managing development processes. 　　ISO 9241-115:204 提供了人机交互设计方面的指导，包括交互系统的概念设计、用户-系统交互设计、用户界面设计和导航设计 　　本文档适用于所有设计和开发方法，包括以人为中心的设计、面向对象、瀑布式、人为因素集成、敏捷和快速开发 　　它适用于以下类型的用户： 　　——用户界面设计师，他们将在开发过程中应用这些指导 　　——开发人员，他们将在系统功能的设计和实现过程中应用这些指导 　　——评估人员，负责确保产品符合建议 　　——用户界面开发工具和风格指南的设计者，供用户界面设计者使用 　　——项目经理，负责管理开发过程
16	ISO 9241-143:2012 Ergonomics of human-system interaction — Part 143: Forms 人机系统交互的工效学——第 143 部分：格式	ISO 9241-143:2012 provides requirements and recommendations for the design and evaluation of forms, in which the user fills-in, selects entries for or modifies labelled fields on a "form" or dialogue box presented by the system. Often the system then creates or updates the data associated with the form. Form-based entries typically are in the form of typed input (abbreviations, or full names) or selections from available option lists. 　　ISO 9241-143:2012 为格式的评估和设计提供了要求和参考意见，用户会根据格式要求填充、选择或更改标记字段或由系统给出的对话框，通常情况下，系统随后会创建或更新与格式有关的数据，基于格式的访问通常以输入的方式呈现（缩写或全称），或者从选项列表中进行选择
17	ISO 9241-154:2013 Ergonomics of human-system interaction — Part 154: Interactive voice response (IVR) applications	ISO 9241-154:2013 gives guidance on, and requirements for, the user interface design of interactive voice response (IVR) applications. It covers both IVR systems that employ touchtone input and those using automated speech recognition (ASR) as the input mechanism. It is equally applicable to cases in which the caller or the IVR system itself (e.g. in some telemarketing applications) initiates the call. It is intended to be used together with ISO/IEC 13714.

续表

序号	标准编号/名称	标准简介
17	人机系统交互的工效学——第154部分：交互式语音应答(IVR)的应用	ISO 9241-154:2013 基于交互式语音应答应用(IVR)的用户界面给出了指南和相应的要求，涵盖了采用按键输入方式以及自动语音识别(ASR)方式的 IVR 系统，同样适用于呼叫者或 IVR 系统本身所发起的呼叫(例如电话营销中的应用)，该标准应该和 ISO/IEC 13714 共同使用
18	ISO 9241-171:2008 Ergonomics of human-system interaction — Part 171: Guidance on software accessibility 人机系统交互的工效学——第171部分：软件可访问性指南	ISO 9241-171:2008 provides ergonomics guidance and specifications for the design of accessible software for use at work, in the home, in education and in public places. It covers issues associated with designing accessible software for people with the widest range of physical, sensory and cognitive abilities, including those who are temporarily disabled, and the elderly. It addresses software considerations for accessibility that complement general design for usability as addressed by ISO 9241-110, ISO 9241-11 to ISO 9241-17, ISO 14915 and ISO 13407. ISO 9241-171:2008 就设计工作中、家庭中、教育和公众场合中所用到的软件的可访问性给出了人机工效学建议和详述，在软件的可访问性方面，它涵盖了用户的身体、感知、认知等各个方面的能力，包括那些暂时失去操作能力的人以及老人，该标准中给出的软件可访问性方面的建议，是对 ISO 9241-110、ISO 9241-11～ISO 9241-17、ISO 14915 和 ISO 13407 中给出的通用性设计的补充
19	ISO 9241-210:2019 Ergonomics of human-system interaction — Part 210: Human-centred design for interactive systems 人机系统交互的工效学——第210部分：交互式系统的人本设计	ISO 9241-210:2019 provides requirements and recommendations for human-centred design principles and activities throughout the life cycle of computer-based interactive systems. It is intended to be used by those managing design processes, and is concerned with ways in which both hardware and software components of interactive systems can enhance human–system interaction. ISO 9241-210:2019 基于电脑的人机交互系统在整个生命周期中以人为中心的设计理念给出了要求和建议，该标准适用于那些管理设计进程的人员，它关注的是交互系统的硬件和软件部分都可以增强人机交互体验的方法
20	ISO 9241-220:2019 Ergonomics of human-system interaction — Part 220: Processes for enabling, executing and assessing human-centred design within organizations 人机系统交互工效学——第220部分：在组织内部启用、执行和评估人本设计的流程	This document describes the processes and specifies the outcomes by which human-centred design (HCD) is carried out within organizations. Human-centred design aims to meet requirements for human-centred quality (see Annex E) throughout the life cycle of interactive systems. ISO 9241-220:2019 描述了在组织内部开展以人为中心的设计(HCD)的过程，并规定了其结果，以人为本的设计旨在满足交互系统整个生命周期中以人为本的质量要求
21	ISO 9241-300:2008 Ergonomics of human-system interaction — Part 300: Introduction to electronic visual display requirements	ISO 9241-300:2008 provides an introduction to the other parts in the ISO 9241 "300" subseries, and explains its modular structure. The ISO 9241 "300" subseries establishes requirements for the ergonomic design of electronic visual displays. These requirements are stated as performance specifications, aimed at ensuring effective and comfortable viewing conditions for users with normal or adjusted-to-normal eyesight. Test methods and metrology, yielding conformance measurements and criteria, are provided for design evaluation.

续表

序号	标准编号/名称	标准简介
21	人机系统交互的工效学——第300部分：电子视觉显示要求概述	ISO 9241-300:2008 对其子系列的其他部分给出了介绍，解释了其模块结构，ISO 9241-300 的子系列给出了电子视觉显示的人机工效学设计要求，这些要求是作为性能指标而提出的，旨在确保用户在正常眼位或可调整至正常眼位时观察的有效性和舒适性，符合标准和测量尺寸的测试方法，可用来作为评估设计的材料
22	ISO 9241-302:2008 Ergonomics of human-system interaction — Part 302: Terminology for electronic visual displays 人机系统交互的工效学——第302部分：电子视觉显示术语	ISO 9241-302:2008 provides a comprehensive terminology for electronic visual displays and explains the terms and definitions used in the other parts of ISO 9241. ISO 9241-302:2008 给出了电子视觉显示的综合术语，并对 ISO 9241 其他部分用到的术语和定义作了解释
23	ISO 9241-303:2011 Ergonomics of human-system interaction — Part 303: Requirements for electronic visual displays 人机系统交互的工效学——第303部分：电子视觉显示的要求	ISO 9241-303:2011 establishes image-quality requirements, as well as providing guidelines, for electronic visual displays. These are given in the form of generic (independent of technology, task and environment) performance specifications and recommendations that will ensure effective and comfortable viewing conditions for users with normal or adjusted-to-normal eyesight. ISO 9241-303:2011 给出了显示图像质量的要求，同时也对电子视觉显示提出了指导意见，这些内容以通用形式给出（不受技术、任务和环境影响），这些性能规格和建议将确保用户在正常或可调整至正常眼位下观察的有效性和舒适性
24	ISO 9241-304:2008 Ergonomics of human-system interaction — Part 304: User performance test methods for electronic visual displays 人机系统交互的工效学——第304部分：电子视觉显示的用户绩效测试方法	ISO 9241-304:2008 provides guidance for assessing the visual ergonomics of display technologies with user performance test methods (as opposed to the optical test methods given in ISO 9241-305). Its use will help to ensure that, for a given context of use, a display meets minimum visual ergonomics requirements. It covers only visual attributes and does not address the ergonomics or usability of the whole product that houses a visual display. ISO 9241-304:2008 基于通过用户性能测试方法来评估显示技术在视觉方面的人机工效提供了指南（和 ISO 9241-305 中给出的光学测试方法相反），这些标准的使用将确保在给定的使用环境下，显示的内容符合视觉人机工效的最低要求，它只包括视觉方面的内容，并没有解决具有视觉显示产品的可用性和人机工效问题
25	ISO 9241-305:2008 Ergonomics of human-system interaction — Part 305: Optical laboratory test methods for electronic visual displays 人机系统交互的工效学——第305部分：电子视觉显示的光学实验室测试方法	ISO 9241-305:2008 establishes optical test and expert observation methods for use in predicting the performance of a display vis-à-vis the ergonomics requirements given in ISO 9241-303. ISO 9241-305:2008 基于 ISO 9241-303 给出的人机工效要求，提出了预测显示装置性能的光学测试和专家观察方法

续表

序号	标准编号/名称	标准简介
26	ISO 9241-306:2018 Ergonomics of human-system interaction — Part 306: Field assessment methods for electronic visual displays 人机系统交互的工效学——第306部分：电子视觉显示器的现场评估方法	ISO 9241-306:2008 establishes optical, geometrical and visual inspection methods for the assessment of a display in various contexts of use according to ISO 9241-303. ISO 9241-306:2008 根据 ISO 9241-303 的要求，给出了评估显示装置的光学、几何和视觉检查方法
27	ISO 9241-307:2008 Ergonomics of human-system interaction — Part 307: Analysis and compliance test methods for electronic visual displays 人机系统交互的工效学——第307部分：电子视觉显示的分析和测试方法	ISO 9241-307:2008 establishes test methods for the analysis of a variety of visual display technologies, tasks and environments. It uses the measurement procedures of ISO 9241-305 and the generic requirements of ISO 9241-303 to define compliance routes suitable for the different technologies and intended contexts. ISO 9241-307:2008 建立了针对各种可视化显示技术、任务和环境分析的测试方法，使用了 ISO 9241-305 给出的测量程序，以及 ISO 9241-303 提出的通用要求，来确定不同技术和使用环境下的符合性方法
28	ISO/TR 9241-309:2008 Ergonomics of human-system interaction — Part 309: Organic light-emitting diode (OLED) displays 人机系统交互的工效学——第309部分：有机发光半导体(OLED)显示器	This part of ISO 9241 introduces the OLED (organic light-emitting diode) display technology, and provides guidance for the assessment of OLED-based products. ISO 9241 的本部分介绍了 OLED 显示技术，给出了基于 OLED 技术产品的评估指南
29	ISO/TR 9241-310:2010 Ergonomics of human-system interaction — Part 310: Visibility, aesthetics and ergonomics of pixel defects 人机系统交互的工效学——第310部分：像素缺陷的可视性、美观性和工效学	ISO/TR 9241-310:2010 provides a summary of existing knowledge on ergonomics requirements for pixel defects in electronic displays at the time of its publication. It also gives guidance on the specification of pixel defects, visibility thresholds and aesthetic requirements for pixel defects. It does not itself give requirements related to pixel defects, but it is envisaged that its information could be used in the revision of other parts in the ISO 9241 series. ISO/TR 9241-310:2010 对其在出版时存在的关于电子显示像素缺陷的人机工效学要求做了一个汇总，它也对像素缺陷、可见性阈值、美观性等内容的规格做了指南，该标准本身并没有给出关于像素缺陷的要求，但其提供的信息可以用来指导 ISO 9241 系列其他部分的修订
30	ISO/TR 9241-331:2012 Ergonomics of human-system interaction — Part 331: Optical characteristics of autostereoscopic displays	ISO/TR 9241-331:2012 establishes an ergonomic point of view for the optical properties of autostereoscopic displays (ASDs), with the aim of reducing visual fatigue caused by stereoscopic images on those displays. It gives terminology, performance characteristics and optical measurement methods for ASDs. It is applicable to spatially interlaced autostereoscopic displays (two-view, multi-view and integral displays) of the transmissive and emissive types. These can be implemented by flat-panel displays, projection displays, etc.

续表

序号	标准编号/名称	标准简介
30	人机系统交互的工效学——第 331 部分：自由立体显示器的光学特性	ISO/TR 9241-331:2012 构建了立体显示器(ASDs)光学特性的人机工效学观点，以减少由于使用立体显示器而造成的视觉疲劳，标准给出了 ASDs 的相关术语、性能特点和光学测量方法，它适用于在空间上互相交错的透射或发射类型的立体显示(两面、多面或整体显示)，这些可以通过平面显示、投影显示等来实现
31	ISO 9241-400:2007 Ergonomics of human-system interaction — Part 400: Principles and requirements for physical input devices 人机系统交互的工效学——第 400 部分：物理输入设备的原理和要求	ISO 9241-400:2006 gives guidelines for physical input devices for interactive systems. It provides guidance based on ergonomic factors for the following input devices: keyboards, mice, pucks, joysticks, trackballs, trackpads, tablets and overlays, touch sensitive screens, styli, light pens, voice controlled devices, and gesture controlled devices. It defines and formulates ergonomic principles valid for the design and use of input devices. These principles are to be used to generate recommendations for the design of products and for their use. It also defines relevant terms for the entire 400 series of ISO 9241. For some applications, e.g. in areas where safety is the major concern, other additional principles may apply and take precedence over the guidance given here. ISO 9241-400:2006 给出了交互式系统物理输入装置的相关指南，它基于人机工效学理念，针对下列输入装置给出了指南：键盘、鼠标、轨迹球、操纵杆、触控板、平板、触摸屏、触控笔、灯光笔、声控装置、姿势控制装置，该标准对输入装置设计和使用过程中需要用到的人机工效学原则做出了定义和规定，这些准则在设计和使用产品的过程中可以为我们提供一些建议，它同样也对 ISO 9241-400 系列的整个相关内容做出了定义，在某些情况下，例如如果需要把安全放在第一位，那么其他准则可能比该标准中给出的准则有更高的优先级
32	ISO 9241-410:2008 Ergonomics of human-system interaction — Part 410: Design criteria for physical input devices 人机系统交互的工效学——第 410 部分：物理输入设备的设计标准	ISO 9241-410:2008 specifies criteria based on ergonomics factors for the design of physical input devices for interactive systems including keyboards, mice, pucks, joysticks, trackballs, trackpads, tablets and overlays, touch-sensitive screens, styli and light pens, and voice- and gesture-controlled devices. It gives guidance on the design of these devices, taking into consideration the capabilities and limitations of users, and specifies generic design criteria for physical input devices, as well as specific criteria for each type of device. Requirements for the design of products are given either as a result of context-free considerations, or else can be determined based on the specified design criteria for the intended use; such specified criteria generally having been subdivided into task-oriented categories, wherever applicable. ISO 9241-410:2008 对设计交互式系统的物理输入装置时应遵循的人机工效学原则进行了详述，这些物理输入装置包括键盘、鼠标、轨迹球、操纵杆、触控板、平板、触摸屏、触控笔、灯光笔、声控装置、姿势控制装置，该标准给出了设计这些装置的指南，将用户的能力和局限性都考虑在内，详述了物理输入装置的通用设计准则以及针对具体装置的详细准则，产品的设计要求要么不考虑使用环境的影响，要么可以根据使用的设计标准来进行确定，这样规定出来的标准通常被细分为任务导向型

续表

序号	标准编号/名称	标准简介
33	ISO/TS 9241-411:2012 Ergonomics of human-system interaction — Part 411: Evaluation methods for the design of physical input devices 人机系统交互的工效学——第411部分：物理输入装置设计的评价方法	This part of ISO 9241 presents methods for the laboratory analysis and comparison of input devices for interactive systems. It does not contain requirements for input devices, but provides the means for evaluating conformance with the requirements of ISO 9241-410 for input devices such as keyboards, mice, pucks, joysticks, trackballs, touch pads, tablets/overlays, touch-sensitive screens, and styli/light pens. ISO 9241 的本部分给出了在实验室中对交互式系统的输入装置进行分析和比较的方法，不包含对输入装置的具体要求，但其提供的方法可以用来验证键盘、鼠标、轨迹球、操纵杆、触控板、平板、触摸屏、触控笔、灯光笔、声控装置、姿势控制装置等输入装置是否符合 ISO 9241-410 的相关要求
34	ISO 9241-420:2011 Ergonomics of human-system interaction — Part 420: Selection of physical input devices 人机系统交互的工效学——第420部分：物理输入设备的选择	ISO 9241-420:2011 provides guidance for the selection of input devices for interactive systems, based on ergonomic factors, considering the limitations and capabilities of users and the specific tasks and context of use. It describes methods for selecting a device or a combination of devices for the task at hand. It can also be used for evaluating the acceptability of trade-offs under the existing conditions. ISO 9241-420:2011 针对特定的任务和使用环境，考虑到用户的能力和局限性，基于人机工效学理念，给出了选择交互式系统输入装置的指南，它给出了针对手头上的现有任务，选择一种或多种输入装置的方法，也可以对现在已经存在的情形进行评估，来确定其是否可接受
35	ISO 9241-910:2011 Ergonomics of human-system interaction — Part 910: Framework for tactile and haptic interaction 人机系统交互的工效学——第910部分：触觉和触觉交互的框架	ISO 9241-910:2011 provides a framework for understanding and communicating various aspects of tactile/haptic interaction. It defines terms, describes structures and models, and gives explanations related to the other parts of the ISO 9241 "900" subseries. It also provides guidance on how various forms of interaction can be applied to a variety of user tasks. It is applicable to all types of interactive systems making use of tactile/haptic devices and interactions. ISO 9241-910:2011 针对各种类型的触觉交互构建了一个总体框架用以对其进行理解和交流，它定义了术语、描述了相关构造和模型、给出了和 ISO 9241-900 子系列的其他部分相关的解释，它同样对在多样性的用户任务中如何使用不同类型的交互做出了指南，该标准适用于所有使用触觉和感知交互类型的系统
36	ISO 9241-920:2024 Ergonomics of human-system interaction — Part 920: Tactile and haptic interactions 人机系统交互的工效学——第920部分：触觉和触觉交互	ISO 9241-920:2024 specifies requirements and recommendations for tactile/haptic hardware and software interactions. It provides guidance on the design and selection of hardware, software and combinations of hardware and software interactions, including: — the design or use of tactile/haptic inputs, outputs and/or combinations of inputs and outputs, with general guidance on their design or use as well as on designing or using combinations of tactile and haptic interactions for use in combination with other modalities or as the exclusive mode of interaction; — the tactile/haptic encoding of information, including textual data, graphical data and controls; — the design of tactile/haptic objects; — the layout of tactile/haptic space; — interaction techniques.

续表

序号	标准编号/名称	标准简介
36	ISO 9241-920:2024 Ergonomics of human-system interaction — Part 920: Tactile and haptic interactions 人机系统交互的工效学——第920部分：触觉和触觉交互	The recommendations given in this document are applicable to a variety of tactile/haptic devices, representing the real world or virtual or mixed realities (e.g. exoskeletons, wearables, force feedback devices, touchables, tangibles) and stimulation types (e.g. acoustic radiation pressure, electrical muscle stimulation) and they can also be found in virtual and augmented environments. This document provides general information about how various forms of tactile/haptic interaction can be applied to various user tasks. This document does not include guidance on the role of walking in virtual or mixed realities for tactile/haptic interaction. ISO 9241-920:2024规定了触觉/触觉硬件和软件交互的要求和建议。它为硬件、软件以及硬件和软件交互的组合的设计和选择提供了指导，包括： —— 触觉/触觉输入、输出和/或输入和输出的组合的设计或使用，以及关于它们的设计或使用以及关于设计或使用触觉和触觉交互的组合以与其他模态组合使用或作为交互的唯一模式的一般指导 —— 信息的触觉/触觉编码，包括文本数据、图形数据和控件 —— 触觉/触觉物体的设计 —— 触觉/触觉空间的布局 —— 交互技术 本文档中给出的建议适用于各种触觉/触觉设备，代表真实世界或虚拟或混合现实(例如外骨骼、可穿戴设备、力反馈设备、可触摸物、有形物)和刺激类型(例如声辐射压力、电肌肉刺激)，并且它们也可以在虚拟和增强环境中找到 本文档提供了关于如何将各种形式的触觉/触觉交互应用于各种用户任务的一般信息 本文档不包括关于在虚拟或混合现实中行走对于触觉/触觉交互的作用的指导
37	ISO 9886:2004 Ergonomics — Evaluation of thermal strain by physiological measurements 工效学——热疲劳的生理学测量评价	ISO 9886:2004 describes methods for measuring and interpreting the following physiological parameters: body core temperature; skin temperatures; heart rate; body-mass loss. ISO 9886：2004给出了测量和解释如下生理参数的方法：体核温度、皮肤温度、心率、身体质量损失
38	ISO 9920:2007 Ergonomics of the thermal environment — Estimation of thermal insulation and water vapour resistance of a clothing ensemble	ISO 9920:2007 specifies methods for estimating the thermal characteristics (resistance to dry heat loss and evaporative heat loss) in steady-state conditions for a clothing ensemble based on values for known garments, ensembles and textiles. It examines the influence of body movement and air penetration on the thermal insulation and water vapour resistance. It does not deal with other effects of clothing, such as adsorption of water, buffering or tactile comfort, take into account the influence of rain and snow on the thermal characteristics, consider special protective clothing (water-cooled suits, ventilated suits, heated clothing), or deal with the separate insulation on different parts of the body and discomfort due to the asymmetry of a clothing ensemble.

续表

序号	标准编号/名称	标准简介
38	热环境工效学——服装隔热和抗蒸发的评定	ISO 9920:2007 描述了在稳态条件下，基于已有服装热特性(抵抗干燥散热和蒸发散热)的估算方法，它考察了身体运动和空气渗透对热隔绝以及水分蒸发的影响，该标准不涉及服装的其他特性，例如吸水性、缓冲性、触觉舒适性，标准中已考虑到雨水和下雪对热特性的影响，特殊防护性服装(水冷服装、通风服装、加热服装)也在标准中有所提及，也提及了由于服装的不对称性所造成的身体不同部位的隔离和不舒适性
39	ISO 9921:2003 Ergonomics — Assessment of speech communication 工效学——语音通信的评估	ISO 9921:2003 specifies the requirements for the performance of speech communication for verbal alert and danger signals, information messages, and speech communication in general. Methods to predict and to assess the performance in practical applications are described and examples are given. ISO 9921:2003 描述了对口头告警、危险信号、信息以及一般语音通信的性能要求，给出了相应的例子和方法对实际应用中的性能进行预测和评估
40	ISO 10075-1:2017 Ergonomic principles related to mental workload — Part 1：General issues and concepts, terms and definitions 与心理负荷有关的工效学原理——第 1 部分：一般问题和概念、术语和定义	This International Standard defines terms in the field of mental workload, covering mental stress and mental strain, and specifies the relations between the concepts involved. It applies to the design of working conditions with respect to mental work-load and is intended to promote a common usage of terminology between experts and practitioners in the field of ergonomics as well as in general. It does not address methods of measurement and principles of task design, which are or will be dealt with in other International Standards. ISO 10075-1:2017 对心理负荷领域的相关术语做出了定义，包括心理激和心理应变，指出了相关概念之间的相互关系，适用于和心理负荷有关的工作环境的设计，旨在让人机工效学专用术语可以在专家和普通使用者之间得到普及，它不涉及测量方法和设计原则，这些内容会在其他标准中提到
41	ISO 10075-2:2024 Ergonomic principles related to mental workload — Part 2: Design principles 与心理负荷有关的工效学原理——第 2 部分：设计原则	This part of ISO 10075 gives guidance on the design of work systems, including task and equipment design and design of the workplace, as well as working conditions, emphasizing mental workload and its effects, as specified in ISO 10075. It applies to the adequate design of work and use of human capacities, with the intention to provide for optimal working conditions with respect to health and safety, well-being, performance, and effectiveness, preventing over-as well as underload in order to avoid the impairing effects described in ISO 10075. ISO 10075-2 对工作系统的设计给出了指导意见，包括工作环境、工作地点、任务以及装置设计，主要介绍了 ISO 10075 中给出的心理负荷及其可能造成的影响，它适用于工作设计以及人类能力的运用方面，确保健康、安全、性能、有效性都处于最佳状态，防止工作过度或工作不足，以避免 ISO 10075 中提到的不利影响
42	ISO 10075-3:2004 Ergonomic principles related to mental workload — Part 3: Principles and requirements concerning methods for measuring and assessing mental workload	ISO 10075-3:2004 establishes principles and requirements for the measurement and assessment of mental workload and specifies the requirements for measurement instruments. ISO 10075-3:2004 provides information for choosing appropriate methods and provides information on aspects of assessing and measuring mental workload to improve communication among the parties involved.

续表

序号	标准编号/名称	标准简介
42	与心理负荷有关的工效学原理——第 3 部分：心理负荷的测量和评估	ISO 10075-3:2004 提出了测量和评估心理负荷的原则和要求，也对测量仪器的要求做了说明，ISO 10075-3:2004 中给出的信息可以帮助选择恰当的测量方法，给出的关于测量和评估心理负荷方面的信息，也可以帮助提高当事人之间的交流水平
43	ISO 10551:2019 Ergonomics of the physical environment — Subjective judgement scales for assessing physical environments 物理环境的工效学——用于评估物理环境的主观判断量表	This document presents principles and examples of practical application for the construction of appropriate subjective scales for use in the assessment and evaluation of the physical environment. It does not standardize particular scales. It considers scales of perception, comfort, preference, acceptability, expression form and tolerance, and environmental components such as thermal, visual, air quality, acoustic and vibration. ISO 10551:2019 提出原则和实际应用的例子，以建设适当的主观尺度，用于评估和评价物理环境，考虑了感知、舒适度、偏好、可接受性、表现形式和耐受性的尺度，以及热、视觉、空气质量、声学和振动等环境因素
44	ISO 11064-1:2000 Ergonomic design of control centres — Part 1: Principles for the design of control centres 控制中心的工效学设计——第 1 部分：控制中心的设计原则	This part of ISO 11064 includes requirements and recommendations for a design project of a control centre in terms of philosophy and process, physical design and concluding design evaluation, and it can be applied to both the elements of a control room project, such as workstations and overview displays, as well as to the overall planning and design of entire projects. Other parts of ISO 11064 deal with more detailed requirements associated with specific elements of a control centre. ISO 11064 的本部分，从进程和设计哲学理念出发，就控制中心的设计项目给出了相应的要求和建议，包括外观设计和对设计进行的评估等内容，适用于控制室项目中的内容，例如工作站和概要显示，也适用于对整个项目的总体规划和设计，ISO 11064 的其他部分主要着重于解决和控制中心内特定元素相关的要求
45	ISO 11064-2:2000 Ergonomic design of control centres — Part 2: Principles for the arrangement of control suites 控制中心的工效学设计——第 2 部分：控制序列的布局原则	The main beneficiaries of this part of ISO 11064 are the operators and other users in the control suite. It is the needs of these users that provide the ergonomic requirements used by the International Standard developers. Although it is unlikely that the end-user will read ISO 11064, or even know of its existence, its application should provide the user with interfaces that are more usable, a working environment that is more consistent with operational demands and result in a solution which will minimize error and enhance productivity. ISO 11064 本部分的主要受益人是操作员和控制组件的其他用户，正是这些用户的需求，才促使了 ISO 制定出了相应的人机工效学要求，尽管终端用户几乎不可能有机会阅读这份 ISO 11064 标准，甚至不知道这份标准的存在，但是它的存在却可以为用户提供更加易用的人机界面，更符合操作需求的工作环境，最终使得用户可以减少操作失误，提高生产效率
46	ISO 11064-3:1999 Ergonomic design of control centres — Part 3: Control room layout	The ultimate beneficiaries of this part of ISO 11064 will be the control room operator and other users. It is the needs of these users that provide the ergonomic requirements used by the developers of International Standards. Although it is unlikely that the end user will read this part of ISO 11064, or even know of its existence, its application should provide the user with interfaces that are more usable and a working environment which is more consistent with operational demands. It should result in a solution which will minimize error and enhance productivity.

续表

序号	标准编号/名称	标准简介
46	控制中心的工效学设计——第3部分：控制室布置	ISO 11064 本部分的最终受益人是控制室操作员以及其他用户，正是这些用户的需求，才促使 ISO 制定出了相应的人机工效学要求，尽管终端用户几乎不可能有机会来阅读这份 ISO 11064 标准，或者甚至不知道这份标准的存在，但是它的存在却可以为用户提供更加易用的人机界面，更符合操作需求的工作环境，最终使得用户可以减少操作失误，提高生产效率
47	ISO 11064-4:2013 Ergonomic design of control centres — Part 4: Layout and dimensions of workstations 控制中心的工效学设计——第4部分：工作台布局和尺寸	ISO 11064-4:2013 specifies ergonomic principles, recommendations and requirements for the design of workstations found in control centres. It covers control workstation design with particular emphasis on layout and dimensions. It is applicable primarily to seated, visual-display-based workstations, although control workstations at which operators stand are also addressed. These different types of control workstation are to be found in applications such as transportation control, process control and security installations. Most of these workstations now incorporate flat-display screens for the presentation of information. ISO 11064-4:2013 给出了控制中心内工作站设计的人机工效学原则、建议和相应的要求，涵盖了控制工作站的设计要求，特别强调布局和尺寸，主要适用于有座位的、基于视觉显示的工作站，也同样提到了操作员站立工作的工作站，在运输控制、进程控制和安全设施等应用中，可以发现这些不同类的控制工作站，这些工作站中的绝大多数都由一个平面显示器来提供信息
48	ISO 11064-7:2006 Ergonomic design of control centres — Part 7: Principles for the evaluation of control centres 控制中心的工效学设计——第7部分：控制中心的评定原则	ISO 11064-7:2006 establishes ergonomic principles for the evaluation of control centres. It gives requirements, recommendations and guidelines on evaluation of the different elements of the control centre, i.e. control suite, control room, workstations, displays and controls, and work environment. ISO 11064-7:2006 给出了评估控制中心的人机工效学原则，给出了相应的要求、建议和指南来评估控制中心内的不同元素，即控制组件、控制室、工作站、显示器、控制器以及工作环境
49	ISO 11079:2007 Ergonomics of the thermal environment — Determination and interpretation of cold stress when using required clothing insulation (IREQ) and local cooling effects 热环境工效学——使用隔热服(IREQ)和局部冷却效果时冷应力的测定和解释	ISO 11079:2007 specifies methods and strategies for assessing the thermal stress associated with exposure to cold environments. These methods apply to continuous, intermittent as well as occasional exposure and type of work, indoors and outdoors. They are not applicable to specific effects associated with certain meteorological phenomena (e.g. precipitation), which are assessed by other methods. ISO 11079:2007 详述了评估暴露在冷环境中热应力的方法和策略，这些方法适用于持续性的、间歇性的或者偶尔暴露的户外或户内工作，不适用于和某些气象条件有关的特定条件（例如降雨），这些部分有其他的方法来对其进行评估
50	ISO 11226:2000 Ergonomics — Evaluation of static working postures	This International Standard establishes ergonomic recommendations for different work tasks. This standard provides information to those involved in design, or redesign, of work, jobs and products who are familiar with the basic concepts of ergonomics in general, and working postures in particular. It specifies recommended limits for static working postures without any or only with minimal external force exertion, while taking into account body angles and time aspects.

续表

序号	标准编号/名称	标准简介
50	工效学——静态工作姿势的评价	ISO 11226:2000 为不同的工作任务提供了相应的人机工效学建议，该标准为那些熟知人机工效学基本概念，但在工作姿势上具有特异性的人群提供了产品设计和再设计的指导意见 考虑到工作时的身体角度和工作时间问题，该标准给出了无外力作用条件或仅有很少外力作用的条件下，对静态工作姿势的限制
51	ISO 11228-1:2021 Ergonomics — Manual handling — Part 1: Lifting, lowering and carrying 工效学——人工搬运——第1部分：升降和携带	ISO 11228-1:2021 specifies recommended limits for manual lifting, lowering and carrying while taking into account the intensity, the frequency and the duration of the task. ISO 11228:2021 is designed to provide requirements and recommendations on the assessment of several task variables, allowing the health risks for the working population. ISO11228-1:2021 就任务的强度、频率和持续时间，分别给出了人体托举、放下和搬运的最大限值，ISO11228:2021 用于对给定的任务变量的评估提出要求和建议，以此来对工作人员的健康风险进行分析
52	ISO 11228-2:2007 Ergonomics — Manual handling — Part 2: Pushing and pulling 工效学——人工搬运——第2部分：推和拉	ISO 11228-2:2007 gives the recommended limits for whole-body pushing and pulling. It provides guidance on the assessment of risk factors considered important to manual pushing and pulling, allowing the health risks for the working population to be evaluated. The recommendations apply to the healthy adult working population and provide reasonable protection to the majority of this population. These guidelines are based on experimental studies of push-pull tasks and associated levels of musculoskeletal loading, discomfort/pain, and endurance/fatigue. ISO11228-2:2007 给出了人体推和拉极限程度的建议限值，该标准提供的信息通过对推、拉过程中的重要危险要素进行评估，用于对工作人员的健康风险进行分析，这些建议适用于那些健康的成年工作人员，为大多数工作人员提供了合理化的保护措施，这些建议基于对推、拉动作以及肌肉骨骼负荷、耐力、疼痛、疲劳的实验研究
53	ISO 11228-3:2007 Ergonomics — Manual handling — Part 3: Handling of low loads at high frequency 工效学——人工搬运——第3部分：高频低负载操作	ISO11228-3:2006 establishes ergonomic recommendations for repetitive work tasks involving the manual handling of low loads at high frequency. It provides guidance on the identification and assessment of risk factors commonly associated with handling low loads at high frequency, thereby allowing evaluation of the related health risks to the working population. The recommendations apply to the adult working population and are intended to give reasonable protection for nearly all healthy adults. Those recommendations concerning health risks and control measures are mainly based on experimental studies regarding musculoskeletal loading, discomfort/pain and endurance/fatigue related to methods of working. ISO 11228-3:2006 is intended to provide information for all those involved in the design or redesign of work, jobs and products. ISO11228-3:2006 为人工完成的高频低负载重复性工作提供了人机工效学指导意见，通过对高频低负载工作中危险因素的识别和评估，完成可能危害相关工作人员健康的因素评估，这些建议适用于成年工作人员，旨在为所有成年人提供合理化的保护措施，这些和健康风险以及控制措施有关的建议，基于对工作方法中的肌肉骨骼负载、疼痛、耐力、疲劳等方面的实验研究，ISO 11228-3:2006 为工作、产品中和这些因素相关的设计、再设计提供了指导意见

续表

序号	标准编号/名称	标准简介
54	ISO 11399:1995 Ergonomics of the thermal environment — Principles and application of relevant International Standards 热环境工效学——相关国际标准的原理和应用	Purpose is to specify information which will allow the correct, effective and practical use of International Standards concerned with the ergonomics of the thermal environment. Describes the underlying principles concerning the ergonomics of the thermal environment. ISO 11399:1995 旨在给出信息，让用户可以正确、高效的使用和热环境相关的人机工效国际标准，描述了热环境人机工效学的基本原理
55	ISO 11428:1996 Ergonomics — Visual danger signals — General requirements, design and testing 工效学——险情视觉————般要求、设计和检验	Describes criteria for the perception of visual danger signals in the area in which people are intended to perceive and to react to such a signal. Specifies the safety and ergonomic requirements and the corresponding physical measurements. ISO 11428:1996 描述了在需要对视觉危险信号进行感知和反应的区域中工作的人员，对这些视觉危险信号所需要遵循的原则，详述了安全问题和人机工效学要求，以及相应的物理测量
56	ISO 11429:1996 Ergonomics — System of auditory and visual danger and information signals 工效学——险情和信息的视听信号体系	Specifies a system of danger and information signals taking into account the different degrees of urgency. Applicable to all danger and information signals which have to be clearly perceived and differentiated as specified in ISO/TR 12100-2. Does not apply to certain fields covered by specific standards. 考虑到不同情况的紧迫程度，ISO 11429:1996 对危险和信息标志系统进行了描述，适用于 ISO/TR 12100-2 提到的所有需要被明确识别并且区分的危险和信息标志，不适用于特定标准所涵盖的某些特定领域
57	ISO 13731:2001 Ergonomics of the thermal environment — Vocabulary and symbols 热环境工效学——词汇和符号	This International Standard defines physical quantities in the field of the ergonomics of the thermal environment. The corresponding symbols and units are also listed. The aim of this International Standard is — to give vocabulary and symbols for the quantities used in International Standards on ergonomics of the thermal environment, — to provide a reference of vocabulary and symbols to be used in writing future International Standards or other publications on the ergonomics of the thermal environment. ISO 13731:2001 对热环境人机工效领域的物理量给出了相应的定义，相应的符号和单位也列出了，该标准的目的是： ——给出热环境人机工效国际标准中所用到物理量的词汇和符号 ——为以后可能出现的，关于热环境人机工效的国际标准，或其他出版物中所用到的词汇和符号，提供参考
58	ISO 13732-1:2006 Ergonomics of the thermal environment — Methods for the assessment of human responses to contact with surfaces — Part 1: Hot surfaces	ISO 13732-1:2006 is applicable to the hot surfaces of all kind of objects: equipment, products, buildings, natural objects, etc. It is applicable to hot surfaces of products that may be touched by healthy adults, children, elderly people and also by people with physical disabilities. For the purposes of simplification, it mentions only products; nevertheless, it applies to all other objects as well. It is applicable to products used in any environment, e.g. in the workplace, in the home.

续表

序号	标准编号/名称	标准简介
58	热环境工效学——人接触表面的反应评定方法——第1部分：热表面	ISO 13732-1:2006 适用于所有物体的热表面：装备、产品、建筑、自然物体等，它用于那些可能被健康的成年人、幼儿、老人或有肢体残疾的人员所碰触到的产品热表面，为达到简化的目的，该标准中只提到了产品，尽管如此，仍然适用于所有物体，该标准的适用范围包括了各种环境，例如，家中或工作场所中所用到的产品
59	ISO/TS 13732-2:2001 Ergonomics of the thermal environment — Methods for the assessment of human responses to contact with surfaces — Part 2: Human contact with surfaces at moderate temperature 热环境工效学——人接触表面的反应评定方法——第2部分：人接触温度适宜的表面	This part of ISO/TS 13732 presents principles and methods for predicting the thermal sensation and degree of discomfort for people where parts of the body are in contact with solid surfaces at moderate surface temperatures (approximately 10℃ to 40℃). It deals with the thermal sensation for contacts of the hand, foot and for the sitting position on the floor. 当人类身体的某一部分和具有适当温度(大约在 10℃到 40℃)的固体表面所接触时，ISO/TS 13732 的本部分列出了相应的原则和方法来预测热感知和不舒适度，解决了手部、足部以及在地面上保持坐姿时的热感知
60	ISO 13732-3:2005 Ergonomics of the thermal environment — Methods for the assessment of human responses to contact with surfaces — Part 3: Cold surfaces 热环境工效学——人接触表面的反应评定方法——第3部分：冷表面	ISO 13732-3:2005 provides methods for the assessment of the risk of cold injury and other adverse effects when a cold surface is touched by bare-hand/finger skin. It provides ergonomics data for establishing temperature limit values for cold solid surfaces. The values established can be used in the development of special standards, where surface temperature limit values are required. Its data are applicable to all fields where cold solid surfaces cause a risk of acute effects: pain, numbness and frostbite, and are not limited to the hands but can be applied in general to the healthy human skin of male and female adults. ISO 13732-3:2005 为裸露的手部/皮肤接触到寒冷表面时，可能发生的损害或其他不利影响，提供了评估方法，它提供了相关的人机工效数据，来构建寒冷固体表面的温度限定值，这些构建出来的限定值可以用来研究需要温度限定值的特定标准，寒冷的固体表面可能引起急性效应：疼痛、麻木和寒冷，这些效应并不只局限在手部，健康的成年男性、女性的全身皮肤都会受到影响，该标准提供的数据适用于所有这些表面
61	ISO/TS 14505-1:2007 Ergonomics of the thermal environment — Evaluation of thermal environments in vehicles — Part 1: Principles and methods for assessment of thermal stress 热环境工效学——车辆热环境评估——第1部分：热应力的评估原则和方法	ISO 14505-1:2007 gives guidelines for the assessment of thermal stress inside vehicles used for land, sea and air operation. It offers information about the assessment of hot, cold as well as moderate thermal environments by referring to different methods, as specified in International Standards, and specifying the constraints and necessary adjustments needed for the special case of vehicle climate assessment. ISO 14505-1:2007 给出了用于对陆地、海洋和空中操作的载具内部进行热应力评估的指南，它通过参考国际标准中提到的不同方法，提供了评估热力、寒冷以及适中温度环境的评估方法，详述了对载具内部气候环境进行评估时所需要的限制和必要的调整

续表

序号	标准编号/名称	标准简介
62	ISO 14505-2:2006 Ergonomics of the thermal environment — Evaluation of thermal environments in vehicles — Part 2: Determination of equivalent temperature 热环境工效学——车辆热环境评估——第2部分：等效温度的测定	ISO 14505-2:2006 provides guidelines for the assessment of the thermal conditions inside a vehicle compartment. It can also be applied to other confined spaces with asymmetric climatic conditions. It is primarily intended for assessment of thermal conditions, when deviations from thermal neutrality are relatively small. Appropriate methodology as given in ISO 14505-2:2006 can be chosen for inclusion in specific performance standards for testing of HVAC-systems for vehicles and similar confined spaces. ISO 14505-2:2006 给出了评估载具内部环境的指南，适用于其他密闭空气和非对称气候条件，当热量偏差相对较小时，该标准主要旨在对热环境进行评估，可以选择 ISO 14505-2:2006 中给出的适当方法，作为对载具和小型密闭空气内的 HVAC 系统进行测试的特定性能标准
63	ISO 14505-3:2006 Ergonomics of the thermal environment — Evaluation of thermal environments in vehicles — Part 3: Evaluation of thermal comfort using human subjects 热环境工效学——车辆热环境评估——第3部分：人类热舒适性评估	ISO 14505-3:2006 gives guidelines and specifies a standard test method for the assessment, using human subjects, of thermal comfort in vehicles. It is not restricted to any particular vehicle but provides the general principles that allow assessment and evaluation. The method can be used to determine a measure of the performance of a vehicle for conditions of interest, in terms of whether it provides thermal comfort to people or not. This can be used in vehicle development and evaluation. ISO 14505-3:2006 使用人类受试者，给出了用来对载具内的温度舒适性进行评估的标准测试方法，它不局限于任何特定的载具，而是提供了用于进行评估的通用准则，它给出的方法可以用来确定载具在某些环境下的性能，来观测其提供的环境温度对人类而言是否适宜，这些可以用于对载具进行研发和评估
64	ISO 14738:2002 Safety of machinery — Anthropometric requirements for the design of workstations at machinery 机械安全——机械工作台设计的人体测量要求	This International Standard establishes principles for deriving dimensions from anthropometric measurements and applying them to the design of workstations at non-mobile machinery. It is based on current ergonomic knowledge and anthropometric measurements. This International Standard specifies the body's space requirements for equipment during normal operation in sitting and standing positions. This International Standard does not specifically include space demands for maintenance, repairing and cleaning work. ISO 14738:2002 通过人体测量得到相应尺寸，为设计固定机械工位时应注意的问题提供了应遵循的原则，这些原则来源于现有的人机工效学知识和人体测量数据，该标准给出了在正常站姿、坐姿情况下，操作机器所需要的人体空间，但是并不包括进行维护、修理和清洁时所需要的空间要求
65	ISO 15265:2004 Ergonomics of the thermal environment — Risk assessment strategy for the prevention of stress or discomfort in thermal working conditions 热环境工效学——热加工条件预防应力或不适的风险评估策略	ISO 15265:2004 describes a strategy for assessing and interpreting the risk of physiological constraints, or of discomfort, while working in a given climatic environment. It is applicable in any working situation with steady or varying conditions of the climate, metabolic rate or clothing. ISO 15265:2004 给出了在给定的气候条件下进行工作时，评估和解释生理限制风险的策略，适用于所有具有稳定，或变化着的气候条件、代谢率、工作服的工作情形

附录 A　飞机座舱人机工效相关标准简介

续表

序号	标准编号/名称	标准简介
66	ISO 15534-1:2000 Ergonomic design for the safety of machinery — Part 1: Principles for determining the dimensions required for openings for whole-body access into machinery 用于机械安全的工效学设计——第 1 部分：全身进入机械的开口尺寸确定原则	This part of ISO 15534 describes how these principles should be applied to the design of openings which will allow whole-body access. ISO 15534 的本部分描述了设计允许全身进入机械的入口应遵循的原则
67	ISO 15534-2:2000 Ergonomic design for the safety of machinery — Part 2: Principles for determining the dimensions required for access openings 用于机械安全的工效学设计——第 2 部分：进入口尺寸确定原则	This part of ISO 15534 describes how these principles should be applied to the design of access openings. ISO 15534 的本部分描述了进行入口设计时应该遵循的原则
68	ISO 15534-3:2000 Ergonomic design for the safety of machinery — Part 3: Anthropometric data 用于机械安全的工效学设计——第 3 部分：人体测量数据	This part of ISO 15534 specifies current requirements for human body measurements (anthropometric data) that are required by ISO 15534-1 and ISO 15534-2 for the calculation of access-opening dimensions as applied to machinery. ISO 15534 的本部分给出了 ISO 15534-1 和 ISO 15534-2 在确定机械入口尺寸时用到的人体测量数据所需满足的现行要求
69	ISO 15535:2023 General requirements for establishing anthropometric databases 建立人体测量数据库的一般要求	ISO 15535:2023 specifies general requirements for anthropometric databases and their associated reports that contain measurements taken in accordance with ISO 7250-1. It provides necessary information, such as characteristics of the user population, sampling methods, measurement items and statistics, to make international comparison possible among various population segments. ISO 15535:2023 给出了人体测量数据库和与 ISO 7250-1 相一致的测量报告的一般要求，它提供了必要的信息，例如用户群体的特点、抽样方法、测量项目和统计数字来确保不同国家的用户群体之间可以进行比较
70	ISO 15536-1:2005 Ergonomics — Computer manikins and body templates — Part 1: General requirements 工效学——计算机人体模型和人体模板——第 1 部分：一般要求	ISO 15536-1:2005 establishes the general requirements for the design and development of computer manikins, body templates and manikin systems. It addresses their anthropometric and biomechanical properties, taking into account their usability and restrictions for structural complexity and functional versatility, and is also intended as a guide for the selection of manikins and manikin systems and for the evaluation of their accuracy and usability for the specified use. It specifies the documentation of the characteristics of manikins and manikin systems and their intended use, for the guidance of their users. It provides means for ensuring that computer manikins and body templates for the design of work space are appropriately accurate and

续表

序号	标准编号/名称	标准简介
70	ISO 15536-1:2005 Ergonomics — Computer manikins and body templates — Part 1: General requirements 工效学——计算机人体模型和人体模板——第1部分：一般要求	reliable in their anthropometric and biomechanical aspects. It aims to ensure that users of manikins are able to choose an appropriate manikin system for particular design tasks and use it in an appropriate way. It sets requirements only on the static accuracy of the manikin, but provides recommendations on the other factors that can influence the accuracy of the analyses and determinations performed using them. ISO 15536-1:2005 为设计和开发计算机解剖模型、人体模型、假人系统提供了一般要求，考虑其可用性、限制结构的复杂性和功能的多样性，该标准提出了人体测量和生物力学特性，为假人系统的选择提供了指导意见，可用于评估其特定用途的精度和实用性，它就假人系统的特性，为其用户提供了说明，该标准给出的方法可以用来确保计算机人体模型和人体模型系统的设计适用于工作场所，并且在人体测量和生物力学方面都具有很高的精确度和可信度，其目的是确保模拟系统用户可以针对特定任务选择一个合适的系统，并有一个恰当的使用方法，它只对模型的静态精度做出了相应要求，但是给出的其他方面的建议，可以提高分析精度和系统性能
71	ISO 15536-2:2007 Ergonomics — Computer manikins and body templates — Part 2: Verification of functions and validation of dimensions for computer manikin systems 工效学——计算机人体模型和人体模板——第2部分：计算机人体模型系统的功能检验和尺寸校验	ISO 15536-2:2007 establishes the requirements for the verification of the functions and validation of dimensions of computer manikins. These requirements concern the documentation of the data employed to construct computer manikins and the methods employed to verify and validate their functions with regards to their dimensional accuracy. ISO 15536-2:2007 extends to anthropometric and biomechanical data and to software functions as they are applied to create computer manikins. Although this document primarily refers to anthropometric data and methods, some biomechanical parameters are required to build and apply computer manikins and are therefore included. ISO 15536-2:2007 provides a framework for reporting computer manikin accuracy and human-source data. The standard is intended to enable even non-specialist users of the manikin systems to independently perform measurements of each function under field testing conditions using automated software tools provided by developers. ISO 15536-2:2007 就验证计算机人体模型系统的功能和其给出尺寸的有效性提出了相应要求，这些要求主要针对构建计算机人体模型系统所需的数据和方法，来验证和证实其功能和尺寸的精确度，ISO 15536-2:2007 使用了人体测量和生物力学数据以及软件功能来构建人体计算机模型，虽然该文件主要和人体测量数据和方法有关，但也需要对生物力学参数进行构建以便在计算机模拟系统上应用 ISO 15536-2:2007 为报告计算机模型的准确性和来自于人体的数据提供了一个框架，该标准旨在让那些模拟系统的非专业用户，通过使用开发者提供的自动化软件工具独立完成测量的每个功能
72	ISO 15537:2022 Principles for selecting and using test persons for testing anthropometric aspects of industrial products and designs	ISO 15537:2004 establishes methods for determining the composition of groups of persons whose anthropometric characteristics are to be representative of the intended user population of any specific object under test.

续表

序号	标准编号/名称	标准简介
72	工业产品及设计中人体测量学特性测试的被试选用原则	ISO 15537:2004 建立了确定人体数据测量被测人群组成的方法，在试验条件下该人群人体数据与预期用户一致
73	ISO 15743:2008 Ergonomics of the thermal environment — Cold workplaces — Risk assessment and management 热环境工效学——冷工作场所——风险评估与管理	ISO 15743:2008 presents a strategy and practical tools for assessing and managing cold risk in the workplace, and includes: models and methods for cold risk assessment and management; a checklist for identifying cold-related problems at work; a model, method and questionnaire intended for use by occupational health care professionals in identifying those individuals with symptoms that increase their cold sensitivity and, with the aid of such identification, offering optimal guidance and instructions for individual cold protection; guidelines on how to apply thermal standards and other validated scientific methods when assessing cold-related risks; a practical example from cold work. ISO 15743:2008 给出了一个具有策略性和实用性的工具，评估和管理工作场所中由于低温所造成的风险，包括： — 对低温风险进行评估、管理的模型和方法 — 用在工作中识别和低温有关问题的检查表 — 由职业医护人员使用的模型、方法和问卷，用以识别那些可以增加个体寒冷感知的症状，以此来提供最佳的指南和个体低温防护指导 — 在评估和低温有关的风险问题时，如何应用热标准和其他经过验证的指导原则 — 低温工作的实际例子
74	ISO/TR 16982:2002 Ergonomics of human-system interaction — Usability methods supporting human-centred design 人机交互的工效学——支持以人为中心设计的可用性方法	ISO/TR 16982:2002 provides information on human-centred usability methods which can be used for design and evaluation. It details the advantages, disadvantages and other factors relevant to using each usability method. It explains the implications of the stage of the life cycle and the individual project characteristics for the selection of usability methods and provides examples of usability methods in context. ISO/TR 16982:2002 提供了以人为中心的可用方法的相关信息，这些方法可以用来进行设计和评估，它详述了优点、缺点以及使用每一种不同的可用性方法的其他因素 它解释了选择可用性方法的生命周期和个人项目特点的含义，并根据情境提供合适的可用性方法例子
75	ISO/TS 18152:2010 Ergonomics of human-system interaction — Specification for the process assessment of human-system issues 人机交互的工效学——人与系统交互过程的评估规范	ISO/TS 18152:2010 presents a human-systems (HS) model for use in ISO/IEC 15504-conformant assessment of the maturity of an organization in performing the processes that make a system usable, healthy and safe. It describes processes that address human-system issues and the outcomes of these processes. It details the practices and work products associated with achieving the outcomes of each process. ISO/TS 18152:2010 提出了一个人类系统模型，在 ISO/IEC 15504 中，该模型可以对组织执行进程的成熟性进行一致性评估，考察其能否确保系统可用、健康和安全，它描述了处理人类系统问题的进程以及这些进程的输出，详述了实现每一个进程的步骤和成果

续表

序号	标准编号/名称	标准简介
76	ISO/TR 19358:2002 Ergonomics — Construction and application of tests for speech technology 工效学——语音技术测试的组成与应用	ISO/TR 19358:2002 deals with the testing and assessment of speech-related products and services, and is intended for use by specialists active in the field of speech technology, as well as purchasers and users of such systems. ISO/TR 19358:2002 给出了测试和评估与语音相关的产品和服务的方法，适用于语音领域的专家，以及这些系统的购买者和用户
77	ISO/TS 20646:2014 Ergonomics guidelines for the optimization of musculoskeletal workload 肌肉骨骼负荷优化的人机工效指南	ISO/TS 20646:2014 provides information and guidelines to properly utilize various ergonomics standards concerning the factors related to musculoskeletal workload (MSWL), and helps develop activities to reduce or optimize MSWL in workplaces and non-professional activities, in an effective and efficient manner. The activities are intended to be based on a risk assessment. ISO/TS 20646:2014 is intended primarily for employers, ergonomics and occupational health-related staff and workers in enterprises, and workers. Prevention of MSWL is not always a matter of reducing the load. The approach to reducing MSWL also involves assessing the work environment and organization as a system to identify how changes can help to safely manage MSWL. Although it provides ideas of effective and efficient measures to reduce or optimize MSWL, ISO/TS 20646:2014 does not certify the complete prevention of health problems caused by MSWL. ISO/TS 20646:2014 为合理使用关于人体骨骼肌负荷（MSWL）相关的人机工效标准提供了信息和指导意见，可以有效并高效地帮助在工作场所和非专业活动中降低或优化 MSWL，这些活动是基于风险评估的目的而进行的，ISO/TS 20646:2014 主要适用于雇主、人机工效和企业内与健康相关的工作人员、工人等，防止 MSWL 并不总是降低负荷的一种方法，评估工作环境，组织系统来确定哪些变更可以帮助安全管理 MSWL，以及降低 MSWL 有效方法的原理，ISO/TS 20646:2014 不能证明可以完全预防由 MSWL 引起的健康问题
78	ISO 20685-1:2018 3-D scanning methodologies for internationally compatible anthropometric databases — Part 1: Evaluation protocol for body dimensions extracted from 3-D body scans 应用于国际兼容人体测量数据库的三维扫描方法——第 1 部分：从三维人体扫描中提取人体尺寸的评估方案	ISO 20685:2010 addresses protocols for the use of 3-D surface-scanning systems in the acquisition of human body shape data and measurements defined in ISO 7250-1 that can be extracted from 3-D scans. It does not apply to instruments that measure the location and/or motion of individual landmarks. ISO 20685:2010 主要是关于 3D 表面扫描系统的使用协议，用以获得通过 3D 扫描提取到的，由 ISO7250-1 定义的人体体表形状数据和测量结果，不适用于测量位置和/或个体标志运动的仪器
79	ISO 24502:2010 Ergonomics — Accessible design — Specification of age-related luminance contrast for coloured light	ISO 24502:2010 provides a basic method of calculation that can be applied to the design of lighting, visual signs and displays. It applies to light, self-luminous or reflected, in visual signs and displays seen under moderately bright conditions called photopic vision and whose spectral radiance is known or measurable. It does not apply to light seen under darker conditions called mesopic or scotopic vision.

续表

序号	标准编号/名称	标准简介
79	工效学——可访问性设计——与年龄相关的彩色光亮度对比规范	ISO 24502:2010 提供了一个适用于设计灯光、视觉信号和显示器的基本计算方法，它适用被称为明视觉条件的中等亮度情况下，具有照明、自发光或反射光源的视觉信号和显示器，其光谱辐射率已知或可测量，不适用于被称作中间视觉或暗视觉的黑暗情况
80	ISO 26800:2011 Ergonomics — General approach, principles and concepts 工效学———般方法、原理和概念	ISO 26800:2011 presents the general ergonomics approach and specifies basic ergonomics principles and concepts. These are applicable to the design and evaluation of tasks, jobs, products, tools, equipment, systems, organizations, services, facilities and environments, in order to make them compatible with the characteristics, the needs and values, and the abilities and limitations of people. The provisions and guidance given by ISO 26800:2011 are intended to improve the safety, performance, effectiveness, efficiency, reliability, availability and maintainability of the design outcome throughout its life cycle, while safeguarding and enhancing the health, well-being and satisfaction of those involved or affected. ISO 26800:2011 给出了人机工效学的通用方法，描述了基本的人机工效学原则和概念，适用于对任务、工作、产品、工具、装置、系统、组织、服务、场所和环境进行设计和评估，以便使它们与人的特征、需求、价值、能力和局限性相兼容 ISO 26800:2011 给出的条款和指导意见旨在提高设计的安全、性能、有限性、效率、可靠性以及整个生命周期内的可用性和可维护性，同时保障工作人员的安全感、幸福感、满足感
81	ISO 28802:2012 Ergonomics of the physical environment — Assessment of environments by means of an environmental survey involving physical measurements of the environment and subjective responses of people 物理环境工效学——通过测量物理属性和主观反应的环境评估方法	This International Standard presents methods for the evaluation of comfort using physical measures of the environment and subjective measures from people. It provides methods for the assessment of thermal, acoustic, visual and lighting, and air quality environments, as well as other relevant environmental components. For each environmental component, methods are provided for measuring the physical environment and subjective responses to the environment. An assessment form for use as an environmental assessment tool by the person conducting the survey is also included. ISO 28802:2012 给出了评估环境舒适度的方法，包括物理测量法，以及人类的主观评估法，它提供的方法可以用来评估热、声、视觉和照明、环境的空气质量以及其他相关的环境，对每一种环境，都有相应的物理测量法和主观评估法，专家调查表作为一种评估工具，也包含在其中
82	ISO 28803:2012 Ergonomics of the physical environment — Application of International Standards to people with special requirements 物理环境工效学——对有专门要求人群的国际标准应用方法	This International Standard describes how International Standards concerned with the ergonomics of the physical environment can be applied for people with special requirements, who would otherwise be considered to be beyond the scope of those standards. It has been produced according to the principles of accessible design provided in ISO/IEC Guide 71 and using the data provided in ISO/TR 22411. ISO 28803:2012 描述了那些和物理环境人机工效有关的标准，如何应用到那些具有特殊要求的人群上(不然会认为这些人在标准之外)，ISO 28803:2012 基于 ISO/IEC Guide 71 提出的可访问性设计准则和 ISO/TR 22411 提供的相关数据创建

注：标准版本状态截止于 2024 年 12 月。

表 A-5 与座舱人机工效设计相关的国家军用标准

序号	标准编号	名称	标准简介
1	GJB 19B-2007	歼(强)击机座椅几何尺寸	该标准适用于歼击机、强击机、歼击轰炸机及上述飞机的教练机,该标准规定了歼(强)击机座椅几何尺寸
2	GJB 35B-2008	歼(强)击机座舱几何尺寸	该标准适用于单座或串列双座杆式操纵歼击机、强击机、歼击轰炸机及上述飞机的教练机,具有较高的参考价值
3	GJB 36A-2008	飞行员人体模板设计和使用要求	该标准适用于飞行员人体模板的设计,也适用于与飞行员人体有关的工作空间、操作位置的辅助设计及其工效学评价
4	GJB 50A-2011	军事作业噪声容许限值及测量	该标准规定了军事作业噪声容许限值及测量方法,适用于军事作业环境中噪声的听力保护要求,也适用于军事作业中稳态噪声及非稳态噪声的测量
5	GJB 189A-2015	飞机平视显示/武器瞄准系统通用规范	该规范规定了飞机平视显示/武器瞄准系统的技术要求、质量保证和交货准备等通用要求,主要适用于以 CRT 为显示器件的平显系统
6	GJB 232-1987	人体脊柱对开伞冲击力的耐受强度	该标准给出了人体脊柱的耐受强度限值,可作为设计航空、航天等部门的防护救生装备的生物力学参数,也可作为确定飞行员救生伞对人体脊柱冲击力的医学依据
7	GJB 300-1987	飞机平视显示器字符	该标准适用于军用固定翼飞机电/光显示器中的平视显示器,给出了平视显示器信息显示的特点和显示格式等具体要求
8	GJB 301-1987	飞机下视显示器字符	该标准适用于军用固定翼飞机电/光显示器中的下视显示器,附录 B/C 给出了下视显示器信息显示的特点和显示格式等具体要求
9	GJB 302-1987	飞机电光显示器汉字和用语	该标准适用于军用固定翼飞机电/光显示器显示飞行、作战与监控信息的汉字和用语
10	GJB 305-1987	飞行员飞行中肺通气参数	该标准是设计、鉴定军用飞机供氧和生命保障系统的基础依据,适用于设计飞机供氧装备平均流量和最大流通能力,制定军用飞机供氧和生命保障系统人体生理卫生学要求
11	GJB 306A-1997	飞行员肺通气参数	该标准规定了飞行员肺通气参数的正常值,适用于飞机氧气系统的设计,也适用于飞行员的肺功能鉴定

续表

序号	标准编号	名称	标准简介
12	GJB 307A-2012	歼(强)击机座舱视野和主仪表板视区	该标准适用于歼击机、强击机、歼击轰炸机及其同类型串列双座教练机等,在座舱视野方面要作相应的修改
13	GJB 455-1988	飞机座舱照明基本技术要求及测试方法	该标准规定了飞机座舱照明的基本技术要求及其测量试验(简称测试)方法和检验项目,该标准提出的座舱照明基本技术要求比较全面合理,对保障飞行员的视觉舒适性和工效具有实用性
14	GJB 565A-2009	歼(强)击机座舱噪声限值	该标准适用于歼击机、强击机、歼击轰炸机及其同型教练机座舱噪声控制设计、保护头盔、氧气面罩的研制及定型鉴定,该标准为歼(强)击机座舱噪声控制设计、保护头盔等个人噪声防护装备的隔声设计、生产提供了依据,可操作性强,具有实用性
15	GJB 646-1988	座舱压力制度生理要求	该标准包括座舱压力变化的生理限值和座舱高度(压力)的生理限值两个部分,座舱压力生理要求属于基础标准,适用于制定军用飞机、民用飞机座舱压力制度规范
16	GJB 690-1990	飞行员肺脏对减压峰值的生理耐限	该标准适用于设计、研制航空供氧装备及鉴定其性能,也适用于制定飞行员迅速减压生理训练制度,是军用飞机座舱压力设计的基础依据
17	GJB 718-1989	单座和串列双座固定翼飞机座舱布置	该标准在仪表板布置方面要进行改进,在操纵装置和控制装置方面应加入新技术的考虑
18	GJB 807A-2008	飞机仪表板布局通用要求	该标准规定了显示器、仪表、控制装置和灯光信号装置在飞机仪表板上布局和定位的通用要求,给出了仪表板视角和布局的具体要求,该标准适用于军用飞机座舱仪表板布局
19	GJB 808-1990	小型化航空仪表设计规范	该规范规定了小型化航空仪表设计的基本原则和一般要求,适用于军用飞机的小型化机械式或机电式仪表,为仪表设计提供依据
20	GJB 850-1990	飞行人员战时核辐射剂量限值规定	该标准规定了飞行员战时核辐射各种剂量限值及执行该标准必须遵循的基本原则
21	GJB 898A-2004	工作舱(室)温度环境的通用医学要求与评价	该标准适用于各种非敞露式的工作舱(室),包括军事设备、运输设施及其他固定建筑等乘员舱(室),对于半敞露式工作舱(室)、无固定操作人员的非敞露式舱(室)、供居住或娱乐用的生活舱(室)、以及某些特殊服装内的微环境的设计和评价亦可参考使用

续表

序号	标准编号	名称	标准简介
22	GJB 965-1990	人体全身振动环境的测量规范	该标准适用于机械振动通过支撑人体的接触面作用于人体的周期振动、具有离散频谱的非周期性振动和随机振动的测量
23	GJB 966-1990	人体全身振动暴露的舒适性降低限和评价准则	该标准适用于各种运载工具和机械产生的人体全身振动环境,用于评价军事作业振动环境对人员舒适性的影响
24	GJB 1062A-2008	军用视觉显示器人机工程设计通用要求	该标准规定了军用视觉显示器的人机工效设计原则和通用要求,给出了不同种类显示器字符大小的具体要求,可以作为字符显示的基础参考依据
25	GJB 1124A-2007	握杆操纵中手部数据和手指功能	该标准规定了握杆操纵飞机飞行员的手部数据和手指功能;适用于歼击机、强击机、歼击轰炸机及上述飞机的教练机中央驾驶杆、侧驾驶杆、油门杆的设计
26	GJB 1129-1991	军用飞机座舱温度评定的方法和生理学要求	该标准适用于歼击机、强击机、轰炸机、运输机及教练机座舱ECS的生理学评价,是座舱ECS的设计、生产和试飞鉴定的依据;也适用于座舱温度的医学监督
27	GJB 1192-1991	军用飞机内部颜色要求	该标准适用于各类军用飞机(有特殊要求的飞机除外),民用飞机和出口型飞机也可参照该标准的要求执行
28	GJB 1193-1991	飞机环境控制系统通用规范	该规范适用于军用飞机的座舱压力调节系统、座舱空气调节系统、设备和设备舱空气调节系统、环境防护(除雾、除雨和防冰)系统、飞机引气系统,正负释压、卸压、泄漏量、污染物控制、制冷和加温、温度与湿度控制、表面温度、正常通风、座舱温差可直接采用该规范的要求;而压力制度、压力变化率有待改进
29	GJB 1357-1992	飞机内的噪声级	该标准适用于评价飞机内噪声对机上人员安全和通信的影响,是设计飞机和座舱设施、评价其性能和采取噪声控制措施的依据
30	GJB 1394-1992	与夜视成像系统兼容的飞机内部照明	该规范适用于使用夜视成像系统(NVIS)的驾驶舱中的所有照明系统、照明子系统及照明装置
31	GJB 2020A-2012	飞机内部和外部照明通用规范	该规范适用于各种军用飞机内部和外部照明设备
32	GJB 2024-1994	飞机座舱灯光告警设备通用规范	该规范规定了飞机座舱灯光告警设备的要求和质量保证规定,适用于军用飞机座舱灯光告警设备

续表

序号	标准编号	名称	标准简介
33	GJB 2193-1994	飞行员加压供氧系统规范	该规范规定了飞机升限超过12km的飞行人员加压供氧系统的通用技术要求，适用于飞行人员加压供氧系统、成品和附件
34	GJB 2782-1996	军用飞机听觉告警系统汉语语音工效学要求	该标准规定了军用飞机听觉告警系统汉语话音的语声、结构参数、适宜音量等工效学要求，适用于军用飞机
35	GJB 2873-1997	军事装备和设施的人机工程设计准则	该标准适用于所有军事系统、子系统、装备和设施的设计，可用于科研和教学，也适用于硬件、材料和过程的选择
36	GJB 2874-1997	电传操作系统飞机的飞行品质	该标准适用于所有研制的带电传操纵系统的飞机
37	GJB 3101-1997	飞机加温和通风系统通用规范	该规范适用于军用飞机的加温和通风系统的设计、试验与检查
38	GJB 3207-1998	军事装备和设施的人机工程要求	该标准规定了装备寿命周期人机工程工作的要求确定、策划、管理、分析、设计与研制、试验与评价、保障等要求；适用于装备论证、研制、试验、采购、使用等寿命周期过程
39	GJB 3815-1999	飞机气密舱设计要求	该标准规定了军用飞机气密舱的总体、结构、强度、刚度和环境控制的设计要求及试验要求，给出了基于人机工效学的基本原理，座舱压力、温度和湿度等座舱环境基本要求，该标准适用于军用飞机的气密舱(包括座舱、乘员舱和货舱)
40	GJB 4856-2003	中国男性飞行员人体尺寸	该标准适用于与中国男性飞行员人体尺寸数据有关的飞机座舱、座椅、通道、工作台、舱室布局和飞行员个人救生装备等尺寸的设计，该标准属于基础性标准，具有重要实用性和参考价值
41	GJB 5441-2005k	飞机握杆操纵装置通用规范	该规范规定了飞机握杆操纵装置的通用技术要求，适用于飞机的驾驶杆、油门杆，直升机的总距杆、周期变距杆及各类任务手柄
42	GJB 6896-2009	男性飞行员人体静态三维尺寸	该标准规定了男性飞行员人体静态三围尺寸，适用于飞机座舱和座椅的设计以及标准动态仿真假人的研制
43	GJB 5313A-2017	电磁辐射暴露限值和测量方法	该标准规定了1Hz~300GHz电磁辐射环境中作业区和生活区辐射暴露限值、测量和评价方法

续表

序号	标准编号	名称	标准简介
44	GJB 5918A-2021	军航座舱交通信息显示及操作要求	该标准规定了军用有人驾驶航空器座舱显示空中交通信息的种类、格式、内容和操作控制要求，适用于军用运输机、轰炸机、预警机等航空器的座舱交通信息人机交互界面、信息显示及操作，其他军用航空器、无人机地面站可参照使用
45	GJB 10365-2022	军用飞机人机功能分配通用要求	该标准规定了军用飞机人机功能分配的目标、原则、流程和验证的通用要求，适用于有人驾驶的固定翼飞机的论证、研制与使用，军用无人机和直升机可参照使用
46	GJB 10366-2022	飞机座舱3D听觉人机工效要求	该标准规定了飞机座舱3D听觉显示的信号生成及用法、显示要求等工效学要求，适用于军用飞机座舱3D听觉显示设计和使用，无人机地面控制站可以参照使用
47	GJB 10404-2022	空间站人控交会对接工效学要求和评价方法	该标准规定了空间站与来访航天器(载人飞船、货运飞船等)人控交会对接系统设计的工效学要求和评价方法，适用于载人航天器人控交会对接系统的设计、研制和工效学评价
48	GJB 10405-2022	空间站出舱活动工效学要求与评价方法	该标准规定了空间站任务航天员出舱活动的工效学要求、评价条件、项目、准则与评价方法，适用于空间站任务出舱活动设计、研制和工效学评价
49	GJB 10408-2022	载人航天飞行任务航天员操作通用要求	该标准规定了载人航天飞行任务航天员在轨操作通用要求，包括载人航天器、航天员驻留保障、交会对接、出舱活动、在轨实(试)验、在轨训练及科普教育活动等操作要求，适用于载人航天飞行任务航天员在轨操作任务
50	GJB 10451-2022	军用飞机侧驾驶杆人机工效要求	该标准规定了军用飞机侧驾驶杆人机工效要求，适用于歼(强)击机驾驶舱侧驾驶杆设计、布置和操作使用，其他军用飞机侧驾驶杆也可以参照执行
51	GJB 10452-2022	军用飞机驾驶舱控制用语符号	该标准规定了军用飞机驾驶舱内人工控制器件标识标记用语、可编程控制菜单和按键标识类用语符号，适用于歼(强)击机、轰炸机、运输机等军用飞机驾驶舱内控制器件标识标记和可编程控制菜单、按键等的设计和使用，其他航空器设计可参照使用

续表

序号	标准编号	名称	标准简介
52	GJB 10797.1-2022	装备人机工程要求指标的选择与确定 第1部分：通用要求	该标准规定了装备人机工程要求指标表征、指标体系构建、指标选择以及指标确定的要求，适用于装备全寿命周期过程
53	GJB 10797.2-2022	装备人机工程要求指标的选择与确定 第2部分：陆基装备	该标准规定了陆基装备人机工程要求指标表征、体系构建、指标选择以及指标确定的要求等，适用于炮兵装备、防空兵装备、装甲装备、工程装备、防化装备、轻武器装备、通用车辆等陆基装备全寿命周期过程，其他陆基装备可参考使用
54	GJB 10797.3-2022	装备人机工程要求指标的选择与确定 第3部分：海上装备	该标准规定了海上装备人机工程要求指标表征、体系构建、指标选择以及指标确定的要求等，适用于海上装备的全寿命周期过程
55	GJB 10797.4-2022	装备人机工程要求指标的选择与确定 第4部分：空中装备	该标准规定了空中装备人机工程要求指标表征、指标体系构建、指标选择以及指标确定的要求等，适用于有人驾驶飞机、直升机和无人机系统等空中装备的全寿命周期过程
56	GJB 10797.5-2022	装备人机工程要求指标的选择与确定 第5部分：空间和导弹装备	该标准规定了空间和导弹装备人机工程要求指标表征、体系构建、指标选择以及指标确定的要求等，适用于飞船、空间站等空间装备，以及武器管控系统、任务规划系统、发射系统等导弹装备的论证、研制、试验、采购、使用等装备全寿命周期，人机工程要求指标表征、体系构建、指标选择以及指标确定要求，空间装备的适用人群为航天员，导弹装备适用人群为作业人员
57	GJB/Z 201-2001k	军事装备和设施的人机工程设计手册	该标准适用于军事系统、子系统、装备和设施的设计，也适用于与人机工效设计有关的其他方面，所引用的某些标准在制定过程中可能未充分考虑人机工效方面的因素，因此，在今后的使用中应考虑这方面的因素

注：标准版本状态截止于2024年12月。

表 A-6　与座舱人机工效设计相关的航空行业标准

序号	标准编号	名称	标准简介
1	HB 5520-1980	飞机座舱红光照明基本技术要求	该标准用于评价飞机座舱的红光照明，它规定了飞机仪表操纵台、配电盘、控制面板和照明设备的红光照明基本技术要求，该标准相关内容不够全面，有待改进

续表

序号	标准编号	名称	标准简介
2	HB 5885-2020	飞机座舱白光照明基本技术要求	该标准用于检查飞机座舱白光照明及有关产品的照明质量，它规定了白光照明座舱内仪表的内部、外部照明，操纵台、配电盘、控制盒面板的导光板照明、泛光照明的基本技术要求，在漫反射系数、照明均匀度、照明亮度等方面都有待改进
3	HB 6152-1988	飞机仪表和仪表板安装要求	该标准规定了飞机仪表和仪表板安装的一般技术要求，适用于飞机仪表和仪表板安装的设计、生产
4	HB 6153-1988	飞机座舱视野	该标准适用于新研制的军用固定翼单座或串列双座杆式操纵歼击机、强击机、歼击轰炸机
5	HB 6154-1988	飞机座舱几何尺寸	该标准适用于军用固定翼单座或串列双座杆式操纵歼击机、强击机、歼击轰炸机，部分术语定义不够准确，座舱视野、几何尺寸等相关要求也都不具时效性
6	HB 6774-1993	机载设备座舱控制板通用规范	该标准主要适用于安装在军用飞机座舱内机载设备的控制板，民用飞机座舱设备控制板也可参照采用
7	HB 7587-1998	飞机座舱信息显示基本要求	该标准规定了军用飞机座舱信息显示的基本要求，适用于军用飞机座舱信息显示的设计
8	HB 7650-1999	歼击机座舱眩光基本技术要求及测试方法	该标准适用于歼击机，轰炸机、运输机、直升机也可参照使用，有关方面要作相应的改进
9	HB 7788-2020	飞机增压座舱温度控制系统通用规范	该标准适用于飞机增压座舱温度控制系统的设计、制造与验收，非增压座舱温度控制系统的设计、制造也可参照使用

注：标准版本状态截止于 2024 年 12 月。

表 A-7　与座舱人机工效设计相关的国家标准

序号	标准编号	名称	标准介绍
1	GB/T 1251.2-2006	人类工效学 险情视觉信号 一般要求 设计和检验	该标准适用于工作场所，特别适用于高噪声环境下配合听觉信号传递险情
2	GB/T 1251.3-2008	人类工效学 险情和非险情声光信号体系	该部分适用于各种险情信号和信息信号，也适用于紧急程度处于极端紧急到解除警报之间的所有信号，当声音信号辅以视觉信号时，两者的信号特征都应进行规定
3	GB/T 2428-1998	成年人头面部尺寸	该标准提供了成年人头面部尺寸的基础数据和主要尺寸的二维分布表，该标准适用于成年人面部装具规格化的设计

续表

序号	标准编号	名称	标准介绍
4	GB/T 5697-1985	人类工效学照明术语	该标准从人机工效学角度定义了照明的相关术语,适用于采光和照明技术
5	GB/T 5700-2023	照明测量方法	该标准规定了照明测量的一般要求、测量仪器和测量方法,以及建筑照明测量、道路照明测量、夜景照明测量和室外作业场地照明测量的实施方法,该标准适用于建筑、道路、夜景和室外作业场地的照明测量,其他场所照明测量可参照执行
6	GB/T 5702-2019	光源显色性评价方法	该标准规定了光源显色性评价的一般要求、光源光谱功率分布的测量和显色性的计算等,该标准适用于符合白光光源规定的光源显色性评价
7	GB/T 5703-2023	用于技术设计的人体测量基础项目	该标准给出了用于不同人群间比对的人体测量基础项目的描述,旨在为专业人员提供服务,帮助他们测定人群,并将有关知识用于产品的设计以及人们日常工作和生活场所的设计
8	GB/T 10000-2023	中国成年人人体尺寸	该标准提供了用于技术设计的我国成年人人体尺寸的基本统计数值,包括静态人体尺寸和用于工作空间设计的人体功能尺寸,适用于成年人消费用品、交通、服装、家居、建筑、劳动防护、军事等生产与服务产品、设备、设施的设计及技术改造更新,以及各种与人体尺寸相关的操作、维修、安全防护等工作空间的设计及其工效学评价
9	GB/T 12454-2017	光环境评价方法	该标准规定了光环境质量评价的基本要求、评价指标、评价方法和步骤,适用于民用和工业建筑及室外作业场地、道路、夜景照明等室内外光环境的质量评价
10	GB/T 12984-1991	人类工效学 视觉信息作业基本术语	该标准规定了视觉、显示、信号感知、控制、视觉信息作业的相关环境等的人类工效学基本术语,该标准适用于视觉信息作业过程中的信号、显示与控制等
11	GB/T 13441.1-2007	机械振动与冲击 人体暴露于全身振动的评价 第1部分:一般要求	本标准规定了周期、随机和瞬态的全身振动的测量方法,指出了综合决定振动暴露能够被接受程度的主要因素

续表

序号	标准编号	名称	标准介绍
12	GB/T 13547-1992	工作空间人体尺寸	该标准适用于各种与人体尺寸相关的操作、维修、安全防护等工作空间的设计及其工效学评价
13	GB/T 14774-1993	工作座椅一般人类工效学要求	该标准适用于一般工作场所(含计算机房、打字室、控制室、交换台等场所)坐姿操作人员使用的工作座椅,不适用于飞行员座椅
14	GB/T 14775-1993	操纵器一般人类工效学要求	该标准适用于工作系统中用手控或脚控的操纵器的设计和选用
15	GB/T 14776-1993	人类工效学 工作岗位尺寸设计原则及其数值	该标准适用于以手工操作为主的坐姿、立姿和坐立姿交替工作岗位的设计
16	GB/T 14777-1993	几何定向及运动方向	该标准规定了工业产品固有方向性及运动方向的表示方法和操纵器与控制对象之间的方向一致性的原则,该标准适用于一切与方向性、运动方向和控制方向有关的产品设计制造和使用
17	GB/T 15241.1-2023	与心理负荷相关的工效学原则 第1部分:心理负荷术语与测评方法	该标准定义了心理负荷领域的相关术语,适用于与心理负荷相关的工作条件设计,旨在促进专家和从业者之间在人类工效学领域以及相关基础领域中术语的通用性
18	GB/T 15241.2-1999	与心理负荷相关的工效学原则 第2部分:设计原则	该标准给出了工作系统设计中涉及到在GB/T 15241-1994中定义的心理负荷及其影响的设计原则,工作系统设计包括任务、工作地以及工作环境设计,强调心理负荷及其产生的影响,该标准规定了合理的工作系统设计和人的能力的使用,其目的在于使工作条件在人的安全、健康、舒适、效率等方面达到优化,避免由于心理负荷过高或过低带来的在GB/T 15241-1994中所指出的不利影响
19	GB/T 15608-2006	中国颜色体系	该标准规定了颜色的分类和按颜色知觉三属性——色调、明度、彩度确定的颜色标号,适用于颜色的保存、传递、交流和识别,也适用于中国颜色体系标样的制作

续表

序号	标准编号	名称	标准介绍
20	GB/T 15619-2005	机械振动与冲击 人体暴露词汇	该标准规定了与人体生物动力学有关的术语，即在其他标准中使用的有关评价人体暴露于机械振动与冲击的专业性术语，该标准给出了术语的标定定义，是对ISO 2041的补充，但不包含在词典中容易查到的一般性术语
21	GB/T 15759-2023	人体模板设计和使用要求	该标准适用于站姿和坐姿条件下工作空间、操作位置、座椅、操控装置等产品或系统的工效学辅助设计及评价
22	GB/T 16251-2023	工作系统设计的人类工效学原则	该标准规定了工作系统设计中的人类工效学基本原则，定义了相关的基本术语，描述了工作系统设计的综合方法，该标准中规定的定义和人类工效学准则适用于最佳工作条件的设计，也适用于其他任何与人类活动相关的设计
23	GB/T 16252-2023	成年人手部尺寸分型	该标准适用于手动操纵装置、手动工具以及手套等手部穿戴、手部防护等用品的规格设计、生产与选用
24	GB/T 16440-1996	振动与冲击 人体的机械驱动点阻抗	该标准规定了z轴向振动作用下坐姿、立姿人体的机械驱动点阻抗和x轴向振动作用下卧姿人体的机械驱动点阻抗，该标准适用于0.5~31.5Hz频率范围内上述轴向振动作用下，坐姿、立姿和卧姿人体的机械驱动点阻抗，可作为设计人—机系统与装置及评价其机械性能和采取振动控制措施的依据
25	GB/T 17244-1998	热环境—根据WBGT指数(湿球黑球温度)对作业人员热负荷的评价	该标准规定了热作业环境和热作业人员热负荷的评价方法，适用于评价8h工作日的平均热负荷，不适用于评价小于1h工作的热负荷
26	GB/T 18048-2008	热环境人类工效学 代谢率的测定	该标准规定了在工作气候环境下的各种代谢率测定方法，该标准适用于工作行为评估，特定工作、体育运动的体能消耗估算，以及特定活动的总能耗估算等
27	GB/T 18049-2017	热环境的人类工效学 通过计算PMV和PPD指数与局部热舒适准则对热舒适进行分析测定与解释	该标准给出了中等热环境中的人的整体热感觉和不舒适程度(热不满意度)的预测方法，该标准适用于处在理想热舒适的室内环境中的健康男性和女性

续表

序号	标准编号	名称	标准介绍
28	GB/T 18717.1-2002	用于机械安全的人类工效学设计 第1部分：全身进入机械的开口尺寸确定原则	该部分规定了全身进入机械的五种型式开口尺寸(开口最小功能尺寸)，以及将人体测量数据(人体尺寸)和附加空间相结合的11个计算开口尺寸公式，适用于非移动式机械，对移动式机械可有额外的特殊要求
29	GB/T 18717.2-2002	用于机械安全的人类工效学设计 第2部分：人体局部进入机械的开口尺寸确定原则	该部分规定了人体部分进入机械的12种开口的最小功能尺寸和22种开口配置要求，及将人体测量数据(人体尺寸)和附加空间相结合的26个计算开口尺寸公式，适用于非移动式机械，对移动式机械可有额外的特殊要求
30	GB/T 18717.3-2002	用于机械安全的人类工效学设计 第3部分：人体测量数据	该部分规定了计算开口的人体测量数据(简称人体尺寸)，适用于GB/T 18717.1和GB/T 18717.2要求的相关人体尺寸的第5、第95、第99百分位数数值
31	GB/T 18976-2003	以人为中心的交互系统设计过程	该标准提供了有关以人为中心设计活动的指南，它以设计过程的管理人员为对象，提供有关以人为中心设计方法的信息来源和标准的指南，该标准涉及交互系统的硬件部分和软件部分，该标准所针对的是以人为中心的设计的项目策划和管理，但并不包含项目管理的所有方面
32	GB/T 18977-2003	热环境人类工效学使用主观判定量表评价热环境的影响	该标准适用于判定量表(热感觉量表、热舒适量表、热偏好量表、可接受性陈述表以及耐受量表)的编制和使用
33	GB/T 18978.300-2012	人-系统交互工效学 第300部分：电子视觉显示要求概述	该部分确定了电子视觉显示工效学设计要求，这些要求作为电子视觉显示的性能规格，旨在确保正常视力或矫正视力的用户拥有一个有效和舒适的视觉条件，为设计评价提供了符合一致性测量和准则的试验方法和计量方式，标准适用于多种工作环境中各种工作任务下的电子视觉显示的视觉工效学设计
34	GB/T 18978.400-2012	人-系统交互工效学 第400部分：物理输入设备的原则和要求	该本部分规定并阐述了设计和使用输入设备的人机工效学原则，可用这些原则为产品的设计和使用提供建议

续表

序号	标准编号	名称	标准介绍
35	GB/T 20527.1-2006	多媒体用户界面的软件人类工效学 第1部分：设计原则和框架	该部分给出了主要以专业和职业活动(例如工作或学习)为使用目的的多媒体应用软件的人类工效学设计的要求和建议，本部分适用于与多媒体用户界面有关的软件方面，但不涉及硬件或执行问题
36	GB/T 20527.3-2006	多媒体用户界面的软件人类工效学 第3部分：媒体选择与组合	该部分给出了不同媒体整合和同步的交互式用户界面的设计、选择和组合的建议和指南，它针对不同媒体合并、整合和同步的应用软件的用户界面，媒体包括静态媒体(例如文本、图形、图像)和动态媒体(例如音频、动画、视频或与其他感觉形式相关的媒体)
37	GB/T 20528.1-2006	使用基于平板视觉显示器工作的人类工效学要求 第1部分：概述	该部分确立了基于平板视觉显示器工作的人类工效学要求的基本原理，本部分适用于将平板技术应用于办公及类似工作中所用的显示器
38	GB/T 20528.2-2009	使用基于平板视觉显示器工作的人类工效学要求 第2部分：平板显示器的人类工效学要求	该部分适用于进行办公任务的平板显示器屏幕，图片元素排列在均匀间隔且行与行之间没有空隙的规则序列组成的平板显示器屏幕，显示拉丁字母、西里尔字母以及希腊字母的字符的各种字体，以及阿拉伯数字的平板显示器屏幕，显示亚洲字符的平板显示器屏幕，足够大以显示至少40个拉丁字符的平板显示屏幕
39	GB/T 21051-2007	人-系统交互工效学 支持以人为中心设计的可用性方法	该标准的主要用户是项目管理人员，仅以必要的深度阐述技术层面的人机工效学问题，以便管理人员能从整体上理解其在设计过程中的相关性和重要性
40	GB/T 22187-2008	建立人体测量数据库的一般要求	该标准规定了人体测量数据库和相关报告的一般要求，包括与 GB/T 5703 一致的测量项目，该标准提供了诸如用户总体特征、抽样方法、测量项目和统计方法等必要信息，以便能够在不同人群之间进行对比
41	GB/T 22188.1-2008	控制中心的人类工效学设计 第1部分：控制中心的设计原则	该部分适用于各种类型的控制中心，主要包括用于过程控制、运输和物流控制系统的控制中心以及用于人员部署服务的控制中心

续表

序号	标准编号	名称	标准介绍
41	GB/T 22188.1-2008	控制中心的人类工效学设计 第1部分：控制中心的设计原则	虽然该部分主要适用于非移动式控制中心，但其中规定的许多原则同样适用于移动式控制中心，例如船舶上的和飞机上的控制中心
42	GB/T 22188.2-2010	控制中心的人类工效学设计 第2部分：控制套室的布局原则	该部分规定了控制中心的人类工效学设计原则，特别是控制套室中的房间和空间的各种布局，这些设计原则基于对控制室及其相关房间功能和任务的分析，包括确定功能区、评估每一功能区的空间分配、确定各功能区之间的操作链接，以及确定控制套室的初始布局，以便于在控制套室中所有活动之间转换
43	GB/T 22188.3-2010	控制中心的人类工效学设计 第3部分：控制室的布局	该部分给出了控制室布局的人类工效学原则，包括控制室布局、工作站布置、工作站外视觉显示器的使用以及控制室维护的要求、建议和指南。该部分适用于各种类型的控制中心，包括过程工业、交通运输和应急服务调度系统的控制中心，虽然本部分主要适用于非移动式控制中心，但其中许多原则同样适用于移动式控制中心，例如船舶和飞机上的控制中心
44	GB/T 23461-2009	成年男性头型三维尺寸	该标准给出了成年男性头型三维尺寸，包括成年男性的标准头型及头型尺寸分布，该标准适用于头部装置的设计及应用
45	GB/T 23698-2023	三维扫描人体测量方法的一般要求	该标准规定了使用三维表面扫描系统采集人体体形数据的规则，以及使用三维表面扫描系统测量 GB/T 5703-2023 中定义的能从三维扫描图像中提取的人体尺寸项目的规则，该标准适用于在单一视图中进行人体测量的人体扫描仪
46	GB/T 23699-2009	工业产品及设计中人体测量学特性测试的被试选用原则	该标准适用于工业产品及设计的人体测量学特性测试，这些产品及设计或与人体直接接触，或与人体尺寸相关，例如机器、工作设备、个体防护装备、消费品、工作空间、建筑或运输设备等，该标准也适用于与人体尺寸相关的产品在安全方面的测试

续表

序号	标准编号	名称	标准介绍
47	GB/T 23700-2009	人-系统交互人类工效学 以人为中心的生命周期过程描述	该标准规定了 GB/T 18976-2003 以人为中心的交互系统设计过程中描述的以人为中心过程的规范模型，此模型适用于系统开发和运行时对以人为中心的过程进行规格说明、评估和改进
48	GB/T 23701-2009	人-系统交互人类工效学 人-系统事宜的过程评估规范	该标准提供了人-系统模型，该模型可用于 ISO/IEC 15504 的一致性评估，用以评估组织的成熟度，以便组织在实施这些过程中能确保系统可用、健康、安全，该标准详细说明了针对人-系统的相关过程和这些过程的结果，并详细描述了达到每一过程结果的具体操作方法和产生的工作产出
49	GB/T 23702.1-2009	人类工效学 计算机人体模型和人体模板 第1部分：一般要求	该部分规定了设计和开发计算机人体模型、人体模板以及人体模型系统的一般要求，考虑到它们在结构复杂性和功能多样性方面的可用性和局限性，本部分给出了它们的人体测量特性和生物力学特性，本部分也可作为人体模型及其系统的选择指南，以及针对特定应用，评估其准确度和可用性的指南
50	GB/T 23702.2-2010	人类工效学 计算机人体模型和人体模板 第2部分：计算机人体模型系统的功能检验和尺寸校验	该部分规定了应用于构建计算机人体模型的人体测量数据、生物力学数据和建模软件功能的要求，本部分虽然主要针对人体测量数据及其测量方法，但也包括了在构建和应用计算机人体模型时必不可少的生物力学参数，本部分给出了计算机人体模型准确度和人体源数据的报告框架，本部分旨在使计算机人体模型系统的非专家型用户也能利用开发者提供的自动软件，在现场测试条件下独立完成每项功能的测量工作

注：标准版本状态截止于 2024 年 12 月。

附录 B 飞机座舱人机工效设计准则索引

一级影响因素	二级影响因素	三级影响因素	准则所在页
飞行员/机组	飞行员(人为因素)	个体操作员	76
		团队成员	78
		决策者	80
		座舱占用者	81
	工作负荷		82
	最小机组		84
飞机座舱环境控制	座舱空气环境	座舱压力	86
		座舱通风	91
		座舱温度	95
	座舱声环境		99
	座舱光环境	座舱照明	103
		座舱颜色	110
	座舱装饰		117
	动力环境		119
	电磁环境		123
飞机座舱内部布置设计	座舱空间尺寸	总则	126
		外视野	127
		座位几何尺寸	133
		弹射通道几何尺寸	134
		人体尺寸数据选用	135
		手臂可达区	137
	座舱设备设施	总则	141
		操纵机构	142
		操纵台	148
		仪表板	154

续表

一级影响因素	二级影响因素	三级影响因素	准则所在页
飞机座舱内部布置设计	座舱信息及显示	信息显示量/格式	161
		信息字符显示	164
		信息显示亮度/对比度	166
		信息显示色度	167
		信息显示响应时间	168
		信息显示菜单	169
		指针刻度/形状	171
		警告/警示信息	173
		显示界面编码	174